Ulrike Spörhase / Wolfgang Ruppert (Hrsg.)

BIOLOGIE
Methodik

ULRIKE SPÖRHASE
WOLFGANG RUPPERT (HRSG.)

BIOLOGIE
Methodik

Handbuch für die Sekundarstufe I und II

Cornelsen

Projektleitung: Gabriele Teubner-Nicolai, Berlin
Redaktion: Daniela Brunner, Korschenbroich
Gesamtgestaltung: LemmeDESIGN, Berlin

www.cornelsen.de

5. Auflage, 2. Druck 2022

Druck: H. Heenemann, Berlin

ISBN 978-3-589-15442-5

PEFC
PEFC/04-31-1156

PEFC zertifiziert
Dieses Produkt stammt aus nachhaltig bewirtschafteten Wäldern und kontrollierten Quellen.

www.pefc.de

Inhalt

Aus Gründen der besseren Lesbarkeit wurde in diesem Buch durchgehend die männliche Form verwendet. Natürlich sind damit auch immer Frauen und Mädchen, also z. B. Lehrerinnen und Schülerinnen, gemeint.

Vorwort

„Sie haben zwar verschiedene gute Methoden eingesetzt, aber was haben denn die Schüler eigentlich an biologischen Inhalten dabei gelernt? Viele gute Methoden allein machen noch lange keinen guten Unterricht.“

Dieses oder Ähnliches hört man öfter, wenn es um die Besprechung von Unterrichtsversuchen im Rahmen der Lehrerausbildung geht. Dabei haben sich die angehenden Lehrer bei der Wahl der Methoden und ihrem vielfältigen Einsatz meist redlich bemüht. Aber die Auswahl und das Arrangement von Methoden sind komplex. Vielfach fällt es schwer, Funktion und Nutzen von Methoden mit den Lehrzielen und den Schülern so in Einklang zu bringen, dass die Methoden den Lernprozess nachhaltig unterstützen. Der Einsatz von attraktiven Methoden im Fachunterricht will gelernt sein. Hier können eigens für den Biologieunterricht erstellte Methodensammlungen helfen.

Daher haben wir uns an die Arbeit gemacht und für Sie attraktive Methoden für den Biologieunterricht und dessen unterrichtliche Umsetzung zusammengestellt. Dabei wurde jeder Methode aus fachdidaktischer Sicht bezüglich ihrer Funktion und ihres Nutzens „auf den Zahn gefühlt“.

Mit Blick auf das unterrichtspraktische methodische Handeln haben wir die Methodik wie folgt gestaltet:

Eine **theoretische Einführung** (Teil I) gibt einen kurzen Überblick über die Bedeutung und Funktion von Methoden auf den verschiedenen Ebenen des unterrichtlichen Handelns. Hiermit wird ein Rahmen für die theoretische Verortung der vielfältigen Methoden gegeben.

Eine **ausführliche Methodensammlung** (Teil II) stellt attraktive Methoden für den Biologieunterricht anhand von unterrichtspraktischen Beispielen dar. Bei der Auswahl der Methoden war uns zum einen wichtig, neue Methoden aus der biologiedidaktischen Forschung, die nachweislich Lernprozesse im Biologieunterricht fördern können, für den Unterricht verfügbar zu machen (Teil II, 1, 5). Zum anderen sollte die Methodensammlung exemplarisch alle wichtigen Bereiche des Biologieunterrichts berücksichtigen, die eine Kompetenzentwicklung in den Bereichen Fachwissen, Erkenntnisgewinnung, Bewertung und Kommunikation fördern können (Teil II 2–4). Die Auswahl der Methoden für den konkreten unterrichtspraktischen Einsatz soll durch folgende drei Aspekte erleichtert werden: die Anordnung der Methodenporträts, eine Bewertung jeder Methode aus fachdidaktischer Perspektive und eine gleichartige Gestaltung der einzelnen Porträts.

In den einzelnen Methodenporträts werden Nutzen und Funktion der jeweiligen Methode vor allem mit Blick auf den Lernerfolg transparent gemacht. Dabei werden die unterrichtlichen Voraussetzungen, das konkrete Vorgehen und wichtige Aspekte bei der Durchführung thematisiert.

Um die eigene Reflexion des Methodeneinsatzes in der Praxis nachhaltig zu unterstützen, haben wir versucht, die Methodenporträts gleichartig zu gestalten. Jedes Porträt geht den gleichen Fragen nach: „Was ist das für eine Methode?", „Wofür ist diese gut?", „Wie geht das?" und „Welches sind Ihre Aufgaben als Lehrer?". Darüber hinaus wird u. a. jeweils ein Beispiel aus der Unterrichtspraxis vorgestellt. Dieser gleichartige Aufbau soll den direkten Vergleich verschiedener Methoden erleichtern. Denn meist sind mehrere Methoden einsetzbar, um ein Lehrziel zu erreichen. Wir hoffen, dass der direkte Vergleich dem Leser hilft, eine Vorstellung über das fachdidaktische Potential zu erlangen, das der jeweiligen Methode innewohnt.

Dieses Buch richtet sich nicht nur an angehende Lehrer, sondern auch an „alte Hasen" in der Schule. Denn insbesondere durch die Zusammenstellung von Methoden, die das Lernen insgesamt fördern können, und die Beispiele für eine neue Aufgabenkultur kann diese Methodik auch ihre Arbeit bereichern.

Abschließend möchten wir uns als Herausgeber bei allen Autoren dieses Buches für ihre Mitarbeit und bei unseren Studierenden bedanken. Sie alle haben dieses Buchprojekt erst möglich gemacht, das einen Bogen von der wissenschaftlichen Fachdidaktik zur schulpraktischen Umsetzung schlägt.

Wir wünschen Ihnen viel Spaß beim Lesen und der unterrichtspraktischen Anwendung.

Wolfgang Ruppert und Ulrike Spörhase

Teil I
Methoden im Biologieunterricht

Die täglichen Bemühungen der Lehrer bei der Vermittlung von biologischen Inhalten im Biologieunterricht lassen sich salopp gesagt mit einer Beziehungskiste vergleichen. Der Lehrer konstruiert vor dem Hintergrund seiner fachlichen und fachdidaktischen Kompetenz eine Begegnung zwischen Schülern und den zu vermittelnden biologischen Kompetenzen und Inhalten (MEISERT 2012). Hierbei berücksichtigt er die Besonderheiten biologischer Unterrichtsinhalte (z. B. Vielfalt, Komplexität und Funktionalität), die Prozesse der Erkenntnisgewinnung in der Biologie, die Interessen, die Vorstellungen, die Erfahrungen, die verschiedenen Lerntypen, die Situation und den Entwicklungsstand der Schüler. Er lässt sich als Didaktiker dabei von Unterrichtsprinzipien leiten, formuliert Lehrziele und Kompetenzen, wählt dazu die passenden Inhalte aus, prüft deren Relevanz, nutzt das Wissen der fachdidaktischen Forschung und konstruiert eine lerngruppenadäquate Lehr-Lernsequenz. Hierfür wählt er Methoden, bestimmte Verfahrens- oder Vorgangsweisen, aber auch Medien und Lernorte aus. Er variiert, kontrastiert und arrangiert diese so, dass das zuvor intendierte Lernen gefördert wird. Resultat ist eine didaktische und methodische Gestaltung der Begegnung der Schüler mit dem Unterrichtsgegenstand (s. Abb. 1).

Anhand der dargestellten Konstruktion von Unterricht ist eine erste Beschreibung der Funktion der Methoden für den Unterricht fassbar. Methoden lassen sich als planmäßige und festgelegte oder regelhafte Verfahren zur Erreichung von Lehrzielen und Kompetenzen auffassen. Dabei wird deutlich: Die gewählten Methoden müssen zu den Kompetenzen, den ausgewählten Inhalten, den Lehrzielen, den Schülern und dem schulischen Unterricht insgesamt passen und die Methodik ist Teil der Didaktik.

Zugleich verdeutlicht der beschriebene Konstruktionsprozess von Unterricht unser schulpraktisches Verständnis von der Didaktik. Didaktik verfolgt das allgemeine Ziel, Vermittlungserfolg planbar zu machen und damit Lernen zu fördern. Hierfür bedarf es adäquate Methoden. Methodik hat das Ziel, mit ihren Instrumenten (Methoden) das Lernen kontext- und situationsabhängig zu befördern. Da die Entwicklung, der Einsatz und die Evaluation von Methoden in einem umfassenden didaktischen Zusammenhang erfolgt, sehen wir die Methodik – wie viele andere

Didaktiker heute – als integralen Bestandteil der Didaktik (GASSER 2003; SCHRÖDER 2001; REICH 2008). Bezüglich der konkreten Ziele und Arbeitsfelder der Biologiedidaktik verweisen wir auf SPÖRHASE (2012).

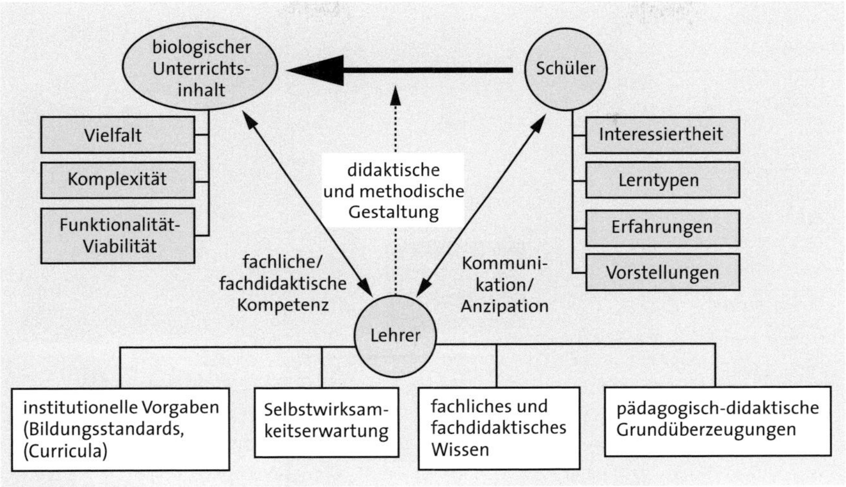

Abb. 1: Beziehungskiste Biologieunterricht (MEISERT 2012)

1 Wider den Methodensalat – für eine Klassifikation von Methoden

ULRIKE SPÖRHASE

Die Vielzahl von Lehr- und Lernmethoden, hier kurz Methoden genannt, die auf verschiedenen Ebenen des Unterrichts ansetzen und denen unterschiedliche Qualitäten innewohnen, erscheinen für den Lehrer oft unübersichtlich. Die von MEYER (1987, 2015) aus allgemeindidaktischer Sicht vorgeschlagene Klassifikation bringt Übersicht in die Vielfalt von Unterrichtsmethoden.

MEYER schlägt einen weiten Methodenbegriff vor. Nach ihm sind Unterrichtsmethoden *„die Formen und Verfahren, in und mit denen sich Lehrer und Schüler die sie umgebende natürliche und gesellschaftliche Wirklichkeit unter institutionellen Rahmenbedingungen aneignen"* (MEYER 1987, 45).

Er unterscheidet entsprechend den drei Ebenen des methodischen Handelns die Makro-, Meso- und Mikromethodik (s. Abb. 2).

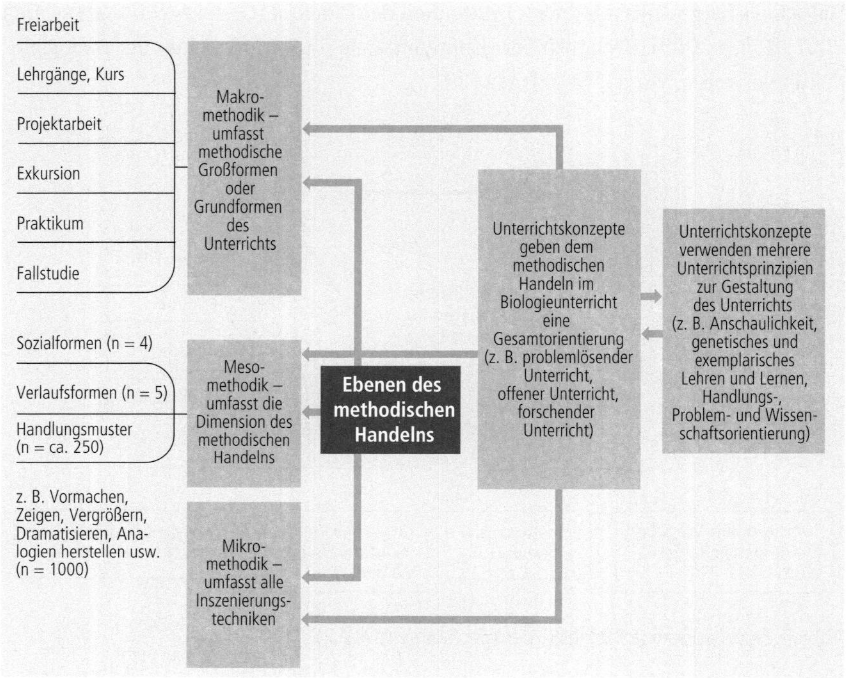

Abb. 2: Das methodische Handeln im Unterricht (veränd. nach MEYER 1987, 2015).

Die **Makromethodik** umfasst die durch gemeinsamen Unterricht gekennzeichneten methodischen Großformen: Freiarbeit, Lehrgänge, Projektarbeit, Exkursionen, Praktikum und Fallstudie.

Die **Mesomethodik** beschäftigt sich mit den Dimensionen methodischen Handelns: Sozialformen, Verlaufsformen des Unterrichts und Handlungsmuster. Hier sind viele der erprobten Methoden des Biologieunterrichts zu verorten. Deshalb wird diese Ebene im Weiteren ausführlich behandelt.

Die **Mikromethodik** bezieht sich auf alle Inszenierungstechniken, die vom Lehrer oder Schüler eingesetzt werden (z. B. Vormachen, Zeigen, Vergrößern, Dramatisieren, Kontrastieren, eine Analogie herstellen usw.). Die Anzahl der Inszenierungstechniken wird auf etwa 1000 geschätzt. Obwohl den Inszenierungstechniken eine große Bedeutung für den Unterrichtserfolg beigemessen wird, sind sie bisher unzureichend untersucht. Sie werden gezielt bei bestimmten Unterrichtsprinzipien und Unterrichtstrategien eingesetzt (vgl. WEITZEL 2012).

Die Mesomethodik

Die Mesomethodik umfasst Sozialformen, Verlaufsformen des Unterrichts und Handlungsmuster.

Man unterscheidet vier *Sozialformen*:

- Plenums- oder Klassenunterricht,
- Gruppenunterricht,
- Tandemunterricht oder Partnerarbeit,
- Einzelarbeit.

Durch Auswahl und Arrangement der Sozialformen werden die Beziehungsstrukturen des Unterrichts gesteuert (MEYER 1987; GUDJONS 2006). Die Überlegenheit einer Sozialform konnte bisher nicht empirisch nachgewiesen werden. Die Auswahl und das Arrangement der Sozialformen bestimmen jedoch die Schüler- oder Lehrerzentrierung des jeweiligen Unterrichts und sind eng mit äußeren und inneren Differenzierungsmaßnahmen sowie mit den Lehrzielen und zu erzielenden Kompetenzen verknüpft. Demzufolge sind bestimmte Sozialformen charakteristisch für jede Lehr-Lernform des Biologieunterrichts (s. Abb. 3).

Lehr-Lernformen im Biologieunterricht	
Lehr-Lernformen	Beispiele zum Biologieunterricht
Schülerzentrierte Aktivitäten	
Schülerexperimente	Mikroskopie, Tierbeobachtung, Experimente, mikrobiologische Versuche
Freilanduntersuchungen	Gewässeruntersuchung, Pflanzenbestimmung, Umweltanalyse
Individuelle Forschungsarbeiten	Jahresarbeiten, Beobachtungen zu Hause, Tierbetreuung, Wettbewerbe
Projekte	Umweltprojekte, Ökologisierung der Schule, Gesundheitsförderung, Facharbeiten
Gruppenaktivitäten	
Diskussionen	Kontroverse Debatte (Umweltschutz, Gentechnik, Diskussion von Experimenten)
Kooperatives Lernen	Experimentieren in Gruppen, Lernen durch Lehren, Gruppenarbeit

Spiele	Lernspiele, Rollenspiele, Brettspiele, Simulationsspiele
Einzelaktivitäten	
Textarbeit	Textanalayse, Concept-Maps, Versuchsprotokolle, Aufsatz, Portfolio
Lernaufgaben	Bearbeiten von Beispiel- und Anwendungsaufgaben
Bearbeitung von Daten	Experimentelle Daten auswerten, Tabellen und Diagramme anfertigen
Arbeiten am Computer	Datenauswertung, Simulationen, virtuelle Experimente, Lernprogramme, Informationssuche, Internet
Präsentation	Referat, Poster, Dokumentation
Lehrerzentrierte Aktivitäten	
Vortrag, Gespräch	Lehrervortrag, fragend-entwickelndes Unterrichtsgespräch, etc.
Demonstration/ Präsentation	Demonstrationsexperimente, Filme u. a., Medien

Abb. 3: Lehr- und Lernformen des Biologieunterrichts (verändert nach MAYER 2002 durch HARMS u. a. 2004)

Die *Verlaufsformen* (auch Unterrichtsschritte) bilden den methodischen Grundrhythmus des Unterrichts:

Einstieg – Erarbeitung – Ergebnissicherung – Vertiefung – Schluss.

Die einzelnen Schritte können durch Pausen unterbrochen und durch „Schleifen" verbunden werden. Die einzelnen Verlaufsformen werden durch bestimmte Handlungsmuster gestaltet und nutzen eine oder mehrere Sozialformen (s. Abb. 4). Die *Handlungsmuster* sind *„historisch gewachsene feste Formen zur Aneignung des Lerninhalts"* (MEYER 2015, 76).

Handlungsmuster sind didaktische Konstrukte und leiten sich ab aus historisch gewachsenen fachspezifischen Methoden der Bio- bzw. Lebenswissenschaften und fachübergreifenden wissenschaftlichen Methoden.

Da die für den Biologieunterricht relevanten Handlungsmuster meist als fachgemäße Arbeitsweisen bezeichnet werden, werden hier aus Gründen der Einheitlichkeit alle im Biologieunterricht eingesetzten Handlungsmuster als fachgemäße Arbeitsweisen bezeichnet (vgl. BAY/RODI 1978, KILLERMANN/STAECK 1990, KILLERMANN u. a. 2011, KÖHLER/MEISERT 2012, GROPENGIESSER u. a. 2013).

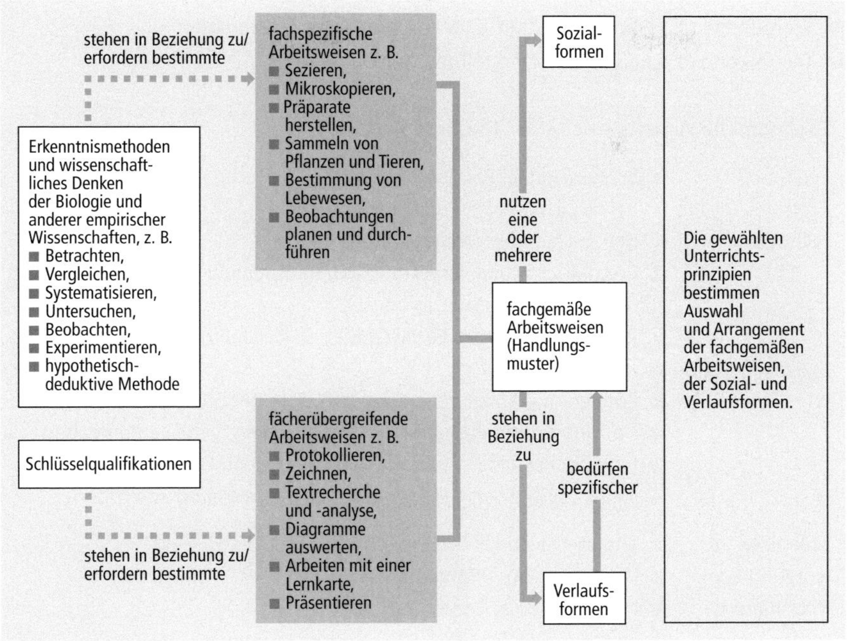

Abb. 4: Die Ebene der Mesomethodik (grau hinterlegt) im Biologieunterricht

Fachgemäße Arbeitsweisen haben eine instrumentelle Funktion und stehen in enger Beziehung zu den Erkenntnismethoden der Biologie: dem Betrachten, Vergleichen, Systematisieren, Beobachten, Untersuchen sowie Experimentieren und deren Einbettung in die hypothetisch-deduktive Methode der Naturwissenschaften (s. Abb. 4; vgl. HARMS u. a. 2004; KÖHLER/MEISERT 2012; POSER 2007). Die Erkenntnismethoden der Biologie haben sich durch die Erforschung der Vielfalt, Komplexität und Funktionalität des Lebendigen entwickelt und werden diesen im besonderen Maße gerecht.

Die zur Vermittlung biologischen Wissens eingesetzten fachgemäßen Arbeitsweisen lassen sich in folgende Gruppen unterteilen:

- Lern- und Prüfungstechniken
- Techniken zur Nutzung von Informationstechnologien und -ressourcen
- Techniken zur Kommunikation wissenschaftlicher Information

- Labortechniken
- Untersuchungsmethoden
- Techniken zur Sammlung und Identifizierung von Organismen
- Techniken zur Veränderung und Untersuchung von Organismen
- Techniken zur Analyse und Darstellung der Daten

Fachgemäße Arbeitsweisen der Biologie umfassen	
Lern- und Prüfungstechniken	■ Schlüsselqualifikationen und ihre Bedeutung ■ Lernen, Überprüfen und Überarbeiten ■ den eigenen Lernprozess reflektieren ■ Erschließung und Bewertung von Informationen aus Texten, Präsentationen und Gesprächen ■ Dokumentation des Lernweges (z. B. Portfolio) ■ Zeitmanagement ■ kooperative Arbeitstechniken, z. B. Gruppenpuzzle ■ Prüfungsvorbereitung, Bewertungskriterien, Lehr-Lernaufgaben ■ biologisches Wissen und Können der eigenen Person zusammenstellen, z. B. einen Lebenslauf für eine Bewerbung anfertigen
Techniken zur Nutzung von Informationstechnologien und -ressourcen	■ Literaturrecherche und -beschaffung ■ Bewertung der Information ■ Nutzung von online Resourcen ■ Nutzung von Tabellenkalkulationsprogrammen ■ Nutzung von Textverarbeitungsprogrammen, Datenbanken und anderem
Techniken zur Kommunikation wissenschaftlicher Information	■ mündliche Präsentationen (z. B. Poster, Lernplakat, Power Point) ■ Grundlagen des naturwissenschaftlichen Schreibens ■ Beschreibung von praktischen Arbeiten und Projekten (z. B. Protokolle, Berichte) ■ Verfassen von Literaturstudien und Übersichtsdarstellungen
Labortechniken	■ Einführung ins praktische Arbeiten ■ grundlegende Labortechniken ■ Lösungen ansetzen (z. B. Pufferlösungen, pH-Wert einstellen) ■ Laborsicherheit: Eichung und Anwendung von Messinstrumenten ■ immunbiologische Techniken ■ mikrobiologische Techniken ■ Einsatz von Enzymen ■ molekulargenetische Verfahren (z. B. PCR, Fingerprint)

Fachgemäße Arbeitsweisen der Biologie umfassen	
	■ klassische genetische Verfahren (z. B. Kreuzungsversuche) ■ sterile Arbeitstechniken ■ Chromatographie, Zentrifugation, Spektroskopie
Untersuchungsmethoden	■ Prinzipien der Messung von Daten ■ SI-Einheiten und ihr Gebrauch ■ Beobachtungen planen und durchführen ■ Untersuchungen zu Aufbau und Gestalt z. B. von Organen durch Präparation durchführen ■ Diagramme zeichnen, Pflanzen und Tiere kartieren ■ Probenentnahme, z. B. Bodenproben ■ wissenschaftliche Methoden, Planung und Durchführung von Experimenten, Protokolle/Labortagebuch ■ Durchführung eines Projektes
Techniken zur Sammlung und Identifizierung von Organismen	■ Sammeln von Pflanzen und Tieren ■ Fixieren und Präparieren von Pflanzen und Tieren ■ Prinzipien der Klassifikation und Bestimmung von Organismen ■ Bestimmung und Klassifikation von Pflanzen und Tieren ■ Sammeln und Isolieren von Mikroben ■ Identifikation von Mikroben
Techniken zur Veränderung und Untersuchung von Organismen	■ Präparation von Organismen für die Mikroskopie ■ Mikroskopieren ■ Interpretation von mikroskopischen Abbildungen ■ Zellkultur ■ Photographie, Bildverarbeitung und zeichnerische Dokumentation ■ Messung von Wachstum und Verhalten
Techniken zur Analyse und Darstellung der Daten	■ Übertragung und Transformation von Rohdaten ■ graphische Darstellung von Daten ■ tabellarische Darstellung von Daten ■ deskriptive Statistik ■ Auswahl und Nutzung statistischer Tests

Abb. 5: Auswahl fachgemäßer Arbeitsweisen im Biologieunterricht

Ordnet man den genannten Gruppen einzelne Techniken zu, werden auf den ersten Blick die Vielfalt und Verschiedenartigkeit der Techniken insgesamt und innerhalb einzelner Gruppen deutlich (s. Abb. 5).

Betrachtet man einzelne Techniken genauer, z. B. Lerntechniken, Mikroskopieren, Sammeln von Pflanzen und Tieren, wissenschaftliche Methoden, Planung und Durchführung von Experimenten sowie chromatographische Techniken, so wird das Ausmaß ihrer Verschiedenartigkeit deutlich. Die Techniken unterscheiden sich im konkreten Verfahren, der Komplexität der Methode insgesamt sowie in den Kompetenzen, die mit der jeweiligen Methode erzielt werden können. Die Planung und Durchführung von Experimenten dient z. B. explizit der Erkenntnisgewinnung, erfordert die Identifizierung und Formulierung von Forschungsfragen, das Formulieren von Hypothesen, die Planung geeigneter Experimente und deren Durchführung, bei denen natürlich ganz verschiedene Techniken, wie z. B. die oben genannte Chromatographie zur Bestimmung der Blattfarbstoffe, zum Einsatz kommen können. Die experimentellen Daten müssen gesammelt, ausgewertet und schließlich präsentiert werden. Auch hier werden verschiedenartige Techniken eingesetzt, wie z. B. das Erstellen von Diagrammen.

Die fachgemäßen Arbeitsweisen machen in der Unterrichtspraxis einen Großteil der Methodenvielfalt aus. Dies spiegelt auch die Zusammenstellung unserer Methodenporträts wider. Bis auf wenige Ausnahmen können die im Teil II vorgestellten Methoden der Kapitel 2 bis 4 den fachgemäßen Arbeitsweisen zugeordnet werden.

Die fachgemäßen Arbeitsweisen nutzen Sozialformen und stehen mit den Verlaufsformen in Beziehung. Dabei kann es vorkommen, dass entweder nur eine Sozialform (z. B. beim Mikroskopieren) oder eine Kombination verschiedener Sozialformen (z. B. bei Think-Pair-Share) angewendet wird. Fachgemäße Arbeitsweisen können in Teilen bestimmten Verlaufsformen des Unterrichts zugeordnet werden, weil sie helfen, Inhalte zu erarbeiten, zu vertiefen, zu üben oder Wichtiges zusammenzufassen. Anders formuliert, bedürfen die Verlaufsformen spezifischer fachgemäßer Arbeitsweisen, um erfolgreich unterrichtet werden zu können.

Unabhängig von den Ebenen des methodischen Handelns beschreibt Meyer (1987, 2015) Unterrichtskonzepte, die dem methodischen Handeln eine Gesamtorientierung geben. Unterrichtskonzepte sind ganzheitliche Entwürfe von Unterricht. Sie sollen helfen, „guten" Unterricht zu machen, und basieren vor allem auf praktischer Erfahrung. Ihnen wohnt quasi eine didaktische Haltung inne, aus der heraus Unterricht konzipiert wird. Für den Biologieunterricht sind die Konzepte des exemplarischen Lehrens und Lernens, des problemlösenden Unterrichts, des offenen Unterrichts, des forschenden Unterrichts und der Öffnung von Schule besonders bedeutsam (vgl. Gropengiesser u. a. 2013).

Die empirische Bildungsforschung reduziert die Palette von Konzepten auf zwei grundlegende Modelle: direkte Instruktion (direct instruction) und offener Unterricht (open education, progessive education). Die direkte Instruktion ist ein lehrerzentrierter, überwiegend frontal organisierter Unterricht, während unter dem offenen Unterricht

„alle Varianten eines ziel-, inhalts- und methodendifferenzierten Unterrichts mit einer Betonung der Selbstregulation und mit hohen Anteilen an Projekt-, Gruppen- und Freiarbeit" verstanden wird (MEYER 2015, 8).

Die Unterrichtsforschung weist einem Unterricht mit Phasen von direkter und indirekter Instruktion die höchsten Erfolgsraten bezüglich der Entwicklung von naturwissenschaftsbezogenen Kompetenzen und Interessen zu. In einem solchen Unterricht haben die Schüler gleichermaßen Gelegenheit, eigenständig zu experimentieren und Schlussfolgerungen aus den Experimenten zu ziehen, eigene Erklärungen und Deutungen zu formulieren und zu diskutieren sowie die naturwissenschaftlichen Konzepte auf den Alltag zu beziehen (PRENZEL 2007).

Unterrichtskonzepte nutzen meist mehrere Unterrichtsprinzipien in unterschiedlicher Gewichtung. Diese Prinzipien stellen Grundsätze und Perspektiven dar, wie biologische Inhalte vermittelt werden können. Dabei enthalten sie auch Annahmen über die Rollenerwartungen an Schüler und Lehrer sowie die organisatorisch-institutionellen Rahmenbedingungen (MEYER 1987). Bisher waren für den Biologieunterricht z. B. die Prinzipien der Anschaulichkeit, der Handlungs-, Situations-, Problem- und Wissenschaftsorientierung sowie das genetische und exemplarische Lehren und das entdeckende Lernen von großer Bedeutung. Heute sind durch die Befunde der empirischen fachdidaktischen Forschung weitere Prinzipien entwickelt und evaluiert worden, die insbesondere das Lernen fördern können (z. B. Berücksichtigung von Schülervorstellungen, Metakognition, Jo-Jo-Lernen; vgl. Teil II, 1). Viele der in Kap. 1 beschriebenen Prinzipien weisen die Qualitäten der bisher für den Biologieunterricht beschriebenen Unterrichtsprinzipien auf (STAROSTA 1990; KÖHLER/MEISERT 2012).

Den Unterrichtsprinzipien kommt insgesamt eine prominente Funktion bei der Steuerung des Unterrichts zu. Sie strukturieren den Lehr-Lernprozess, bestimmen die Auswahl der Methoden auf den verschiedenen Ebenen des methodischen Handelns sowie die Auswahl der Medien und Lernorte.

2 Dimensionen der Lehr- und Lernmethoden – Eigenschaften und Auswahl von Methoden

ULRIKE SPÖRHASE

Versucht man nachzuspüren, welche qualitativen Eigenschaften Methoden haben, und ihre Funktionen, Leistungen und Wechselwirkungen mit anderen Aspekten des Unterrichts zu bestimmen, zeigen sich wichtige Gesichtspunkte, die bei der Auswahl und dem Einsatz von Methoden eine Rolle spielen (TERHART 2005; KILLERMAN/STAECK 1990).

Methoden lassen sich aus verschiedenen unterrichtlichen Perspektiven wie folgt charakterisieren:

- Methoden sind Mittler zwischen Sache und Lerner.
- Methoden sind Instrumente zur Zielerreichung.
- Methoden sind Lernhilfen für Schüler und Lehrhilfen für Lehrer.
- Der Methodeneinsatz ist abhängig von den Rahmenbedingungen.
- Methoden stehen in enger Beziehung zu Unterrichtsprinzipien.
- Methoden gestalten Beziehungen in Vermittlungsprozessen.
- Methoden stehen in enger Beziehung zu Medien und Lernorten.
- Methoden und ihre Vielfalt dienen der Qualitätssicherung.

Methoden sind Mittler zwischen Sache und Lerner

Meist sind verschiedene Methoden geeignet, um eine Sache zu vermitteln. Nehmen wir den Aufbau des menschlichen Herzens. Dies kann z. B. durch die Analyse von Sachtexten, schematischen oder naturalistischen Abbildungen, Modellen und/oder durch die Präparation eines Schweineherzens erfolgen, das dem menschlichen Herz sehr ähnlich ist. Vergleichen, Betrachten und Untersuchen spielen dabei als Methoden der Erkenntnisgewinnung immer eine Rolle.

Lassen Sie uns die Beziehungen zwischen Sache und Methode an diesem Beispiel näher betrachten. Die Sache „Aufbau des Herzens" enthält eine Sachstruktur, deren wichtige Aspekte z. B. Aufbau, Lage und Gestalt der Herzkammern, der zuleitenden (Venen) und ableitenden Gefäße (Arterien) und der Blutfluss sind. Alle oben genannten Methoden sind prinzipiell geeignet, diese Sachstruktur zu erschließen. Jedoch wird mit jeder Methode die Sache etwas anders erschlossen. So macht die gute Untersuchbarkeit des Herzens eine originale Begegnung mit Präparation lohnenswert und ermöglicht Erkenntnisse zu gewinnen, die weder mit Abbildungen noch mit Texten zu erlangen sind. Das Original lässt sich anfassen, ausmessen und anderweitig untersuchen sowie mit Modellen, Abbildungen und Texten vergleichen. So können Lerner realistische Vorstellungen von der Qualität und der Gültigkeit biologischen Wissens aufbauen. Die eingesetzten Methoden bestimmen also, *wie* der Lerngegenstand, also der „Aufbau des Herzens", gelernt wird. Mit jeder Methode sind zudem spezifische Inhalte verknüpft (z. B. Gestalt und Aufbau aus einem Text oder Schema zu rekonstruieren, Beschaffenheit eines Herzens ertasten). Das Beispiel zeigt, dass je nach Methode Inhalte unterschiedlich gelernt werden. So wirken die ausgewählten Methoden auf die Inhalte zurück und bestimmen diese. Methode und Sache stehen in einem komplexen Verhältnis. Dabei bereichern und erschließen sie sich wechselseitig (vgl. Terhart 2005).

Interdependenzen bestehen auch zwischen Methode und Lerner. Die Methodenwahl sollte dem Entwicklungsstand des Lerners, seinen kognitiven und psychomotorischen Fähigkeiten angemessen sein und seine Interessen berücksichtigen. Befunde der Lehr-Lernforschung deuten seit langem darauf hin, dass für Schüler ein Unterricht motivational anregend ist, wenn alle Merkmale naturwissenschaftlichen Forschens gleich häufig vorkommen und Schüler in den meisten Stunden die Gelegenheit haben, selbst praktisch tätig zu werden (Ruppert 2012, Prenzel 2006, Seidel u. a. 2006). In einem solchen Unterricht planen die Schüler ihre Untersuchungen selbst, führen Beobachtungen oder Experimente selbst durch und ziehen Schlüsse aus ihren Experimenten. Zudem haben sie Gelegenheit, ihre Ideen zu erklären und die gelernten Konzepte auf ihr Alltagswissen zu beziehen. Allerdings wurden in einem solchen Unterricht bei PISA die relativ schwächsten Kompetenzergebnisse erzielt (Prenzel 2007).

Methoden sind Instrumente zur Zielerreichung

Bei den Zielen kann es sich um Lehrziele oder um zu erreichende Kompetenzen handeln. Die Lehrziele werden durch den Prozess der Konstruktion des Unterrichts formuliert und begründet (Meisert 2012). Gehen wir zu unserem Beispiel, zum Aufbau des Herzens, zurück. Die mit dem Inhalt verbundenen Lehrziele können unterschiedlich sein, z. B. „1. Die Herzkammern nennen und ihre Lage beschreiben", „2. Sich über Behandlungsmöglichkeiten von Herzklappenerkrankungen informieren, diese in der Klasse vorstellen und bewerten". Die beiden Beispiele legen intuitiv nahe, dass es unterschiedlicher Mittel oder Methoden und Medien zur jeweiligen Zielerreichung bedarf, ein bestimmtes Ziel durch verschiedene Methoden erreicht werden kann und meist eine Abfolge von Methoden einen Weg zur Erreichung eines Zieles darstellt. So ist das 1. Lehrziel durch Texterschließungsmethoden und/oder Modelleinsatz und/oder Präparieren in allen Sozialformen zu erreichen. Die Erreichung des 2. Lehrziels benötigt Methoden zur Informationsrecherche, -erschließung, -bewertung sowie Methoden für die Präsentation. Nur für die Präsentation ist Klassenunterricht erforderlich, ansonsten können die Sozialformen frei gewählt werden. Dementsprechend erfordert ein sachgemäßer Einsatz einer Methode die Reflexion möglicher Lernwege, ihrer Struktur, der in ihr wirksamen Annahmen, deren normative Legitimität und schließlich deren Evaluation (vgl. SCHULZ 1990).

Methoden sind Lernhilfen für Schüler und Lehrhilfen für Lehrer

Obwohl kein mechanisches Determinationsverhältnis zwischen Lehren und Lernen besteht und der Einsatz von „guten Methoden" kein Lernen garantiert, können Methoden das Lernen befördern. Insbesondere der adäquate Einsatz praktisch bewährter oder empirisch evaluierter Methoden kann ein schnelleres, leichteres Lernen und tieferes, nachhaltiges Verstehen befördern. Methoden, die das Lernen insgesamt fördern (s. Teil II, 1), erhöhen oft die aktive Lernzeit der Schüler, fördern das Nachdenken im Unterricht, ermöglichen individuelle Lernwege, berücksichtigen die Interessen der Lerner und ihre Vorstellungen. Es konnte bisher nicht gezeigt werden, dass eine Methode einen „Königsweg" darstellt. Vielmehr fördert ein adäquates Arrangement aus verschiedenen Aktivitäten, Methoden und Lernzugängen am besten einen „guten Unterricht" (SEIDEL u. a. 2006).

Da Methoden planmäßige und regelhafte Verfahren sind, lassen sich durch das Einüben von Methoden Handlungsschemata ausbilden. Dafür müssen Methoden gezielt eingeführt und geübt werden. Mit dem einmaligen Erstellen einer Concept-Map (z. B. zum Aufbau des Herzens) ist die Methode nicht abschließend erlernt. Sie muss immer wieder möglichst mit steigender Komplexität geübt werden, bis ein Handlungsschema verinnerlicht ist. Dabei werden das Lernen der Methode und das Nachdenken über diese zu einem Teil des Unterrichtsinhalts. Das kostet Unterrichtszeit. Deshalb ist es sinnvoll, nicht viele verschiedene Methoden zur gleichen Zeit einzuführen, sondern eine Methode nach der anderen. Auch gilt es zu bedenken, dass für den Lernerfolg die Methodentiefe wichtiger als die Methodenvielfalt angesehen wird. Die Methodentiefe wird dabei als das Kompetenzniveau betrachtet, auf dem die Methode eingesetzt und reflektiert wird (MEYER 2015). Die gelernten Methoden und ihr flexibler Einsatz durch die Lerner steigern die selbstständige Problemlösekompetenz und damit das selbstregulierte Lernen. Dies gilt besonders für Methoden, die Lernstrategien beinhalten (s. Teil II, 2, 3; MANDEL/FRIEDRICH 2006).

Auch Lehrer sind Lerner und erhöhen ihre Handlungskompetenz durch gelernte Methoden. Methoden sind Instrumente, um Lehr-Lernprozesse zu strukturieren und zu steuern, z. B. beim Erarbeiten, Sichern und Üben (s. Teil II, 2, 3, 5). Verfügt der

Lehrer über vielfältige und gut ausgeprägte methodische Handlungsschemata, gelingt es ihm leichter, den Unterricht souverän und den Situationen angemessen zu steuern, Lernschwierigkeiten zu identifizieren und gezielt zu fördern. Dabei erfährt er selbst seine Handlungskompetenz. Durch einen derartigen flexiblen Methodeneinsatz wird der Unterricht abwechslungsreicher, lebendiger, interessanter und motivierender für Lerner und Lehrer.

Der Methodeneinsatz ist abhängig von den Rahmenbedingungen

Der institutionelle Rahmen für Biologieunterricht wird durch Schule und Schulbehörden vorgegeben. Dieser Rahmen enthält Zielvorgaben in Form von Kompetenzen, Standards, Inhalten und ggf. Lehrzielen des Unterrichts sowie zeitliche, räumliche, sachliche sowie die Sicherheit betreffende Vorgaben. Auch die Architektur des Schulgebäudes, seine Ausstattung, Lage und Infrastruktur geben einen Rahmen für den Methodeneinsatz vor. So ermöglichen eine moderne Ausstattung der naturwissenschaftlichen Fachräume und ein Schülerlabor die Durchführung von Projekten und den Einsatz originär naturwissenschaftlicher Arbeitsweisen. Die Sicherheitsvorschriften betreffen verschiedene Bereiche, die beim Beobachten, Untersuchen und Experimentieren zu beachten sind (Köhler/Meisert 2012).

Methoden stehen in enger Beziehung zu Unterrichtsprinzipien

Unterrichtskonzepte setzen sich aus Unterrichtsprinzipien zusammen (s. o.). Methoden helfen, diese Prinzipien im Unterricht umzusetzen. Nehmen wir als Beispiel das Prinzip der Handlungsorientierung, das ein aktives Lernen, eine Verknüpfung von deklarativem und prozeduralem Wissen und selbstgesteuertes und verantwortliches Lernen fördern soll (Ruppert 2002). Der Unterricht beginnt hierbei mit der Festlegung eines Arbeitsthemas durch Schüler und Lehrer in einem vorgegebenen Rahmenthema (z. B. Lebensräume). Damit die Schüler wirklich mitentscheiden können, bedarf es Methoden der Informationsbeschaffung und -strukturierung über verschiedenartige Lebensräume und ihrer Bewertung. Erst wenn sich die Schüler über Lebensräume informiert haben, können sie sich auf ein Thema, z. B. „Der Bach", einigen. Im weiteren Verlauf werden als Handlungsziele die Untersuchung der Wasserqualität des Baches über den Jahreslauf und die Präsentation der Ergebnisse vereinbart. Hier bedarf es wiederum Methoden zur Informationsbeschaffung und -erschließung sowie naturwissenschaftlicher Methoden der Wassergütebestimmung (z. B. mikroskopische Kartierung von Organismen, Bestimmung chemischer Parameter wie den pH-Wert) sowie Methoden zur Datengewinnung, Auswertung und Interpretation der Daten. Abschließend werden Methoden zur Darstellung und Diskussion der Ergebnisse und

Präsentation benötigt. Dieser Unterricht impliziert den Einsatz vieler Methoden, die das selbstregulierte Lernen fördern, und trägt so zur Entwicklung der Methodenkompetenz bei. Wichtig dabei ist, dass ein Großteil der Methoden zuvor eingeübt wurde, weil sie nur dann selbsttätig von den Schülern eingesetzt werden können.

Methoden gestalten Beziehungen in Vermittlungsprozessen

Lernen geschieht in Beziehungen, dies gilt für Schüler und Lehrer (Reich 2008). Die Qualität der Beziehung eines Lehrers zu seinen Schülern macht letztendlich seine Glaubwürdigkeit aus und hat Einfluss darauf, ob die Schüler den Sinn und Verwendungszweck des zu Lernenden erkennen. „Gute Beziehungsstrukturen" lassen sich nicht vorschreiben, sondern sie entwickeln sich durch Interaktionen und werden so für Schüler und Lehrer erfahrbar. Methoden gestalten aber nicht nur die Beziehungen zwischen Lehrer und Schüler, sondern auch unter den Schülern selbst. Der Einsatz von handlungsorientierten Methoden (z. B. Lernen an Stationen, Projektarbeit) lässt den Lehrer in den Hintergrund treten. Dieser Unterricht nutzt viele Methoden des kooperativen Lernens (s. Teil II, 4), die vor allem in Partner- oder Gruppenarbeit durchgeführt werden und die produktive Zusammenarbeit und Kommunikation der Schüler fördern.

Methoden helfen auch, eine Atmosphäre des gegenseitigen Respekts und der Unterstützung zu konstituieren. Sie können die Fokussierung des Unterrichts auf die individuellen Lernprozesse, eine respektvolle und gesundheitsfördernde Kommunikation sowie unterrichtliche Transparenz fördern. So erfahren die Schüler z. B. durch die unterrichtliche Einbeziehung ihrer Vorstellungen eine gewisse Wertschätzung und Respekt (s. Teil II, 1.1). Methoden helfen zudem, mit Fehlern angemessen umzugehen und aus ihnen zu lernen (s. Teil II, 5.2) sowie die Leistungsanforderungen transparent zu machen, z. B. durch das Lernen mit „anspruchsvollen" Aufgaben (Teil II, 5).

Methoden stehen in enger Beziehung zu Medien und Lernorten

Methoden benötigen Medien, durch die Informationen vermittelt werden. Oft ist die ausgewählte Methode direkt mit dem Einsatz eines bestimmten Mediums verknüpft. So sind z. B. selbst durchgeführte Verhaltensbeobachtungen an lebenden Organismen als Medien gebunden. Dabei kann das Verhalten unmittelbar oder anhand einer audiovisuellen Aufzeichnung analysiert werden. Ebenso kommt bei einer Herzpräparation ein originales Schweineherz als Medium zum Einsatz.

Methoden werden immer an einem Lernort durchgeführt. Viele Methoden sind nicht strikt an einen Lernort gebunden. Aber durch den Einsatz der biologischen Erkenntnismethoden Beobachten, Untersuchen und Experimentieren entstehen räumliche und sachliche Anforderungen, die meist nur ein Fachraum erfüllt. Spezifische Anforderungen an den Lernort erwachsen aus der gewählten methodischen Großform. So werden für Exkursionen außerschulische Lernorte genutzt, während Projekte Lernorte mit einer Infrastruktur erfordern, die z. B. die Informationsrecherche und -beschaffung sowie die Kooperation der Lerner ermöglichen. Zum unterrichtlichen Einsatz von Medien und Lernorten verweisen wir auf KÖHLER/MEISERT (2012) und LEHNERT/KÖHLER (2012).

Methoden und ihre Vielfalt dienen der Qualitätssicherung

Methoden dienen der Qualitätssicherung in zweifacher Weise. Zum einen wird Unterrichtserfolg erst durch den Einsatz adäquater Methoden für den Lehrer planbar. Grund hierfür ist, dass Unterrichtsmethoden regelhafte Verfahren sind, die durch die Praxis erprobt und/oder durch die Lehr-Lernforschung empirisch evaluiert sind. Dadurch standardisieren sie Unterrichtsabläufe und machen so erfolgreichen Unterricht planbar. Zum anderen sind sie notwendig für die Entwicklung fachübergreifender und fachspezifischer Kompetenzen, die als Ausbildungsziele vorgegeben sind und an denen Unterrichtsqualität gemessen wird (KMK 2004, 2005; HELMKE 2010; s. Teil II Kap. 1.12). Hierzu zählen zeitgemäße fachübergreifende Schlüsselqualifikationen und biologiespezifische Qualifikationen, z. B. biologische Erkenntnismethoden und Arbeitstechniken. Zudem ermöglicht erst eine naturwissenschaftliche Methodenkompetenz eine Partizipation an unserer durch Naturwissenschaft und Technik geprägten Gesellschaft. Deshalb wird der Methodenkompetenz im Rahmen des Scientific-Literacy-Ansatzes und dem selbstständigen Lernen eine große Bedeutung zugesprochen.

Lehr-Lernforscher waren lange Zeit auf der Suche nach der besten Methode. Heute ist allgemein akzeptiert: Die beste Methode gibt es nicht (MEYER 2015; TERHARDT 2005; SEIDEL u. a. 2006; HELMKE 2010). „Guter" Unterricht ist vielmehr nicht durch eine einzige Methode definiert, sondern zeichnet sich durch eine Variation verschiedener Methoden und Lernzugänge aus. Nur eine Methodenvielfalt und -tiefe sichert die Qualität von Unterricht und ermöglicht die Ausbildung der geforderten Kompetenzen (KMK 2004, 2005).

Für die Entwicklung einer Methodentiefe müssen die Methoden mit den Lernenden geübt und reflektiert werden, sodass sie diese selbst produktiv auswählen und einsetzen können.

3 Methoden und Bildungsstandards

Ulrike Spörhase

Mit den Bildungsstandards für den mittleren Schulabschluss (s. Abb. 6, KMK 2005) und den Einheitlichen Prüfungsanforderungen in der Abiturprüfung (EPA, KMK 2004) sind verbindliche Anforderungen für die schulische Ausbildung im Fach Biologie festgelegt worden. Standards und EPA legen eine Zusammenstellung der wichtigsten Ziele des Unterrichts als gewünschte Lernergebnisse formuliert vor. Sie fordern eine Orientierung des gesamten Unterrichts an Basiskonzepten ein (vgl. Teil II, 1.2) und schreiben den prozessbezogenen Kompetenzen eine stärkere Bedeutung zu, als sie zuvor in den Lehrplänen hatten. Damit ist biologische und fachübergreifende Methodenkompetenz explizit zum Inhalt des Unterrichts geworden. Die Standards für die Sekundarstufe I unterscheiden die Kompetenzbereiche: Fachwissen, Erkenntnisgewinnung, Kommunikation und Bewertung (KMK 2005). Auch wenn in den EPA (KMK 2004) eine andere Nomenklatur verwendet wird, können hier vergleichbare Kompetenzbereiche wie bei den Standards der Sekundarstufe I identifiziert werden. Die Kompetenzen werden entsprechend einer Outcome-Orientierung durch Aufgaben überprüft. Damit kommt den Aufgaben, die den Anforderungen der Standards entsprechen, eine Schlüsselrolle im Unterricht zu. Sie machen einerseits für die Lerner die Leistungsanforderungen transparent und können anderseits zum Lernen und Üben als Beispielaufgaben genutzt werden (s. Teil II, 5).

Bei unserer Zusammenstellung der Methodenporträts haben wir mit Blick auf Standards und EPA vor allem die prozessbezogenen Kompetenzen, die Methoden als Unterrichtsinhalte explizit festlegen, der Bereiche Erkenntnisgewinnung (Teil II, 2), Kommunikation (Teil II, 3 u. 4) und Bewertung (Teil II, 5.3 u. 5.4) und das Lernen mit Aufgaben (Teil II, 5.1, 5.5, 5.6) berücksichtigt.

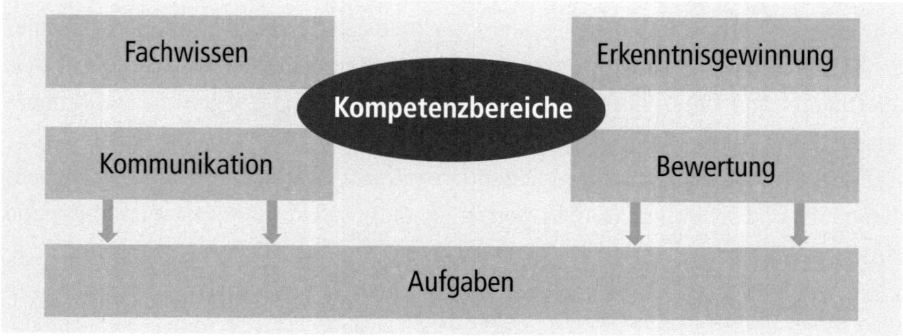

Abb. 6: Kompetenzbereiche des Faches Biologie (vgl. KMK 2005)

4 Anregungen zur Diskussion

Ulrike Spörhase

Sie haben tapfer durchgehalten und sind uns bis hierhin gefolgt. Jetzt möchten wir Sie bitten, über das Gelesene nachzudenken: Was war sinnvoll für Sie? Was haben Sie über die Bedeutung und den Einsatz von Methoden im Biologieunterricht gelernt? Was möchten Sie noch wissen? Die nachstehenden Aussagen über Methoden können Ihnen bei Ihrer Reflexion behilflich sein. Sie können sie mit Kollegen diskutieren und durch Ihre eigenen Vorstellungen ergänzen.

Unterricht ist methodenabhängig – Methoden sind unterrichtsabhängig – die Erreichung eines Ziels benötigt bestimmte Methoden – Methoden enthalten normative Elemente und geben Ziele und Inhalte vor – Methoden befördern Lernen bei Schülern und Lehrern und können beide glücklich machen – Methoden müssen gelernt werden – Methoden kosten Zeit – Methoden helfen, Zeit zu sparen – eine Vielfalt an Methoden fördert das Lernen – Methodenvielfalt kann Lernen verhindern – Methodenvielfalt kann zu einer Begeisterung bei Lernern und Lehrern führen – Methodenvielfalt kann Lerner frustrieren – Methoden, die das selbstständige Lernen fördern, machen Lerner unabhängig und sind unverzichtbar – Methoden haben einen Unterhaltungscharakter – Methoden fördern Lernen – Methoden lenken vom Lernen ab, oder verhindern dieses – Methoden dienen der Qualitätssicherung – Methoden sind nicht gleich Methoden – Methodeneinsatz und -vielfalt hat per se nichts mit Qualität zu tun – …

Literatur

Bay, Friedrich / Rodi, Dieter (1978): Grundzüge einer Biologiedidaktik der Sek. I. Tübingen

Gasser, Peter (2003): Lehrbuch Didaktik. Bern

Gropengiesser, Harald / Harms, Ute / Kattmann, Ulrich (Hrsg.) (2013): Fachdidaktik Biologie. Köln

Gudjons, Herbert (2006): Methodik zum Anfassen. Bad Heilbrunn

Harms, Ute / Mayer, Jürgen / Hammann, Marcus / Bayrhuber, Horst / Kattmann, Ulrich (2004): Kerncurriculum und Standards für den Biologieunterricht in der gymnasialen Oberstufe. In: Tenorth, Heinz-Elmar (Hrsg.) Kerncurriculum Oberstufe II. Weinheim und Basel, S. 22–84

Helmke, Andreas (2010): Unterrichtsqualität und Lehrerprofessionalität. Diagnose, Evaluation und Verbesserung des Unterrichts. Seelze

Killermann, Wilhelm (1990): Methoden des Biologieunterrichts in unserer Zeit. In: Killermann, Wilhelm / Staeck, Lothar (1990) Methoden des Biologieunterrichtes. Bericht über die Tagung der Sektion Fachdidaktik im Verband Deutscher Biologen in Herrsching 2.10–6.10.1989. Köln, 1990, S. 24–34

Killermann, Wilhelm / Staeck, Lothar (1990): Methoden des Biologieunterrichtes. Bericht über die Tagung der Sektion Fachdidaktik im Verband Deutscher Biologen in Herrsching 2. 10–6. 10. 1989. Köln

Killermann, Wilhelm / Hiering, Peter / Starosta, Bernhard (2011): Biologieunterricht heute. Donauwörth

KMK (2004): Beschlüsse der Kultusministerkonferenz: Einheitliche Prüfungsanforderungen in der Abiturprüfung Biologie, Beschluss vom 1. 12. 1989 i. d. F. vom 5. 2. 2004. Neuwied

KMK (2005): Bildungsstandards im Fach Biologie für den Mittleren Schulabschluss. Beschluss vom 16. 12. 2004. Neuwied

Köhler, Karl-Heinz (2012): Nach welchen Prinzipien kann Biologieunterricht gestaltet werden? In: Spörhase, Ulrike (Hrsg.) Biologie-Didaktik. Praxishandbuch für die Sekundarstufe I und II. Berlin, S. 112–129

Köhler, Karl-Heinz / Meisert, Anke (2012): Welche Erkenntnismethoden sind für den Biologieunterricht relevant? In: Spörhase, Ulrike (Hrsg.). Biologie-Didaktik. Praxishandbuch für die Sekundarstufe I und II. Berlin, S. 130–152

Lehnert, Hans-Joachim / Köhler, Karl-Heinz (2012): Welche Medien werden im Biologieunterricht genutzt? In: Spörhase, Ulrike (Hrsg.): Biologie-Didaktik. Praxishandbuch für die Sekundarstufe I und II. Berlin, S. 152–174

Mandl, Heinz / Friedrich, Helmut Felix (2006) (Hrsg.): Handbuch Lernstrategien. Göttingen

Mayer, Jürgen (2002): Biologieunterricht nach PISA. In: Buchen, Herbert / Horster, Leonhard / Pantel, Gerhard / Rolff, Hans-Günter (Hrsg.): Unterrichtsentwicklung nach PISA. Stuttgart, S. 79–94

Meisert, Anke (2012): Wie kann Unterricht geplant werden? In: Spörhase, Ulrike (Hrsg.) Biologie-Didaktik. Praxishandbuch für die Sekundarstufe I und II. Berlin, S. 241–272

Meyer, Hilbert (1987): UnterrichtsMethoden. Bd. 1, Frankfurt/M.

Meyer, Hilbert (2015): Was ist guter Unterricht? Berlin

Poser, Hans (2007): Vom Wesen wissenschaftlicher Erkenntnisse – Erklärung und Prognose in der Tradition der Biowissenschaften. In: Höxtermann, Ekkehard / Hilger, Hartmut H.: Lebenswissen. Eine Einführung in die Geschichte der Biologie. Rangsdorf, S. 12–31

Prenzel, Manfred (2007): PISA 2006: Wichtige Ergebnisse im Überblick. In: Prenzel, Manfred / Artelt, Cordula / Baumert, Jürgen / Blum, Werner / Hammann, Marcus / Klieme, Eckhardt / Pekrun, Reinhard (Hrsg.): PISA 2006. Ergebnisse der dritten internationalen Vergleichsstudie. Münster, S. 13–30

Reich, Kersten (2008): Konstruktivistische Didaktik: Lehr- und Studienbuch mit Methodenpool. Weinheim

Ruppert, Wolfgang (2002): Handlungsorientierung im Biologieunterricht. Unterricht Biologie 26, Heft 273, S. 4–10

Ruppert, Wolfgang (2012): Welches Interesse haben Schüler an biologischen Themen? In: Spörhase, Ulrike (Hrsg.): Biologie-Didaktik. Praxishandbuch für die Sekundarstufe I und II. Berlin, S. 94–111

Schröder, Hartwig (2001): Didaktisches Wörterbuch. München, Wien

Schulz, Wolfgang (1990): Unterrichtsmethodik heute – Reflexion aus der Sicht der Erziehungswissenschaft als Bildungswissenschaft. In: Killermann, Wilhelm / Staeck, Lothar (Hrsg.): Methoden des Biologieunterrichtes. Bericht über die Tagung der Sektion Fachdidaktik im Verband Deutscher Biologen in Herrsching 2. 10–6. 10. 1989, Köln, S. 11–24

Seidel, Tina / Prenzel, Manfred / Wittwer, Jörg / Schwindt, Katharina (2007): Unterricht in den Naturwissenschaften. In: Prenzel, Manfred / Artelt, Cordula / Baumert, Jürgen / Blum, Werner / Hammann, Marcus / Klieme, Eckhardt / Pekrun, Reinhard (Hrsg.): PISA 2006. Ergebnisse der dritten internationalen Vergleichsstudie. Münster, S. 147–179

Spörhase, Ulrike (2012): Was soll Biologiedidaktik leisten? In: Spörhase, Ulrike (Hrsg.) Biologie-Didaktik. Praxishandbuch für die Sekundarstufe I und II. Berlin, S. 10–23

Starosta, Bernhard (1990): Erkundung der belebten Natur durch Schüler nach dem Prinzip des entdeckenden Lernens – Didaktische Konzepte und Ergebnisse einer empirischen Untersuchung. In: Killermann, Wilhelm / Staeck, Lothar (Hrsg.): Methoden des Biologieunterrichtes. Bericht über die Tagung der Sektion Fachdidaktik im Verband Deutscher Biologen in Herrsching 2. 10–6. 10. 1989, Köln, S. 296–298

Terhart, Ewald (2005): Lehr-Lernmethoden. Eine Einführung in Probleme der methodischen Organisation von Lehren und Lernen. Weinheim

Weitzel, Holger (2012): Wie kann Unterricht Vorstellungsänderungen bewirken? In: Spörhase, Ulrike (Hrsg.): Biologie-Didaktik. Praxishandbuch für die Sekundarstufe I und II. Berlin, S. 82–91

Teil II
Methodenporträts

1 Methoden, die das Lernen fördern

1.1 Kontextbezogene Gestaltung von Unterrichtsreihen

RONJA BROSZEHL UND JÖRG GROSSSCHEDL

Was ist das?

In kontextorientierten Unterrichtsansätzen (z. B. BENNETT 2003) werden fachliche Inhalte nicht entsprechend der geläufigen Fachsystematik in den Unterrichtsverlauf eingebettet, sondern zur Auseinandersetzung mit lebensweltlichen Problemen, Phänomenen oder Szenarien genutzt. Dies erfolgt, wenn z. B. die fachlichen Inhalte der Lungen- und Zellatmung in die Szenarien „Verschüttet beim Grubenunglück – Die Luft wird schlecht!" oder „Bergsteigen extrem – Die Luft wird knapp!" integriert, d. h. *kontextualisiert* werden. Im Gegensatz zur beschränkten Anwendung eines Kontextes auf einen bestimmten fachlichen Inhalt innerhalb einer einzelnen Aufgabe oder Unterrichtseinheit wird im hier vorgestellten Ansatz (s. a. SUWELACK 2014) der ausgewählte Kontext für die Gesamtheit der fachlichen Inhalte innerhalb einer Unterrichtsreihe festgelegt. Anschließend werden die behandelten fachlichen Inhalte auf multiple Kontexte übertragen (sogenante *Dekontextualisierung*).

Wozu ist das gut?

Die Einbettung fachlicher Inhalte in lebensweltliche Kontexte kann durch verschiedene Argumente gestützt werden:

1. Lebensweltliche Kontexte machen die Relevanz fachlicher Inhalte für die Person des Lernenden und die Gesellschaft sichtbar (s. a. BAYRHUBER u. a. 2007; MUCKENFUSS 1995). Dadurch können lebensweltliche Kontexte das Interesse der Lernenden an fachlichen Inhalten positiv beeinflussen (FUCCIA u. a. 2007).
2. Lebensweltliche Kontexte steigern die Wahrscheinlichkeit, dass fachliche Inhalte unabhängig vom jeweiligen schulischen Kontext erfolgreich genutzt werden können. Dies setzt eine Ähnlichkeit des im Unterricht bereitgestellten Kontextes mit

den späteren Anwendungssituationen im Alltag voraus (Lernen als situativer Prozess; z. B. REINMANN-ROTHMEIER/MANDL 1999).

3. Lebensweltliche Kontexte tragen zu einer Vernetzung fachlicher Inhalte bei und fördern auf diese Weise die Fähigkeit von Lernenden zu systemischem Denken (HAMMANN 2006).

Welches sind die Voraussetzungen?

Kontexte eignen sich insbesondere dann zur Reihenplanung, wenn sie das Interesse der Lernenden wecken und von diesen als relevant empfunden werden. HAMMANN (2006) schlägt zwei Dimensionen zur Kontextcharakterisierung vor, die zur Eignungsprüfung eines Kontextthemas zur Reihenplanung genutzt werden können: die inhaltliche und die lebensweltliche Dimension.

Die *inhaltliche Dimension* widmet sich der Feststellung des thematischen Schwerpunktes eines Kontextes und untergliedert sich in die Facetten „Leben und Gesundheit", „Erde und Umwelt", „Technologie" sowie „Wissensgenese". Bei der Auswahl eines Kontextes auf inhaltlicher Ebene sind die Interessen der Lerngruppe individuell zu berücksichtigen. Jedoch sollten z. B. geschlechtsspezifische Unterschiede (Mädchen interessieren sich eher für Inhalte zu „Leben und Gesundheit", Jungen eher für „Technologie") bei der Kontextauswahl berücksichtigt werden (vgl. HOLSTERMANN/BÖGEHOLZ 2007). Der Kontext „Verschüttet beim Grubenunglück" ist in der Facette „Leben und Gesundheit" zu verorten.

Die *lebensweltliche Dimension* widmet sich der Passung eines Kontextes in die Lebensumwelt der Lernenden und untergliedert sich in die Facetten „Individuum", „Familie und Freunde", „Gemeinschaft" sowie „globale Gesellschaft" (s. a. BAYRHUBER u. a. 2007). Bei der Feststellung der Eignung eines Kontextes für eine spezifische Lerngruppe wird häufig angenommen, dass sich das Interesse jüngerer Personen eher auf die unmittelbare Lebensumwelt („Individuum" und „Familie und Freunde") beschränkt, während sich dieses mit zunehmendem Entwicklungsstand der Lernenden auf die Facetten „Gemeinschaft" und „globale Gesellschaft" ausdehnt. Der Kontext „Verschüttet beim Grubenunglück" (Abb. 1.3) kann der Facette „Individuum" zugeordnet werden. Nachdem ein Kontext auf inhaltlicher und lebensweltlicher Dimension bewertet wurde, sollte die Eignung des Kontextes im Sinne der Bildungsstandards geprüft werden (KMK 2004). Dabei zeichnet sich ein geeigneter Kontext dadurch aus, dass er eine Auseinandersetzung in unterschiedlichen Kompetenzbereichen (z. B. Fachwissen und Bewertung) erlaubt und unterschiedliche Basiskonzepte in ihm zum Ausdruck kommen. Ein Leitfaden zur Eignungsprüfung von Kontexten findet sich in Abb. 1.1

	Wann eignet sich ein Kontext zur Reihenplanung?			
Voraussetzungen	Der Kontext ist grundlegend oder nach entsprechender Aufbereitung aus Sicht der Lernenden relevant, interessant und/oder aktuell.	Die Arbeit im Kontext ermöglicht die Förderung verschiedener Kompetenzbereiche und eignet sich zur Fokussierung ausgewählter Kompetenzen.	Zur Klärung des lebensweltlichen Problems, Phänomens oder Szenarios wird umfangreiches Fachwissen benötigt, das sich exemplarisch auf verschiedene Basiskonzepte zurückführen lässt.	Die Arbeit im Kontext kann so gestaltet werden, dass die Lernenden in allen Anforderungsbereichen Fortschritte erzielen können.
Begründender Bezugsrahmen	INTERESSE UND VORWISSEN DER LERNENDEN	KOMPETENZEN Fachwissen Erkenntnisgewinnung Kommunikation Bewertung	BASISKONZEPTE Struktur und Funktion System Entwicklung	ANFORDERUNGSBEREICHE I. Reproduktion II. Reorganisation & Transfer III. Reflexion & Problemlösung
	ERKENNTNISSE AUS DER LERNPSYCHOLOGIE UND INTERESSENFORSCHUNG	BILDUNGSSTANDARDS		

Abb. 1.1: Leitfaden zur Eignungsprüfung eines Kontextes zur Reihenplanung (verändert nach Pädagogisches Landesinstitut Rheinland-Pfalz)

Wie geht das?

Anregungen zu lebensweltlichen Kontexten finden sich u. a. in Tageszeitungen, im Fernsehen und in Fachzeitschriften. Auf die oben beschriebene Analyse zur Eignung eines Kontextes folgt eine Festlegung der fachlichen Inhalte, die bei der Auseinandersetzung mit einem Kontext berücksichtigt werden müssen. Dabei werden auch die Basiskonzepte bestimmt, die in der Auseinandersetzung mit dem Kontext zur Anwendung kommen (im Beispiel sind dies die Basiskonzepte „System" und „Struktur und Funktion", s. Abb. 1.3). Erfolgt keine inhaltliche Fokussierung innerhalb eines Kontextes zur Reihenplanung, besteht die Gefahr der zu starken thematischen Ausdehnung, die den zeitlichen Rahmen von Unterricht weit übersteigen würde. Der Ablauf einer kontextorientierten Unterrichtsreihe verläuft prinzipiell in abgrenzbaren Phasen und ist in Abb. 1.2 dargestellt (FUCCIA u. a. 2007):

Phase	Was macht die Lehrkraft?	Wozu macht die Lehrkraft das?
Begegnung & Planung	■ Vorstellung eines lebensweltlichen Problems, Phänomens oder Szenarios ■ Sammlung und Diskussion der Vorstellungen der Lernenden zum Kontext ■ Sammlung und Diskussion der Erwartungen der Lernenden an den Kontext ■ Schriftliche Fixierung der Diskussionsergebnisse	■ Wecken des Interesses und der Motivation ■ Identifizierung etablierter Vorstellungen ■ Kategorisierung der Vorstellungen gemäß den geplanten inhaltlichen Schwerpunkten ■ Schaffung der Voraussetzungen zur Berücksichtigung der Erwartungen der Lernenden
Erarbeitung	■ Einsatz kompetenzorientierter Lernaufgaben ■ Anleitung der Lernenden neu gewonnene Erkenntnisse auf die gesammelten Vorstellungen zu beziehen (vgl. Begegnung & Planung)	■ Auseinandersetzung mit dem Kontext ■ Schließen von Wissenslücken durch die Lernenden ■ Unterstützung der Lernenden bei der Verknüpfung der ausgehandelten Vorstellungen mit den neu gewonnenen Erkenntnissen
Vernetzung (Dekontextualisierung)	■ Einsatz kompetenzorientierter Lernaufgaben mit Bezug zu Problemen, Phänomenen oder Szenarien fremder Kontexte	■ Nutzung und Anwendung des kontextbezogen erworbenen Fachwissens in anderen Kontexten ■ Ausbildung und Erweiterung des Verständnisses der Basiskonzepte sowie Befähigung zu systemischem Denken
Reflexion	■ Bereitstellung von Aufgaben unterschiedlicher Anforderungsbereiche	■ Anwendung und Transfer neu gewonnener Erkenntnisse unter hohem Selbststeuerungsgrad

Abb. 1.2: Phasen kontextorientierter Reihenplanung

Beispiel:

Das dargestellte Beispiel (s. Abb. 1.3) für eine kontextorientierte Reihenplanung geht auf das von SUWELACK (2014) entworfene Unterrichtsmodell „Eingeschlossen! Die Luft wird schlecht!“ zurück und steht unter dem Kontext „Verschüttet beim Grubenunglück“. Die skizzierte Reihenplanung orientiert sich an thematischen Inhalten für den Biologieunterricht der Mittelstufe. Unter Einbezug der fachlichen Inhalte der Atmung, des Energieumsatzes und der hormonellen Stressregulation ist unter diesem Kontext auch ein Oberstufeneinsatz vorstellbar.

Literatur

BAYRHUBER, HORST / BÖGEHOLZ, SUSANNE / ELSTER, DORIS / HAMMANN, MARCUS / HÖSSLE, CORINNA / LÜCKEN, MARKUS u. a. (2007): Biologie im Kontext. In: MNU, 60, Heft 5, S. 282–286

BENNETT, JUDITH (2003): Teaching and Learning Science (S. 99–122). London

FUCCIA, DAVID DI / SCHELLENBACH-ZELL, JUDITH / RALLE, BERND (2007): Chemie im Kontext. In: MNU, 60, Heft 5, S. 274–281

HAMMANN, MARCUS (2006): Kompetenzförderung und Aufgabenentwicklung. In: MNU, 59., Heft 2, S. 85–95

HOLSTERMANN, NINA / BÖGEHOLZ, SUSANNE (2007): Interesse von Jungen und Mädchen an naturwissenschaftlichen Themen am Ende der Sekundarstufe I. In: ZfDN, 13, S. 71–86

KMK (2005): Bildungsstandards im Fach Biologie für den Mittleren Schulabschluss. Beschluss vom 16. 12. 2004. Neuwied

LÖWE, BERND (1987): Interessenverfall im Biologieunterricht. In UB, 11, Heft 124, S. 62–65

MUCKENFUSS, HEINZ (1995): Lernen im sinnstiftenden Kontext – Entwurf einer zeitgemäßen Didaktik des Physikunterrichts. Berlin

PÄDAGOGISCHES LANDESINSTITUT RHEINLAND-PFALZ SPEYER (n.d.): Planungslandkarte „Kontext“. http://www.kmk-format.de/material/Nawi/Kontexte/K1-Einstieg/K1-1_Planungslandkarte_Kontext.pdf (letzter Zugriff am: 04. 07. 2017)

REINMANN-ROTHMEIER, GABI / MANDL, HEINZ (1999): Unterrichten und Lernumgebungen gestalten (Forschungsbericht Nr. 60). München: Ludwig-Maximilians-Universität, Lehrstuhl für Empirische Pädagogik und Pädagogische Psychologie

SUWELACK, WALTRAUD (2014): Eingeschlossen! Die Luft wird schlecht. In: Unterricht Biologie, 37, Heft 399, 16–26

Kontext „Verschüttet beim Grubenunglück"					
1. Unterrichtseinheit Die Luft wird schlecht: CO_2-Anreicherung – Ein Problem!			**2. Unterrichtseinheit** Problem: Nahrung wird knapp!		**Weitere thematische Ausbaumöglichkeit**
(1.1) *Ca. 1–5 Unterrichtsstunden*	**(1.2)** *Ca. 2 Unterrichtsstunden*	**(1.3)** *Ca. 1–2 Unterrichtsstunden*	**(2.1)** *Ca. 1 Unterrichtsstunde*	**(2.2)** *Ca. 1–2 Unterrichtsstunden*	**Unterrichtseinheit zu der**
Frage: Überlebt man länger, wenn man sich nicht bewegt?	**Frage:** Mehr Bewegung = Mehr CO_2 – Warum?	**Frage:** Wie funktioniert der Gasaustausch mit der Umwelt?	**Frage:** Was steckt in unserer Nahrung?	**Frage:** Wofür braucht der Körper die Energie?	**Frage:** Wie werden Atemgase und Nahrung im Körper transportiert?
Thema: Zusammenhang von Bewegung und CO_2-Ausstoß	**Thema:** Zellatmung	**Thema:** Lungenatmung und Gasaustausch über die Alveolen	**Thema:** Nährstoffe und Glucose als Energieträger	**Thema:** Muskel und Muskelkontraktion	**Themen:** Verdauungssystem, Herz-Blutkreislauf zum Transport der Atemgase und Glucose
Basiskonzept: System	**Basiskonzept:** Struktur und Funktion	**Basiskonzept:** Struktur und Funktion	**Basiskonzept:** Struktur und Funktion	**Basiskonzept:** Struktur und Funktion	
Dekontextualisierung (Möglichkeiten) „Bergsteigen extrem" | „Hochleistungssport" | „Asthma-Medikamente als Doping-Mittel"					

Abb. 1.3: Beispiel einer kontextorientierten Reihenplanung (verändert nach SUWELACK 2014). Die Begegnungs- und Planungsphase steht am Anfang der ersten Unterrichtseinheit und führt zur Frage: „Überlebt man länger, wenn man sich nicht bewegt?"

1.2 Lernen mit Basiskonzepten

HANS-DIETER LICHTNER

Was ist das?

Basiskonzepte vernetzen unterschiedliche Phänomene der Biologie miteinander. Sie bilden den Kern des Kompetenzbereichs Fachwissen (HARMS u. a. 2004). Die Erarbeitung beruht im Wesentlichen auf dem Vergleich ausgewählter Beispiele und dem Herausfiltern von gemeinsamen Grundprinzipien.

Wozu ist das gut?

Die enorme Fülle und Komplexität biologischer Phänomene führt bei Schülern leicht zur Verwirrung und Desorientierung (KATTMANN 2003). Basiskonzepte konzentrieren diese Vielfalt auf eine überschaubare Anzahl von Erklärungsprinzipien und Gesetzmäßigkeiten. Damit helfen sie beim Aufbau einer Wissensstruktur. Mit ihrer Hilfe können Lernende eigenständig neue biologische Phänomene einordnen und verstehen. Sie sind damit ein zentrales Grundelement des kumulativen Lernens. Der immer wieder vollzogene Rückgriff auf bereits bekannte Beispiele und ihre Vernetzung machen Kompetenzzuwachs erfahrbar, fördern die Festigung des Wissens und verdeutlichen Schülerinnen und Schülern die Sinnhaftigkeit ihres Lernens (LICHTNER 2007, 2012).

Welches sind die Voraussetzungen?

Die Erarbeitung von Basiskonzepten setzt Kenntnisse über biologische Phänomene voraus, die diese Basiskonzepte implizieren. Die Schüler sollten deshalb im Vorunterricht bereits Beispiele für das Basiskonzept kennenlernen, ohne dass dort schon der Konzeptcharakter thematisiert wird. So kann zum Beispiel das Basiskonzept „Prinzip der Oberflächenvergrößerung“ (Unterkonzept von „Struktur und Funktion“) im 5. Jahrgang vorbereitet werden: Beim Thema „Wasseraufnahme durch die Wurzel“ ist das möglich (ohne Wurzelhärchen vertrocknen Pflanzen bei normaler Wasserzufuhr), ohne dass das Prinzip der Oberflächenvergrößerung verallgemeinernd angesprochen wird (s. o.). Je mehr Beispiele zum Vergleichen zur Verfügung stehen, desto einleuchtender erscheint den Schülern der Konzeptcharakter.

Basiskonzepte zu verstehen setzt Abstraktionsvermögen voraus. Viele Schüler der Jahrgänge 5 und 6 sind damit noch überfordert. Es ist daher zu empfehlen, die explizite Einführung eines Basiskonzepts erst in späteren Jahrgängen durchzuführen. Wenn wir versuchen, den konzeptuellen Charakter zu früh in den Fokus zu stellen, werden wir eine Vielzahl von Schülern nicht erreichen. Ein formales Wissen, das ohne wirkliches Verständnis erworben wird, ist als Basis für kumulatives Lernen ungeeignet.

Wie geht das?

1. Auswahl der Beispiele (Lehrer)
   Man sucht drei bis fünf Beispiele heraus, aus denen sich durch Vergleichen das Basiskonzept herausfiltern lässt. Kenntnisse der Beispiele aus dem Vorunterricht sind hilfreich, aber nicht zwingende Voraussetzung. Entscheidend ist die Durchschaubarkeit der Beispiele für die Lernenden.
   Das Material wird so aufgearbeitet, dass das Prinzip für die Lernenden erkennbar wird, ohne dass es definitiv genannt wird. Der eigenständigen Erarbeitung soll nicht vorgegriffen werden. Experimentelle und modellhafte Zugänge sind wünschenswert (Beispiele auch in: TÖPPERWIEN/KÖTTKER 2008).
   Schließlich wird eine Aufgabenstellung formuliert, die auf der Grundlage von Vergleichen die Gemeinsamkeit der Beispiele in den Fokus stellt.

2. Durchführen und Auswerten (Gruppen/Klasse)
   Verschiedene methodische Verfahren bieten sich an:

Stationenlernen:
Jede Station stellt ein Beispiel vor (Experimente, Modellversuche, Grafiken, Texte). Auf dem Laufzettel werden die Gemeinsamkeiten tabellarisch erfasst. Im Anschluss suchen die Gruppen nach einer Erklärung für diese Gemeinsamkeiten.

Gruppenpuzzle:
Vorstellen der Zielsetzung im Plenum: Übersicht schaffen im scheinbaren Chaos biologischer Vielfalt und Suche nach einem gemeinsamen Prinzip in allen Beispielen. Anschließend Erarbeitung der Einzelbeispiele in Expertengruppen. In der Stammgruppe vergleichen die Lernenden die Beispiele und erklären die Gemeinsamkeit.

Think-Pair-Share-Verfahren:
Dieses bietet sich vor allem an, wenn die Beispiele lediglich als Grafiken, Diagramme und Texte dargestellt sind.

Weiterarbeit:
Im Folgeunterricht sollten die Lernenden in der Lage sein, das erarbeitete Basiskonzept an neuen Beispielen eigenständig wiederzuentdecken und zu erweitern. Dazu müssen entsprechende Aufgabenstellungen formuliert werden.

In höheren Jahrgängen sollten Basiskonzepte miteinander vernetzt werden. So lässt sich das Konzept „Struktur und Funktion“ gut mit dem Konzept „Entwicklung“

(nach Bildungsstandards) bzw. „Variabilität und Angepasstheit" (KMK 2004) verbinden: Die Tatsache, dass Strukturen von Organismen bestimmte Funktionen zuzuordnen sind, ist ein Ergebnis der Evolution dieser Organismen, die Angepasstheiten an bestimmte Umweltbedingungen zur Folge hat.

Bemerkungen:
Da die Arbeit mit Basiskonzepten jahrgangsübergreifend ist, ist dringend zu empfehlen, sich mit den Fachlehrern gut abzusprechen und den Umgang mit Basiskonzepten im Schulcurriculum zu verankern.

Tipp: Bauen Sie bei der Auswahl der Beispiele auch einmal eines ein, das nicht zu diesem Konzept passt. Das erhöht die Trennschärfe bei der Durchdringung des Prinzips. In der Regel ist es in diesem Fall sinnvoll, die Lernenden darauf aufmerksam zu machen, dass nicht alle Beispiele zueinander passen.

Beispiel: Die Stacheln eines Igels bilden eine große relative Oberfläche. Dennoch passen sie nicht zum Prinzip der Oberflächenvergrößerung, denn an den Stacheln werden weder Stoffe bzw. Energie ausgetauscht noch hat die große Oberfläche als solche eine Funktion.

Literatur

KMK (2004): Einheitliche Prüfungsanforderungen in der Abiturprüfung Biologie, Beschluss vom 01. 12. 1989 i. d. F. vom 05. 02. 2004. Neuwied

Lichtner, Hans-Dieter (2007): Zum Umgang mit Basiskonzepten im Biologieunterricht am Beispiel der Jahrgangsstufen 5 und 6 http://www.biologieunterricht.homepage.t-online.de/Biodateien/basis.html (letzter Zugriff am 15. 12. 09)

Lichtner, Hans-Dieter (2012): Basiskonzepte – eine Einführung in das Denken in Konzepten http://www.biologieunterricht.homepage.t-online.de/Biodateien/Basiskonzept 2012.pdf (letzter Zugriff am 19. 3. 2013)

Harms, Ute / Hammann, Marcus / Mayer, Jürgen / Bayrhuber, Horst / Kattmann, Ulrich (2004): Kerncurriculum Biologie in der gymnasialen Oberstufe. MNU 57, Heft 3, S. 166–173

Kattmann, Ulrich (2003): „Vom Blatt zum Planeten" – Scientific Literacy und kumulatives Lernen im Biologieunterricht und darüber hinaus. In: Moschner, Barbara / Kiper, Hanna / Kattmann, Ulrich (Hrsg.): PISA 2000 als Herausforderung. Baltmannsweiler, S. 115–137

Töpperwien, Birgit / Köttker, Nadine (2008): Kompetenzen vermitteln – Kompetenzen erwerben. Köln

Beispiel:

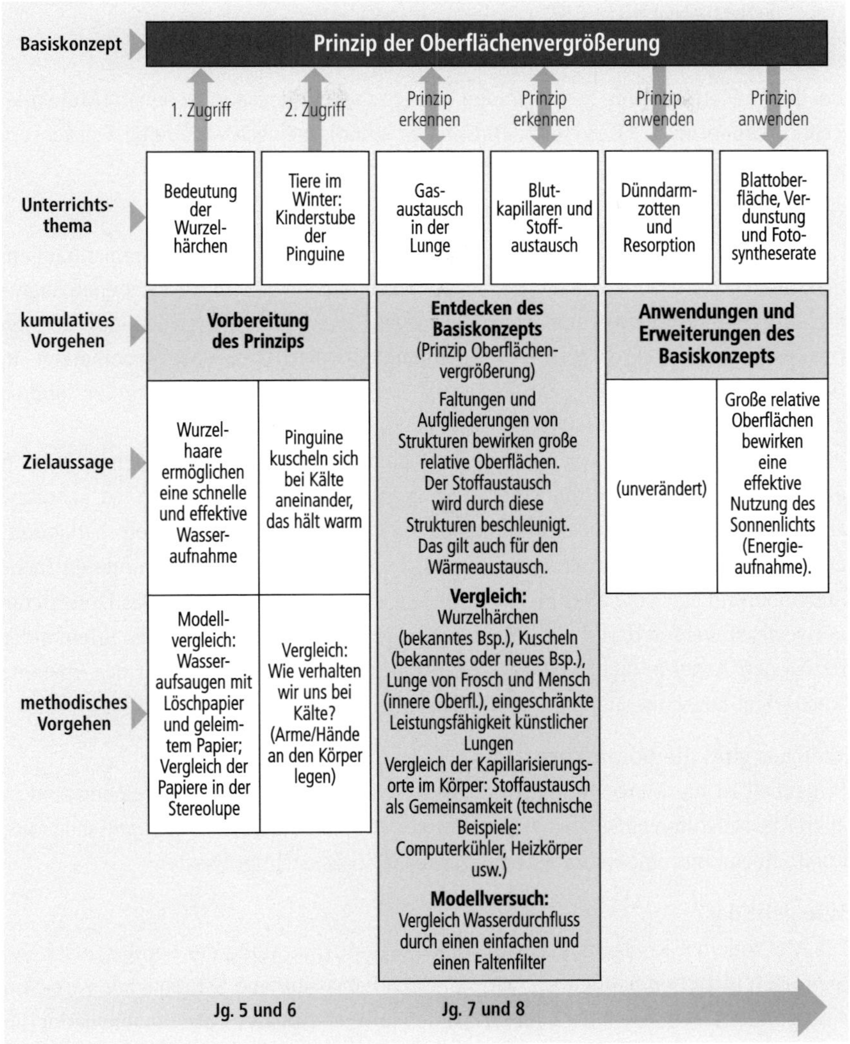

Abb. 1.4: Erarbeitung eines Basiskonzepts

1.3 Jo-Jo-Methode

WOLFGANG RUPPERT

Was ist das?

Bei dieser Methode wird zwischen den biologischen Organisationsebenen (Moleküle, Zellen, Organismus, Ökosystem, Biosphäre) ständig gewechselt. Dabei werden die Zusammenhänge zwischen den Ebenen transparent gemacht.

Wozu ist das gut?

Lernschwierigkeiten im Fach Biologie könnten mit der Tatsache zusammenhängen, dass biologische Prozesse in der Regel auf verschiedenen Organisationsebenen ablaufen. Das erfordert Denk- und Lernprozesse auf konzeptuell verschiedenen Ebenen (makroskopisch, mikroskopisch und submikroskopisch), die aber zueinander in Beziehung gesetzt werden müssen, um zu einem angemessenen Gesamtverständnis zu gelangen (BAHAR/JOHNSTON/HANSELL 1999).

In vielen älteren Lehrplänen ist die Behandlung der unterschiedlichen Ebenen eines Themenbereichs in verschiedenen Jahrgangsstufen vorgesehen. In Schulbüchern werden die verschiedenen Ebenen oft in eigenständigen Kapiteln behandelt. Derartige didaktische Strukturierungen folgen in der Regel einer begründeten sachimmanenten Logik, die aber nicht mit der methodischen Gestaltung des Unterrichts verwechselt werden darf. Lehrkräfte sollten die künstliche Trennung der aufeinander bezogenen Aspekte nicht wiederholen. In aktuellen Lehrplänen wird der Ebenenwechsel im Zusammenhang mit dem Basiskonzept „System" ausdrücklich gefordert.

Welches sind die Voraussetzungen?

Prinzipiell ist die Methode mit Modifikationen bei vielen Themenbereichen und in allen Klassenstufen einsetzbar. In den unteren Klassen der Mittelstufe kann die molekulare Ebene nur eingeschränkt oder gar nicht berücksichtigt werden.

Wie geht das?

Die Methode hat Konsequenzen für Auswahl und Anordnung der Lerngegenstände. Sie folgen nicht den Sequenzen, wie sie durch Lehrpläne und Schulbücher vorgeben sind, sondern zwischen einzelnen Teilthemen und Teilaspekten wird immer wieder hin und her gewechselt (Jo-Jo-Prinzip).

Bisher liegen nur für den Themenbereich Genetik Konzepte vor: ein empirisch evaluiertes Konzept für die Mittelstufe (KNIPPELS 2002) und eines für die gymnasiale Oberstufe (RUPPERT 2004).

Beispiel: Das Konzept für den Oberstufen-Unterricht sieht folgende Ebenenwechsel vor:

Einstieg
Einfache Gesetzmäßigkeiten der Weitergabe in der Generationenfolge (Mendel'sche Gesetzmäßigkeiten): Vererbung des Zungenrollens, der Blutgruppen (Anknüpfung an den Mittelstufen-Unterricht)

Ebenenwechsel
Struktur und Eigenschaften des Trägers der genetischen Information: Molekulare Zusammensetzung und Strukturmodell der DNA, Speicherung der genetischen Information
Replikation der DNA vor der Zellteilung: Semikonservativer Mechanismus der Replikation, Reißverschluss-Prinzip, kontinuierliche/diskontinuierliche Replikation, Reparaturlesemechanismen

Ebenenwechsel
Zellzyklus
Mitose: Phasen, Chromosomenverteilung
Darstellung von Chromosomen: Karyogramm, Vergleich Mann/Frau, genotypische Geschlechtsbestimmung
Meiose: Phasen, Chromosomenverteilung, Wechsel diploider/haploider Chromosomensatz

Ebenenwechsel
Ursachen der Trisomie 21 (Zellebene): Fehlverteilung der Chromosomen oder Chromatiden in den beiden Reifeteilungen

Ebenenwechsel
Ursachen des Down-Syndroms (Genebene): Gene, deren dreifaches Vorhandensein zum Down-Syndrom beitragen, Gen-Dosis

Ebenenwechsel
Gonosomale Aneuploidien (Zellebene): Turner-Syndrom, Klinefelter-Syndrom

Ebenenwechsel
Feinbau von Chromosomen: Chromatin, Verpackungsebenen der DNA, Chromatiden

Ebenenwechsel
Schüler-Präsentationen zu genetisch bedingten Krankheiten: Gene, Lage auf Chromosomen, exprimierte Proteine, Funktionen im Stoffwechsel, Krankheitssymptome

Ebenenwechsel
Weg vom Gen zum Merkmal
Proteinbiosynthese mit Transkription und Translation
Eigenschaften des genetischen Codes
Besonderheiten eukaryotischer Gene
Modelle der Genregulation

Ebenenwechsel
Totipotenz und differenzielle Genaktivierung im adulten Organismus

Variationen:
Vergleichbare Ebenenwechsel bieten sich bei folgenden Themenbereichen an:
Stoffwechsel (z. B. Photosynthese, Verdauung)
Ökologie (z. B. Stickstoffkreislauf, Homiothermie)
Neurobiologie (z. B. Muskelkontraktion, Sehvorgang)
Verhalten (Menstruationszyklus, Partnerwahl)
Evolution (Birkenspanner)

Tipp: Es kann hilfreich sein, den Ebenenwechsel mit dem Vorgang des Zooms zu verdeutlichen (zoom-in, zoom-out) und durch geeignete Abbildungen zu visualisieren. In einer Power Point-Präsentation kann das Zoomen ganz einfach realisiert werden, da dieses Tool dort verfügbar ist.

Ein gelungenes Beispiel zu den Strukturen der Fotosynthese findet sich auf der DVD zu den „Handreichungen für den Unterricht" des Lehrwerks „Biologie Oberstufe" des Cornelsen Verlages.

Was ist meine Aufgabe als Lehrkraft?
Vorbedingung ist ein gründliches Einarbeiten in den jeweiligen Themenbereich und die Ausdifferenzierung der verschiedenen Organisationsebenen. Die Strukturierung und methodische Gestaltung des Unterrichts erfordert mitunter, sich von Traditionen zu lösen und unkonventionell und kreativ zu denken.

Literatur

Bahar, Mehmed / Johnstone, Alex H. / Hansell, Mike H. (1999): Revisiting learning difficulties in biology. Journal of Biological Education 33, Heft 2, S. 84–86
Knippels, Marie-Christine P. J. (2002): Coping with the abstract and complex nature of genetics in biology education. The yo-yo learning and teaching strategy. Utrecht
Ruppert, Wolfgang (2004): Lernschwierigkeiten im Genetik-Unterricht überwinden. MNU 57. Heft 5, S. 290–296

1.4 Differenzierung nach Schülereinstellungen

Annette Upmeier zu Belzen

Was ist das?

Im Rahmen einer Kurzdiagnose werden die individuellen Einstellungsprofile von Schülern bestimmt und den Ausprägungen „Lernfreude", „Ziel- und Leistungsorientierung", „Langeweile" und „Frustration" zugeordnet. Mit Blick auf eine intendierte positive Einstellungsentwicklung lassen sich auf der Basis der empirischen Untersuchung von Upmeier zu Belzen und Christen (2004) für jede Gruppe spezifische Maßnahmen zur Förderung im Biologieunterricht ableiten (vgl. Christen 2004, Janowski/Vogt 2006, Upmeier zu Belzen u. a. 2007). Damit ist beim Kompetenzerwerb im Biologieunterricht ein Ansatz zur inneren Differenzierung nach Einstellungen gegeben (vgl. Upmeier zu Belzen 2007).

Wozu ist das gut?

Nach der Kompetenzdefinition von Weinert (2001) sind Schülereinstellungen Bestandteil der volitionalen und motivationalen Anteile von Kompetenz. Neben vielen Ansätzen zur Differenzierung nach kognitiven Aspekten ist die Differenzierung nach der individuellen Schülereinstellung ein praxisnaher Ansatz im Bereich der motivationalen Förderung von Kompetenzentwicklung. Kriterien der Differenzierung auf der Basis dieser Einstellungen sind die Sozialform während der Erarbeitungsphasen, der Strukturierungsgrad der angebotenen Materialien (kognitive Passung der Aufgaben) sowie die Kontextorientierung der Unterrichtssequenz und die Beratung durch die Lehrkraft. Dabei sollen insbesondere Schüler, die unterfordert (Langeweile) oder überfordert (Frustration) sind, gefördert werden und zu einer positiven Einstellungsentwicklung angeregt werden. Einstellung ist ein sozialpsychologisches Konstrukt, das für die Vorhersage von Verhalten eingesetzt wird. In der Sozialpsychologie werden Einstellungen Erwachsener als zeitlich eher stabil angesehen (Seel 2003). Bei jungen Menschen sind Einstellungen noch in der Entwicklung.

Welches sind die Voraussetzungen?

Das zugrundeliegende Instrument zur Kurzdiagnose basiert auf Schüleraussagen aus dem Bereich der Sekundarstufe I (Upmeier zu Belzen/Christen 2004) und ist für den Biologieunterricht in dieser Altersstufe geeignet.

Wie geht das?

Das methodische Vorgehen der Differenzierungsmaßnahme gliedert sich in folgende Phasen:

1. Diagnose mit Datenerhebung und Datenauswertung
2. Planung und Durchführung der Unterrichtssequenz
3. Diagnose, um mögliche Einstellungsänderungen aufgrund der Differenzierungsmaßnahmen zu erfassen.

Die Daten werden mithilfe eines Kurzfragebogens erfasst (gekürzte Fassung aus Upmeier zu Belzen/Christen 2004). Er enthält fünf Aussagen zum Ankreuzen. Die Aussagen umfassen die Meinung zu Schule im Allgemeinen, zum Lernen im Biologieunterricht sowie zum Interesse und zum Spaß am Biologieunterricht. Das Antwortspektrum reicht von „stimmt genau“ über „stimmt fast“ oder „weder noch“ bis hin zu „stimmt kaum“ oder „stimmt nicht“. Die entsprechenden Schülerantworten werden anhand des Auswertungsschemas gewichtet und jeder Lernende wird einer Einstellungsausprägung zugeordnet (Abb. 1.5). Die Zuordnung hat dabei eine Trefferquote von etwa 80 Prozent im Vergleich zu der gesicherten statistischen Auswertung des kompletten Fragebogens nach Upmeier zu Belzen und Christen (2004).

Schülereinstellungen – Schnelltest (mit Beispieleintragung)

Kreuzen Sie bei jedem Aussagesatz die von der Schülerin, dem Schüler gewählte Antwort an. Übertragen Sie die drei unten stehenden Werte (weiß, dunkelgrau, hellgrau) in die rechte Spalte „Übertrag".
Zählen Sie zum Schluss alle Werte der jeweils grauen und weißen Felder zusammen. Das Feld mit der niedrigsten Gesamtsumme gibt die Einstellung des Schülers an.

Ich wünsche mir, dass die Schule abgeschafft wird.

Stimmt nicht ☑			Stimmt kaum ☐			Weder noch ☐			Stimmt fast ☐			Stimmt genau ☐			Übertrag		
0	1	9	0	0	4	2	1	1	6	3	0	12	8	1	0	1	9

Schule ist für mich das Letzte.

Stimmt nicht ☐			Stimmt kaum ☑			Weder noch ☐			Stimmt fast ☐			Stimmt genau ☐			Übertrag		
0	2	7	0	0	3	2	0	0	6	3	0	13	7	2	0	0	3

Der Biologieunterricht macht mir Spaß.

Stimmt nicht ☐			Stimmt kaum ☐			Weder noch ☑			Stimmt fast ☐			Stimmt genau ☐			Übertrag		
11	5	2	5	1	0	2	0	0	0	1	2	0	3	6	2	0	0

Ich finde den Biologieunterricht interessant.

Stimmt nicht ☐			Stimmt kaum ☐			Weder noch ☐			Stimmt fast ☑			Stimmt genau ☐			Übertrag		
12	5	2	6	2	0	2	0	0	0	1	2	0	3	6	0	1	2

Mir gefällt es, wenn ich bei unserem Biologielehrer viel lerne.

Stimmt nicht ☐			Stimmt kaum ☐			Weder noch ☐			Stimmt fast ☐			Stimmt genau ☑			Übertrag		
13	8	4	7	3	1	3	1	0	0	0	1	0	2	4	0	2	4

Gesamtergebnis – Summe für jede Graustufe	2	4	18
Der niedrigste Gesamtwert gibt die Einstellung an:	☑ Lernfreude	☐ Zielorientiertheit	☐ Überforderung/ Unterforderung

Abb. 1.5: Schülereinstellungen – Schnelltest mit Auswertungsmanual

Eine Charakterisierung der unterschiedlichen Einstellungsausprägungen sowie daraus resultierende Maßnahmen (■) sind in Abb. 1.6 dargestellt.

Lernfreude	Ziel- und Leistungsorientierung	Langeweile	Frustration
Schüler ist intrinsisch motiviert.	Schüler misst dem Lernen einen hohen Wert bei.	Schüler teilweise unterfordert. Themen müssen zukunftsrelevant sein. ■ Zukunftsorientierte Kontexte ■ Komplexe/praktische Aufgaben	Schüler teilweise überfordert. Gestufte Lernhilfen
Schüler hält Lernen für wichtig und misst ihm große Bedeutung für die eigene Zukunft zu. ■ Zukunftsorientierte Kontexte	Schüler arbeitet zielgerichtet und hinterfragt Lerninhalte nach ihrer Sinnhaftigkeit. ■ Zukunftsorientierte Kontexte ■ Mitbestimmung bei der Themenwahl	Schüler lernt gerne, wenn auf individuelle Bedürfnisse eingegangen wird. ■ Individuelle Beratung ■ Feedback	Schüler verlieren Spaß, wenn Aufgaben als zu schwer empfunden werden. ■ Klare Strukturierung der Aufgaben ■ Zwischenschritte einfügen
Schüler möchte viel und Neues lernen.	Schüler bevorzugt anwendungsorientiertes Angebot. ■ Alltagsrelevanz	Schüler verlangt interessante Angebote. ■ Mitbestimmung bei der Themenwahl	Schüler wünscht sich Unterstützung. ■ Individuelle Beratung ■ Andere Schüler als Mentoren
Schüler hat Spaß am Lernen und ein hohes Selbstwertgefühl.	Schüler hat ein hohes Selbstwertgefühl.	Schüler hat hoch ausgeprägtes Selbstwertgefühl. ■ Präsentation von Arbeitsergebnissen	Schüler hat gering ausgeprägtes Selbstkonzept. ■ Persönliches Erfolgserlebnis
Schüler arbeitet gerne in Gruppen. ■ Gruppenarbeit	Schüler arbeitet gerne alleine und konzentriert. ■ Einzelarbeit	Schüler möchte bei der Themenauswahl mitentscheiden.	Schüler benötigt einen individuellen Freiraum beim Lernen. ■ Einzelarbeit

Abb. 1.6: Einstellungsausprägungen (vgl. CHRISTEN 2004, UPMEIER ZU BELZEN u.a. 2007)

Beispiel: Eine nach Schülereinstellungen differenzierte Unterrichtseinheit kann wie folgt gegliedert sein:

1. Diagnose mit Datenerhebung und Datenauswertung
2. Planung und Durchführung der Unterrichtssequenz
   In der Einstiegsstunde wird den Schülerinnen und Schülern der Kontext dargeboten. Im Anschluss sollen die Schüler eine Problemfrage sowie Hypothesen formulieren und im Plenum eigenständige Lösungsansätze skizzieren. Die Hypothesen werden während der Durchführung an den Stationen aufgegriffen und verifiziert bzw. falsifiziert. Die Interessen der Schüler werden berücksichtigt. Dabei erhalten sie ein Mitbestimmungsrecht. Das kommt insbesondere den Einstellungsausprägungen „Ziel- und Leistungsorientierung" sowie „Langeweile" entgegen.
   Die Reflexionsstunde findet wieder im Klassenverband statt. Nach der Präsentation der erarbeiteten Erkenntnisse an den Stationen überprüfen die Schüler ihre Ergebnisse mithilfe von Bögen zur Selbstkontrolle. In dieser Abschlussphase werden sowohl das Eingangsszenario als auch die Hypothesen aufgegriffen und im Zusammenhang mit den Methoden der Erkenntnisgewinnung reflektiert. Ein möglicher Ausblick sowie ein Transfer des Gelernten führt zur Vernetzung der Erkenntnisse mit den in anderen Sequenzen erworbenen Kompetenzen.
3. Erneute Diagnose, um mögliche Einstellungsänderungen aufgrund der Differenzierungsmaßnahmen zu erfassen.

Literatur

Christen, Franka (2004): Einstellungsausprägungen bei Grundschülern zu Schule und Sachunterricht und der Zusammenhang mit ihrer Interessiertheit. Kassel

Janowski, Jana / Vogt, Helmut (2006): Schaffung von Lernarrangements zur Förderung positiv ausgerichteter Einstellungsänderungen zu Schule und Biologieunterricht. In: Vogt, Helmut / Krüger, Dirk / Marsch, Sabine (2006): Erkenntnisweg Biologiedidaktik 5, S. 69–85

Seel, Norbert M. (2003): Psychologie des Lernens. 2. Auflage, München

Upmeier zu Belzen, Annette / Christen, Franka (2004): Einstellungsausprägungen von Schülern der Sekundarstufe I zu Schule und Biologieunterricht. ZfDN 10, S. 221–232

Upmeier zu Belzen, Annette (2007): Einstellungen im Kontext Biologieunterricht. In: Krüger, Dirk / Vogt, Helmut (Hrsg.): Handbuch der Theorien in der biologiedidaktischen Forschung. Heidelberg, S. 21–31

Upmeier zu Belzen, Annette / Wieder, Barbara / Christen, Franka (2007): Pilotuntersuchung im Sachunterricht – Intervention auf der Basis von Einstellungsausprägungen der Schülerinnen und Schüler. In: Vogt, Helmut / Upmeier zu Belzen, Annette (Hrsg.): Bildungsstandards – Kompetenzerwerb. Forschungsbeiträge der biologiedidaktischen Lehr- und Lernforschung. Aachen, S. 135–150

Weinert, Franz E. (2001): Perspektiven der Leistungsmessungen – mehrperspektivisch betrachtet. In: Weinert, Franz E. (Hrsg.): Leistungsmessungen in Schulen. Weinheim, S. 353–366

1.5 Metakognition – Denken aus der Vogelperspektive

JÖRG GROSSSCHEDL UND UTE HARMS

Was ist das?

NELSON/NARENS (1996) unterscheiden im kognitiven System des Menschen eine Objekt- und eine Metaebene (Abb. 1.7). Prozesse der Objektebene umfassen alle Denkprozesse (Kognitionen), die an der unmittelbaren Aufnahme, Verarbeitung und Speicherung von Informationen sowie an deren weiteren Nutzung beteiligt sind. *Kognitive Lernstrategien* wirken direkt auf die zu verarbeitenden Informationen ein, sie operieren auf der Objektebene. WILD/SCHIEFELE (1994) unterscheiden diesbezüglich Wiederholungsstrategien, Strategien zur Verknüpfung neuer Informationen mit der bestehenden Wissensstruktur (Elaborationsstrategien) und Strategien zur Aufbereitung von Daten in eine verarbeitungsfreundliche Form (Organisationsstrategien).

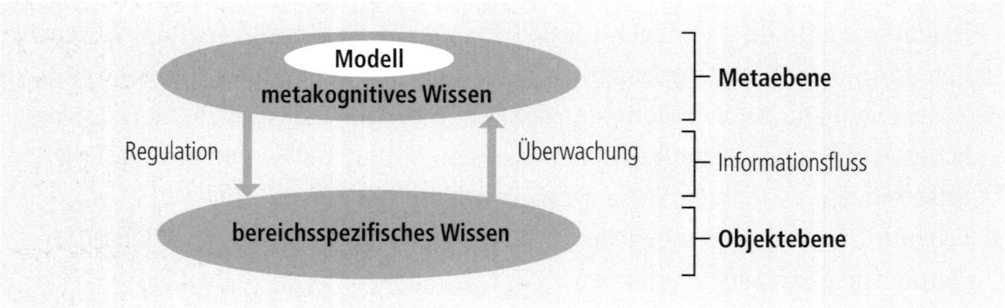

Abb. 1.7: Das kognitive System des Menschen, aufgegliedert in eine Objekt- und Metaebene, sowie der Informationsfluss zwischen beiden Subsystemen (nach NELSON/NARENS 1996)

Mitte der 1970er-Jahre wurde solchen Denkprozessen vermehrte Aufmerksamkeit gewidmet, die mit der Überwachung und Steuerung eben dieser Prozesse in Verbindung stehen. FLAVELL (1984) bezeichnete diesen Typ von Denkprozessen als Metakognition. NELSON/NARENS (1996) stellen sie als Prozesse der Metaebene den Prozessen der Objektebene gegenüber. Beide Ebenen stehen in wechselseitiger Beziehung. Bestandteil der Metaebene ist ein Modell der Objektebene. Damit dieses Modell den veränderten Realitäten des Systems angeglichen werden kann, sorgen Überwachungsaktivitäten für einen kontinuierlichen Informationsfluss von der Objekt- zur Metaebene und informieren über den aktuellen Zustand der Objektebene. Gleichsam wirkt die Metaebene auf die Objektebene zurück: Über Regulationsaktivitäten kann sie auf Prozesse der Objektebene und somit auf deren Zustand Einfluss nehmen. Unter metakognitiven Lernstrategien verstehen wir Aktivitäten der Kontrolle des

Lernprozesses. Es handelt sich dabei um Planungs-, Überwachungs-, Steuerungs- und Evaluationsaktivitäten, die kognitive Funktionen der Objektebene zum Gegenstand der Reflexion bzw. Manipulation machen (WILD/SCHIEFELE 1994). Vom Kontrollaspekt der Metakognition unterscheidet sich der Wissensaspekt. Metakognitives Wissen ist Wissen über persönliche Interessen und Fähigkeiten sowie Wissen über die Ausführung, Anwendung und Zweckdienlichkeit von Lernstrategien (FLAVELL 1984; HARMS 2007).

Wozu ist das gut?

Vor dem Hintergrund lebenslanger Lernprozesse ist die Entwicklung von Fähigkeiten der Selbstregulation von entscheidender Bedeutung (HASSELHORN 2000). BAUMERT beschreibt, was Selbstregulation bedeutet und dass so Gelerntes in anderen Lernsituationen angewendet werden kann.

„Selbstregulation beim Lernen (SRL) bedeutet, in der Lage zu sein, Wissen, Fertigkeiten und Einstellungen zu entwickeln, die zukünftiges Lernen fördern und erleichtern und die – vom ursprünglichen Lernkontext abstrahiert – auf andere Lernsituationen übertragen werden können." (BAUMERT u. a. 2000, S. 2)

In den letzten Jahren hat sich innerhalb der Erziehungswissenschaften allerdings eine gewisse Skepsis hinsichtlich der individuellen Voraussetzungen von Schülern zum selbstregulierten Lernen ausgebreitet. Das Konzept der Metakognition stellt ein Beschreibungsmodell dar, mit dessen Hilfe individuelle Voraussetzungen zu selbstreguliertem Lernen einer Analyse und Förderung zugänglich gemacht werden können (HASSELHORN 2000).

Welches sind die Voraussetzungen?

Die Vermittlung selbstregulativer, d. h. metakognitiver Fähigkeiten steht vor einem doppelten Dilemma: Einerseits verringert sich mit steigendem Allgemeinheitsgrad einer Fördermaßnahme die Wirkungsintensität, andererseits werden der Wirkungsbereich der Fördermaßnahme und die Wahrscheinlichkeit von Transferleistungen mit zunehmender Bereichsspezifität eingeschränkt. Daher ist man dazu übergegangen, metakognitive Fördermaßnahmen nicht isoliert, sondern in Verbindung mit bereichsspezifischen Fertigkeiten zu vermitteln. Damit die Lernenden einen anschließenden Strategietransfer leisten können, sollten die vermittelten bereichsspezifischen und metakognitiven Strategien unter verschiedenen Bedingungen und Aufgabenkontexten eingeübt werden. Zudem gilt es zu berücksichtigen, dass neu erworbene Strategien nur dann aufrechterhalten werden, wenn der Lernende sie als fruchtbar erlebt und ihnen persönliche Bedeutung beimisst (HASSELHORN 2000).

Wie geht das?

Heutzutage werden metakognitive Instruktionen als Transfervehikel für bereichsspezifische kognitive Fördermaßnahmen betrachtet. Im Biologieunterricht könnte der Erwerb von Zusammenhangswissen (z. B. Basiskonzepte System, Struktur und Funktion) einen Lernbereich darstellen, für den eine kognitive Lernstrategie vermittelt wird (z. B. Concept Mapping, s. Abb. 1.8, 1.9 Nückles u. a. 2004). Als Transfervehikel für diese Strategie werden allgemeine Techniken der Selbstkontrolle sowie metakognitives Strategiewissen vermittelt. Letzteres impliziert Kenntnisse über die Anwendung der jeweiligen Lernstrategie und deren Nutzen (Hasselhorn/Hager 2010; Schraw 1998).

Phase	Inhalt	Wer/ Sozialform
1. Vorbereiten	Beispiel: Einführung ins Concept-Mapping ■ Bereitstellung von Begriffskärtchen, großen Papierbögen oder Computern mit der Software CmapTools® ■ Bereitstellung der Lernmaterialien (z. B. Sach- und Schulbücher) ■ Bereitstellung eines Leitfadens („regulatory checklist") zur Einübung allgemeiner Techniken der Selbstkontrolle (Abb. 1.9)	Lehrer
2. Durchführen	Ablauf eines kognitiven Trainings nach Hasselhorn (2006) ■ Vermittlung der bereichsspezifischen Strategie (hier: Concept-Mapping, s. hierzu auch Sumfleth u. a. 2010) ■ Explizite Vermittlung von metakognitivem Strategiewissen z. B. in Form einer „strategy evaluation matrix" (Abb. 1.8) ■ Einübung genereller Techniken und Prinzipien der Selbstkontrolle während der kooperativen Erstellung von Concept-Maps; Aktivitäten der Selbstkontrolle können durch die Nutzung der bereitgestellten Leitfäden („regulatory checklist") gefördert werden (Abb. 1.9)	Lehrer/ Gruppenarbeit
3. Auswerten	■ Die Lerngruppen tauschen ihre Arbeitsprodukte aus und bewerten diese. ■ Einzelne Concept-Maps werden vorgestellt und diskutiert.	Klasse

Beispiel:

Wie?	Wann?	Warum?
■ Begriffsauswahl ■ Begriffsanordnung auf der Zeichenfläche ■ Einfügen beschrifteter Pfeile zur Darstellung wichtiger Beziehungen zwischen den Begriffen	■ während des Lernprozesses ■ während einer Partner- oder Gruppenarbeit ■ nach dem Lernprozess	■ Verknüpfen neuer Informationen mit dem Vorwissen ■ Zusammenhänge aufdecken ■ Lücken innerhalb des eigenen Wissens aufdecken ■ Unterstützung der Gesprächsführung bei Partner- oder Gruppenarbeit

Abb. 1.8: Beispiel einer „strategy evaluation matrix" zur Vermittlung von Kenntnissen über die Lernstrategie des Concept Mapping (SCHRAW 1998)

	Planung
Vorbereiten	Welche Begriffe sind von besonderer Bedeutung?
	Welche Begriffe sollte ich in Nachbarschaft zueinander platzieren?
	Ist die Distanz zwischen verwandten Begriffen geringer als die Distanz zwischen Begriffen, die weniger Gemeinsamkeiten besitzen?
	Überwachung
Verbinden	Habe ich alle Pfeile kurz, prägnant und korrekt beschriftet?
	Wo kann ich neue Zusammenhänge darstellen? Kann ich neue Struktur- und Funktionszusammenhänge herstellen?
	An welchen Stellen finde ich noch Bereiche, die nur unzureichend in das Begriffsnetz integriert sind?
	Evaluation
Bewerten	Welche Begriffe bereiteten mir besondere Schwierigkeiten?
	Habe ich wichtige Begriffe ausgelassen?
	An welcher Stelle muss ich mich noch kundig machen?
	Steht jeder Begriff mit dem Gesamtnetz in Verbindung?
	Welche Pfeilbeschriftungen bereiteten mir Schwierigkeiten?

Abb. 1.9: Beispiel für eine „regulatory checklist" (SCHRAW 1998). Die Schüler üben allgemeine Techniken der Selbstkontrolle ein.

Tipp: Nutzen Sie die Software IHMC CmapTools®, die als kostenloses Download verfügbar ist.

Literatur

Baumert, Jürgen u. a. (2000): Fähigkeit zum selbstregulierten Lernen als fächerübergreifende Kompetenz. http://www.mpib-berlin.mpg.de/pisa/CCCdt.pdf (letzter Zugriff am 29. 11. 2017)

Flavell, John H. (1984): Annahmen zum Begriff Metakognition sowie zur Entwicklung von Metakognition. In: Weinert, Franz E. / Kluwe, Rainer H. (Hrsg.): Metakognition, Motivation und Lernen. Stuttgart, S. 23–31

Harms, Ute (2007): Theoretische Ansätze zur Metakognition. In: Krüger, Dirk / Vogt, Helmut (Hrsg.): Theorien in der biologiedidaktischen Forschung. Berlin, S. 129–140

Hasselhorn, Marcus (2000): Lebenslanges Lernen aus der Sicht der Metakognitionsforschung. In: Achtenhagen, Frank / Lempert, Wolfgang (Hrsg.): Lebenslanges Lernen im Beruf & seine Grundlegung im Kindes- und Jugendalter. Band 3: Psychologische Theorie, Empirie und Therapie. Opladen, S. 41–53

Hasselhorn, Marcus / Hager, Willi (2010): Kognitives Training. In: Rost, Detlef (Hrsg.): Handwörterbuch Pädagogische Psychologie. Weinheim, S. 378–386

Nelson, Thomas O. / Narens, Louis (1996): Why Investigate Metacognition? In: Metcalfe, Janet / Shimamura, Arthur P. (Hrsg.): Metacognition: knowing about knowing. Cambridge, S. 1–25

Nückles, Matthias / Gurlitt, Johannes / Pabst, Tobias / Renkl, Alexander (2004): Mind Maps & Concept Maps. München.

Schraw, Gregory (1998): Promoting general metacognitive awareness. Instructional Science 26, S. 113–125

Sumfleth, Elke / Neuroth, Jasmin / Leutner, Detlev (2010): Concept Mapping – eine Lernstrategie muss man lernen. Chemkon 17, S. 66-70

Wild, Klaus-Peter / Schiefele, Ulrich (1994): Lernstrategien im Studium: Ergebnisse zur Faktorenstruktur und Reliabilität eines neuen Fragebogens. Zeitschrift für Differentielle und Diagnostische Psychologie 15, Heft 4, S. 185–200

1.6 Förderung des Flow-Erlebens

Detlef Urhahne und Angela Krombass

Was ist das?

Flow-Erleben ist ein Zustand der intensiven und hochkonzentrierten Auseinandersetzung mit einer Aufgabe, die trotz starker Beanspruchung als interessant, spannend und lohnend erlebt wird (Wittoch 2004).

Wozu ist das gut?

Im Zustand des Flow-Erlebens werden anspruchsvolle und zuweilen mühselige Aufgaben nicht als demotivierend, sondern als herausfordernd und spannend erlebt. Trotz hoher Belastung fühlen sich die Schüler wohl und die Zeit scheint viel schneller als üblich zu vergehen (Krombass u. a. 2007). Flow-Erleben kann zu einer positiven Fähigkeitsentwicklung der Lernenden beitragen.

Dafür ist es erforderlich, dass Aufgaben, dem Lernniveau der Schüler angepasst sind, um herausfordernd und spannend zu wirken. Werden Aufgaben eines bestimmten

Typs bereits beherrscht, sind schwierigere Aufgaben erforderlich, um Schülern weitere Flow-Erlebnisse zu ermöglichen (URHAHNE 2008).

Welches sind die Voraussetzungen?

Vier Bedingungen sind für das Auftreten von Flow-Erlebnissen wichtig (URHAHNE 2008, S. 158; RHEINBERG 2006):

- Die zu bewältigende Aufgabe sollte ein klares Ziel haben, damit die Schüler erkennen, was zu tun ist.
- Die Schüler sollten das Ziel als sinnvoll erachten.
- Die Aufgabe sollte genaue und sofortige Rückmeldungen ermöglichen, damit die Schüler feststellen können, ob sie durch ihr Handeln dem Aufgabenziel ein Stück näher gekommen sind.
- Die Anforderungen der Aufgabe müssen zu den Fähigkeiten des Schülers in einem Gleichgewicht stehen. Die Anforderungen dürfen weder zu niedrig noch zu hoch sein.

Wie geht das?

Phase	Inhalt	Wer/ Sozialform
1. Vorbereiten	■ Aufgaben auswählen, die dem Kenntnisstand der Schüler angemessen sind und die diese selbstständig bearbeiten können.	Lehrer
2. Durchführen	■ Lehrer führt das Aufgabenziel den Schülern klar vor Augen. ■ Schüler machen sich das Aufgabenziel zu eigen und tragen die Verantwortung für den Lernprozess. ■ Lehrer ermutigt Schüler, bei auftretenden Schwierigkeiten Fragen zu stellen. ■ Erklärende Rückmeldungen des Lehrers befähigen Schüler zur selbstständigen Aufgabenlösung.	Partner- oder Gruppenarbeit
3. Auswerten	■ Es geht weniger um Richtig oder Falsch, sondern um das Bemühen, die richtige Lösung und das geeignete Vorgehen zu finden. Am Ende sollte vom Lehrer reflektiert und nach Möglichkeiten zur Verbesserung der Stunde gesucht werden.	Plenumsunterricht

Was ist meine Aufgabe als Lehrer?

Der Lehrer sollte seine Begeisterung für das Fach an die Schüler weitergeben. Die Biologie hält zahllose Beispiele parat, um die Neugier und das Interesse der Schüler anzuregen und Flow-Erlebnisse zu ermöglichen. Besonders geeignet sind Themen wie Fortpflanzung, Ernährung, Gesundheit, der menschliche Körper, das Verhalten von Tieren oder Umweltfragen (HOLSTERMANN/BÖGEHOLZ 2007).

Der Lehrer muss eine Arbeitshaltung schaffen, die eine intensive Auseinandersetzung mit dem Lernstoff im Klassenzimmer ermöglicht. Flow wird in einem Zustand höchster Konzentration erlebt. Lärm und andere Ablenkungen senken die Chancen auf ein Flow-Erleben der Schüler erheblich, deshalb sind Störungen zu beheben. Hilfreich sind eine Veränderung der Sitzordnung oder ein gründliches Vorbesprechen der Aufgaben (WITTOCH 2004).

Der Lehrer sollte Arbeitsformen wählen, die Schüler zur Selbsttätigkeit auffordern. Partner- oder Gruppenarbeit liefern dazu wesentlich günstigere Voraussetzungen als ein Lehrervortrag oder ein Film. Eine ähnlich hohe Konzentration der Schüler kann sonst nur beim Klausurschreiben gemessen werden, doch ist hier der starke Wunsch vorhanden, lieber anders tätig zu sein (SHERNOFF u. a. 2003).

Die Begeisterung für das Fach, eine konzentrierte Lernatmosphäre und zur Selbsttätigkeit anregende Arbeitsformen können die Wahrscheinlichkeit für das Erleben von Flow beträchtlich vergrößern und zu einem dauerhaften Interesse der Schüler an der Biologie beitragen.

Literatur

HOLSTERMANN, NINA / BÖGEHOLZ, SUSANNE (2007): Interesse von Jungen und Mädchen an naturwissenschaftlichen Themen am Ende der Sekundarstufe I. In: ZfDN 13, S. 69–84

KROMBASS, ANGELA / URHAHNE, DETLEF / HARMS, UTE (2007): Flow-Erleben von Schülerinnen und Schülern beim Lernen mit Computern und Ausstellungsobjekten in einem Naturkundemuseum. In: ZfDN 13, S. 85–99

RHEINBERG, FALKO (2006): Intrinsische Motivation und Flow-Erleben. In: HECKHAUSEN, JUTTA / HECKHAUSEN, HEINZ (Hrsg.): Motivation und Handeln. Berlin, S. 331–354

SHERNOFF, DAVID J. / CSIKSZENTMIHALYI, MIHALY / SCHNEIDER, BARBARA / STEELE SHERNOFF, ELISA (2003): Student engagement in high school classrooms from the perspective of flow theory. In: School Psychology Quarterly 18, Heft 2, S. 158–176

URHAHNE, DETLEF (2008): Sieben Arten der Lernmotivation. Ein Überblick über zentrale Forschungskonzepte. In: Psychologische Rundschau 59, Heft 3, S. 150–166

WITTOCH, MARGARITA (2004): Ein Mathematikunterricht gegen Angst und Langeweile. In: KAUTTER, HANSJÖRG / MUNZ, WALTHER (Hrsg.): Schule und Emotion. Heidelberg, S. 145–160

1.7 Mehrperspektivität im Biologieunterricht

KATRIN KEMNITZER, KARSTEN DAMERAU UND MATTHIAS WILDE

Was ist das?

Mehrperspektivischer Unterricht bietet dem Schüler ergänzende Sichtweisen auf eine Problemstellung (vgl. REINMANN/MANDL 2006). Er erweitert die immanente Perspektive des Schülers um einen oder mehrere externe Blickwinkel und fördert so eine ganzheitliche Erfassung eines Lerngegenstandes.

Wozu ist das gut?

Ein zentrales Argument für mehrperspektivisches Lernen liegt in der Wahrung von Flexibilität bei der Anwendung des Gelernten (REINMANN/MANDL 2006). Träges, in alltäglichen Kontexten nicht anwendbares Wissen, kann so vermieden werden (RENKL 1996). Zudem verspricht der erweiterte Fokus auf eine Problemstellung, welche aus der mehrperspektivischen Erschließung von Unterrichtsinhalten resultiert, dass die Komplexität und Vielschichtigkeit von Alltagssituationen für Kinder transparenter werden. Einer reinen Addition isolierter Fachinhalte kann auf diese Weise vorgebeugt werden (GÄRTNER/HELLBERG-RODE 1999). Weiterhin ist anzunehmen, dass sich dieser mehrperspektivische Zugang im Sinne einer ganzheitlichen Erfassung von Problemgegenständen förderlich auf Empathie und Kritikfähigkeit des Lernenden auswirkt. Der den Unterricht planende Lehrer könnte ebenfalls Nutzen aus dieser Methode ziehen. In der Unterrichtsplanung antizipiert er die Schülersicht; während des Unterrichts könnte er, vermittelt durch die unterschiedlichen Sichtweisen, Anlässe erhalten, Schülerperspektiven aufzugreifen.

Welches sind die Voraussetzungen?

Mehrperspektivisches Unterrichten ist grundsätzlich an keine bestimmte Schulform oder an enge Altersgrenzen gebunden. Ein gezielter Einsatz ergänzender Perspektiven erscheint schon in der fünften Jahrgangsstufe vielversprechend. Zu diesem Zeitpunkt ist davon auszugehen, dass die Schüler alt genug sind, um sich der Subjektivität von Perspektiven bewusst zu sein (SILBEREISEN/AHNERT 2002). In diesem Alter können die Schüler bereits erkennen, dass eine Problemstellung von unterschiedlichen Menschen unterschiedlich wahrgenommen wird (SILBEREISEN/AHNERT 2002). In der praktischen Umsetzung erscheint auch eine Übernahme der Perspektive von Tieren und Gegenständen geeignet.

Die Art der Umsetzung ergänzender Perspektiven muss sich an der Komplexität der Inhalte und an den kognitiven Fähigkeiten der Schüler orientieren. Mit zunehmender Komplexität eines Sachverhaltes erhöhen zusätzliche Perspektiven durch unterschiedliche Problemausleuchtung die Transparenz. Die Lehr-/Lernsituation sollte durch unnötige Blickwinkel jedoch nicht überfrachtet werden. Für Fünftklässler sollten erfahrungsgemäß nicht mehr als zwei ergänzende Perspektiven gleichzeitig geboten werden.

Wie geht das?

Der Einsatz verschiedener Perspektiven lässt sich im Biologieunterricht leicht realisieren.

Phase	Inhalt	Wer/ Sozialform
1. Vorbereiten	■ Auswahl von Unterrichtsinhalten/Problemstellungen, deren Komplexität den Einsatz ergänzender Blickwinkel sinnvoll erscheinen lassen. ■ Erschließung dieser Inhalte aus einer oder mehreren Perspektive/Perspektiven, die die Sichtweise der Schüler ergänzen. Verbalisierung (z. B. mündlicher Lehrervortrag, Audioaufnahme), Verschriftlichung (z. B. Tafel, Folie, Arbeitsblatt) oder/und Visualisierung (z. B. Comics auf Arbeitsblättern, Videos) der Problemstellung aus den entsprechenden Perspektiven.	Lehrer
2. Durchführen	■ Die Schüler nutzen die angebotenen Blickwinkel, um eine Problemstellung im Kontext zu erfassen und selbstständig eine schriftliche Problemlösung zu formulieren. ■ Alternative A: Jeder Schüler bekommt mehrere Perspektiven gleichzeitig dargeboten. ■ Alternative B: Jeder Schüler bearbeitet den Problemsachverhalt zunächst aus nur einem Blickwinkel und wird so zum „Experten" der entsprechenden Sichtweise (vgl. Gruppenpuzzle).	Einzel-/ Gruppenarbeit
3. Auswerten	■ Alternative A: Diskussion im Rahmen der Klasse oder Gruppe. ■ Alternative B: „Experten" unterschiedlicher Perspektiven finden sich in einer Gruppe zusammen und präsentieren gegenseitig ihren Blickwinkel (vgl. Gruppenpuzzle).	Klasse/ Gruppe

Beispiel: Für die Bearbeitung einer anspruchsvollen, interaktiven Ausstellung zum Thema „Fortbewegung bei Mensch und Tier" sollten gezielt Comicfiguren als Vermittler der ergänzenden Perspektiven eingesetzt werden (vgl. BÄTZ u. a. 2007). Das entspricht den Leitlinien des problemorientierten Unterrichtens (REINMANN/ MANDL 2006, vgl. KÖHLER 2012). Die Aussagen der Comicfiguren bereiteten den Problemgrund, gaben ergänzende Informationen oder wurden zur Problemstellung verwendet.

Abbildung 1.10 zeigt Beispiele aus der oben genannten Studie: Ein Vogel vermittelt die Informationen zum Vogelflug aus seinem Blickwinkel. Ein anderer Vogel (Abb. 1.10 unten) gibt den Schülern Arbeitsanregungen. Insbesondere Comicfiguren, die aus einer Ich-Perspektive berichteten, könnten zu einer stärkeren Identifizierung mit dem Problemsachverhalt geführt haben. Sie implizierten eine deutlichere affektive Involviertheit und schienen für die Wahrnehmung prozessbezogener intrinsischer Motivation relevant gewesen zu sein (DAMERAU u. a. 2009).

Fotos: Fotolia / YK (Rotkehlchen), Fotolia / Anton Gvozdikov (Meise)

Abb. 1.10: Auszug aus einem Arbeitsblatt mit einer ergänzenden Perspektive. Oben: Beispiel für Informationsvermittlung. Unten: Beispiel für eine Arbeitsanregung.

Literatur

BÄTZ, KATRIN / DAMERAU, KARSTEN / HEIDEMANN, ANNA-LENA / HEMMELDER, STEPHANIE / WILDE, MATTHIAS (2007): Helfen Maskottchen im Lernprozess? In: VOGT, HELMUT / KRÜGER, DIRK / UPMEIER ZU BELZEN, ANNETTE / WILDE, MATTHIAS / BÄTZ, KATRIN (Hrsg.): Erkenntnisweg Biologiedidaktik 6. Kassel, S. 151–160

DAMERAU, KARSTEN / BÄTZ, KATRIN / WILDE, MATTHIAS (2009): Kognitive und motivationale Auswirkungen unterschiedlicher Lernerperspektiven im Rahmen einer interaktiven Ausstellung zum Thema Fortbewegung bei Mensch und Tier. Berichte aus Institutionen der Didaktik der Biologie 17, S. 41–62

GÄRTNER, HELMUT / HELLBERG-RODE, GESINE (1999): Schulische Umweltbildung im Kontext nachhaltiger Entwicklung. In: BAIER, HANS / GÄRTNER, HELMUT / MARQUARDT-MAU, BRUNHILDE / SCHREIER, HELMUT (Hrsg.): Umwelt, Mitwelt, Lebenswelt im Sachunterricht. Bad Heilbrunn, S. 103–128

KÖHLER, KARLHEINZ (2012): Nach welchen Prinzipien kann Biologieunterricht gestaltet werden? In: SPÖRHASE, ULRIKE (Hrsg.): Biologie-Didaktik. Praxishandbuch für die Sekundarstufe I und II. Berlin, S. 112–129

REINMANN, GABI / MANDL, HEINZ (2006): Unterrichten und Lernumgebungen gestalten. In: KRAPP, ANDREAS / WEIDENMANN, BERND (Hrsg.): Pädagogische Psychologie. Weinheim, S. 613–658

RENKL, ALEXANDER (1996): Träges Wissen: Wenn Erlerntes nicht genutzt wird. Psychologische Rundschau 47, S. 78–92

SILBEREISEN, RAINER K. / AHNERT, LIESELOTTE (2002): Soziale Kognition – Entwicklung von sozialem Wissen und Verstehen. In: OERTER, ROLF / MONTADA, LEO (Hrsg.): Entwicklungspsychologie. Weinheim, S. 590–618

1.8 Selbstreguliertes Lernen

WOLFGANG RUPPERT

Was ist das?

Bei dieser Methode werden Lernende darin unterstützt, ihr eigenes Lernen zu regulieren. Selbstregulation bedeutet dabei, sich selbstständig Lernziele zu setzen, dem Inhalt und Ziel angemessene Strategien auszuwählen und sie auch einzusetzen, die eigene Motivation aufrecht zu halten, die Zielerreichung während und nach Abschluss des Lernprozesses zu bewerten und – wenn notwendig – die Lernstrategien zu korrigieren (ALTELT u. a. 2001).

Wozu ist das gut?

Lernende neigen dazu, beim Lernen reproduktiv, passiv und lehrerabhängig zu bleiben (SIMONS 1992). Lernen besteht nach diesem Verständnis darin, Informationen aus Büchern oder Lehrervorträgen in den eigenen Kopf zu kopieren und weitgehend unverändert wiederzugeben. Lernende mit dieser Ansicht sind überzeugt, dass sie selbst im Unterricht passiv bleiben können und dass der Lehrer dafür zu sorgen habe, dass sie lernen. Nur wenige Lerner denken über Lernziele nach. Die meisten betrachten Lernen als etwas Selbstverständliches, worüber man nicht nachdenken muss. Viele Schüler lernen ausgesprochen repetitiv, d. h. sie wiederholen Fakten und Texte immer wieder, unterstreichen in einem Text fast alle Wörter und lernen komplette Lehrbuchtexte auswendig. Viele Lerner bevorzugen passive, reproduktive Lernstrategien und halten an diesen auch fest, wenn nicht nur die Fakten aus einem Text gelernt, sondern die darin enthaltenen grundlegenden Zusammenhänge verstanden werden sollen. Viele Lerner überwachen und kontrollieren ihre Lernaktivitäten entweder gar nicht oder nicht angemessen und berücksichtigen dabei nur selten die Lernziele.

Aber auch viele Lehrer haben die Neigung, das Lernen ihrer Schüler sehr stark extern zu steuern. Werden die Aktivitäten der Lernenden stark vorstrukturiert, haben sie wenig Gelegenheit, die Fähigkeit selbstreguliert zu lernen zu entwickeln. Die vorherrschende Form des Unterrichtens ist wohl nach wie vor das fragend-entwickelnde Unterrichtsgespräch – auch bekannt als „Osterhasen-Pädadagogik“: Die Lehrenden verstecken ihr wertvolles Wissen und die Schüler müssen es suchen!

Welches sind die Voraussetzungen?

Prinzipiell ist die Methode bei allen Themenbereichen und in allen Klassenstufen einsetzbar. Die Anteile an Selbstregulation sollten von den unteren Klassen der Mittelstufe bis zur Oberstufe immer mehr Unterrichtszeit einnehmen.

Wie geht das?

Das folgende Modell zeigt den **Prozess** des selbstregulierten Lernens (LANDMANN u. a. 2009). Drei Phasen werden differenziert (Abb. 1.11):

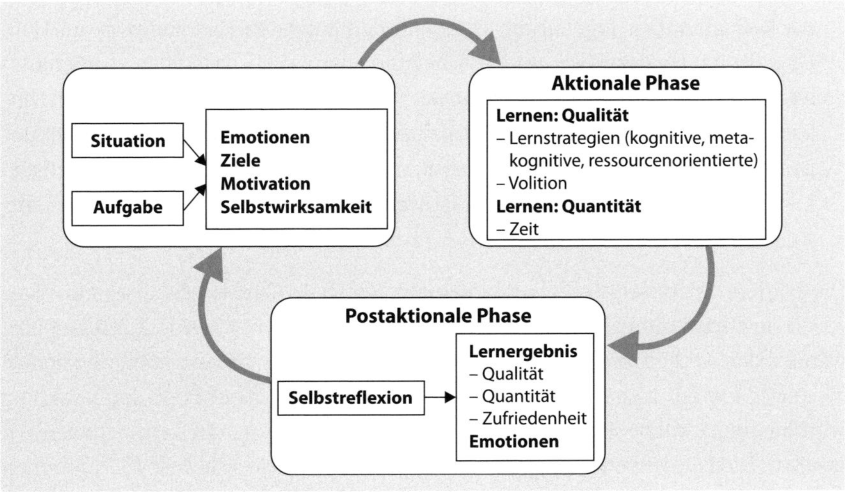

Abb. 1.11: Prozess des selbstregulierten Lernens

- In der **präaktionalen Phase** findet die Handlungsplanung bzw. die Lernvorbereitung statt. Ausgehend von einer bestimmten Aufgabe, den situativen Bedingungen, den individuellen Überzeugungen des Lerners und seinen emotionalen und motivationalen Voraussetzungen werden in dieser Phase Ziele definiert, Strategien zur Umsetzung der Ziele ausgewählt und entsprechende Handlungen geplant. Vor allem die Ziele dienen als Sollwerte für zukünftiges Regulationsverhalten.

- In der sich anschließenden **aktionalen Phase** findet die eigentliche Lernhandlung statt. Jetzt werden die ausgewählten Strategien umgesetzt und das Handeln überwacht und kontrolliert. Wesentlich in dieser Phase sind willentliche (volitionale) Prozesse, die der Aufrechterhaltung und Optimierung der Handlungsausführung dienen (z. B. Anstrengungs- oder Konzentrationskontrolle). Weiterhin kommt der Selbstbeobachtung (Self-Monitoring) ein besonderer Stellenwert zu. Dadurch können wesentliche Einflussgrößen und Wirkungen des eigenen Handelns beobachtet und für weitere Regulationsprozesse genutzt werden. Wesentlich in dieser Phase sind zudem eine ausreichende und effektiv genutzte Lernzeit sowie ein situationsangemessener Einsatz von allgemeinen und aufgabenspezifischen Strategien.
- In der abschließenden **postaktionalen Phase** werden die Handlungsergebnisse eingeschätzt und Schlussfolgerungen für zukünftiges Handeln gezogen. Die Hauptkomponenten dieser Phase sind also die Bewertung der erbrachten Leistung und der Abgleich mit dem in der Planungsphase gesetzten Ziel (Ist-Soll-Vergleich), die Reflexion über Ergebnisursachen und den gesamten Handlungsverlauf (z. B. Umgang mit Hindernissen, erfolgreiche Strategien) sowie das Bilden von Schlussfolgerungen und Vorsätzen (im Sinne der Strategie- oder Zielmodifikation) im Hinblick auf die nächste Handlungsphase bzw. Lernsequenz. Durch diese Reflektionen können also die Planungsprozesse in der präaktionalen Phase der nächsten Lernhandlung unmittelbar beeinflusst werden. Daraus kann ein Lernzyklus entstehen, in dem die Lernhandlungen sukzessiv optimiert werden.

Die Förderung des selbstregulierten Lernens erfolgt am besten auf direktem Wege durch ein **Lernstrategietraining** (KELLER/OGRIN/RUPPERT/SCHMITZ 2013). Dabei werden den Lernenden verschiedene kognitive, metakognitive und motivationale Strategien explizit vermittelt und deren Einsatz geübt. Bei dieser Form der Förderung wird bei den Lernern selbst angesetzt, um eine Optimierung des Lernverhaltens zu erzielen. Die Lerner werden also z. B. darin geschult, wie sie sich Ziele für ihr Lernen setzen können, wie sie sich motivieren können, wenn sie keine Lust haben, wie sie mit Ablenkungen oder mit Misserfolgen umgehen können. Solche Trainings können als eigenständige Lerneinheiten außerhalb des Fachunterrichts durchgeführt oder systematisch in den Fachunterricht integriert werden.

Variationen:
Außer mit dem Training von Lernstrategien werden gute Erfolge mit **Lerntagebüchern** erzielt (vgl. auch 3.9). Diese können Selbstbeobachtungsprozesse initiieren (Self-Monitoring) und Selbstreflexionsprozesse auslösen. Bereits das bloße Bewusstwerden des eigenen Lernhandelns kann eine Verbesserung herbeiführen (vgl. auch 1.5).

Schüler können ein günstiges Lernverhalten auch implizit erlernen, indem sie es zunächst an einem **Modell** beobachten und danach imitieren. Lehrkräfte können Modellfunktion übernehmen, indem sie die Selbstregulationsstrategien, die sie bei ihren Schüler sehen möchten, selbst vormachen (Stöger 2010): beispielsweise die regelmäßige Angabe von Lernzielen am Anfang des Unterrichts, das demonstrative Unterstreichen wichtiger Textpassagen sowie die Reflexion am Ende einer Unterrichtsstunde.

Die indirekte Förderung selbstregulierten Lernens erfolgt durch die Gestaltung geeigneter **Lernumgebungen**, die günstige Voraussetzungen für selbstregulierten Lernens eröffnen oder die selbstreguliertes Lernen erforderlich machen (Landmann u. a. 2009, Ruppert 2012).

Wie sollte Unterricht gestaltet sein, um selbstreguliertes Lernen zu ermöglichen? Lehrkräfte können motivationsförderliche Lernvoraussetzungen schaffen, indem sie **Aufgaben** stellen, die an den Interessen der Schüler orientiert sind und die Schüler bei einer autonomen Aufgabenbearbeitung unterstützen. Dazu müssen ihnen Wahlmöglichkeiten eröffnet werden. Ebenso von Bedeutung ist die **Kompetenzunterstützung**. Schüler müssen das Gefühl haben, dass sie fähig sind, gestellte Aufgaben erfolgreich bewältigen zu können. Dazu ist vor allem das informative **Feedback** geeignet. Erhalten sie regelmäßig Rückmeldungen über ihr Lernen und die angewendeten Strategien, so können sie ihr Lernverhalten entsprechend anpassen. Dabei ist es wichtig, dass nicht nur die Bewertung der Lernergebnisse kommuniziert wird, sondern auch Lernprozesse und Lernergebnisse mit den positiven wie verbesserungswürdigen Anteilen thematisiert werden. Misserfolge sollten nicht auf unveränderliche Fähigkeiten oder auf Faktoren zurückgeführt werden, die außerhalb der Kontrolle der Schüler liegen, sondern möglichst mit veränderbaren Ursachen, wie z. B. mangelnder Anstrengung oder falschem Strategiegebrauch, in Zusammenhang gebracht werden.

Direkte und indirekte Ansätze zur Förderung des selbstregulierten Lernens ergänzen einander insofern, als die durch Strategietrainings erworbenen Selbstlernkompetenzen sehr schnell verkümmern, wenn sie nicht in geeigneten Lernumgebungen eingesetzt werden können. Ebenso gilt, dass es auch Schüler gibt, die mit Lernumgebungen, die ihre Selbstlernkompetenzen herausfordern, überfordert sind und bei denen die entsprechenden Kompetenzen erst durch Trainingsmaßnahmen aufgebaut werden müssen. Es ist allerdings auch nicht ganz auszuschließen, dass selbstreguliertes Lernen in Lernumgebungen stattfindet, die gar nicht für diesen Zweck entworfen wurden.

Tipp: Bei der Vorbereitung auf das Training ist es hilfreich, in zwei Schritten vorzugehen: Einige Wochen vor der geplanten Durchführung sollte man sich in einer ersten Vorbereitungsphase in die wissenschaftlichen Grundlagen einarbeiten und sich einen Überblick über die Trainingssitzungen und deren Inhalte verschaffen. Vor der Durchführung der einzelnen Sitzungen sollte man sich möglichst zeitnah im Detail auf diese vorbereiten, indem man die Beschreibungen durcharbeitet, sich Notizen für das eigene Vorgehen macht und die benötigten Materialien zurechtlegt.

Was ist meine Aufgabe als Lehrkraft?

Als Lehrkraft Selbstregulation vermitteln – geht das? Es geht! Mit einem Trainingsprogramm ist es wie mit jeder Unterrichtseinheit: Als Lehrkraft sollte man mit den Unterrichtsinhalten und deren wissenschaftlichem Hintergrund gut vertraut sein. Im Fachunterricht ist das in der Regel kein Problem, weil die Zusammenhänge noch aus dem Studium präsent sind oder neue Zusammenhänge sich leicht einordnen lassen. Beim Thema Selbstregulation ist das in der Regel nicht so, da es auch im Rahmen des pädagogisch-psychologischen Begleitstudiums an den allermeisten Universitäten nicht angeboten wurde. Hier hilft also nur gründliche Einarbeitung in die Theorie! Der damit unweigerlich verbundene Aufwand mag auf den ersten Blick abschreckend wirken, aber die Erfahrung zeigt: es lohnt sich! Es steigert die Sachkompetenz, erhöht die Selbstsicherheit und Selbstwirksamkeit während der Durchführung des Trainings.

Und was unterscheidet das Training von Unterricht? Sind da nicht ganz andere Kompetenzen von der Lehrkraft gefordert? Die Erfahrung zeigt: Nein. Die Trainingssitzungen sind wie Unterrichtstunden strukturiert: Eröffnung, Erarbeitung und Ergebnissicherung. Es gibt kurze Phasen mit Lehrervortrag, Einzelarbeit, Gruppenarbeit, mit Arbeitsaufträgen, die auch schriftlich bearbeitet werden müssen – alles nichts Neues.

Literatur

Artelt, Cordula u. a. (2001): Selbstreguliertes Lernen. In: Deutsches PISA-Konsortium (Hrsg.). PISA 2000. Basiskompetenzen von Schülerinnen und Schülern im internationalen Vergleich. Opladen, S. 271–295

Keller, Sylvana / Ogrin, Sabine / Ruppert, Wolfgang / Schmitz, Bernhard (2013): Gelingendes Lernen durch Selbstregulation. Ein Trainingsprogramm für die Sekundarstufe II. Göttingen

RUPPERT, WOLFGANG (2012): Welches Interesse haben Schüler an biologischen Themen? In: SPÖRHASE, U. (Hrsg.): Biologie-Didaktik. Berlin, S. 94–111
RUPPERT, WOLFGANG (2013): Selbstreguliertes Lernen im Biologieunterricht. Unterricht Biologie 36, Heft 377/8, S. 2–9
SIMONS, P. ROBERT JAN (1992): Lernen, selbständig zu lernen – ein Rahmenmodell. In: H. MANDL / H. F. FRIEDRICH (Hrsg.): Lern- und Denkstrategien. Göttingen, S. 251–264
LANDMANN, MEIKE, u. a. (2009): Selbstregulation. In: E. WILD / J. MÖLLER (Hrsg).: Pädagogische Psychologie. Berlin/Heidelberg, S. 49–70
STÖGER, HEIDRUN (2010): Modelllernen: Vorbild für das Lernen der Schülerinnen und Schüler sein. Schulmagazin 5–10, 78, Heft 6, S. 11–14

1.9 Geschichten für das Lernen nutzen

JÖRG ZABEL

Was ist das?

Erklärungen für biologische Phänomene werden als Geschichte formuliert. Erzählerische und naturwissenschaftliche Wirklichkeit werden gegenübergestellt, Gemeinsamkeiten und Unterschiede ausgeschärft.

Wozu ist das gut?

Geschichten können im Biologieunterricht auf viele Weisen nützen: Sie sind motivierend, sie stellen eine Verbindung zur Alltags- und Gefühlswelt der Lerner her und können komplexe Zusammenhänge anschaulich und verständlich machen. Hier liegt der Schwerpunkt darauf, die historische Dimension biologischer Erklärungen mithilfe von Geschichten deutlich zu machen: Geschichten können dazu beitragen, die Evolutionstheorie und die Stammesgeschichte im Unterricht lebendiger und präsenter zu machen. Damit wird der Biologieunterricht anspruchsvoller und besser auf die zentrale Theorie dieser Wissenschaft ausgerichtet, so wie es moderne Curricula fordern. Am besten eignen sich dazu selbst geschriebene Geschichten der Lerner und die gemeinsame Reflexion darüber.

Welches sind die Voraussetzungen?

Geschichten können prinzipiell in jeder Altersstufe und in jeder Phase des Unterrichts eingesetzt werden. Sie machen die Vorstellungen der Schüler greifbar und verhandelbar und fördern damit den Lernprozess in schülerorientierter Weise. In den Jahrgängen 5 bis 7 ist die Motivation zum Geschichtenschreiben meist am höchsten, dafür ist die Reflexionsfähigkeit der Lerner hier noch begrenzt. Der Wechsel zwischen narrativer Wirklichkeit und naturwissenschaftlicher Erklärung sollte hier also wiederholt geübt werden.

Wie geht das?

- *Erklärungen für ein biologisches Phänomen als Geschichte oder Sachtext formulieren lassen:* Geeignete Phänomene sind z. B. Angepasstheiten von Lebewesen wie etwa der lange Hals der Giraffen (s. Beispiel 1). Erklärungen für solche Phänomene haben immer eine historische Dimension, nämlich die Stammesgeschichte (KATTMANN 1995, KATTMANN 2005, KATTMANN u. a. 2005). Aber auch der regelhafte Teil der Erklärung, also die natürliche Selektion, lässt sich in die Geschichte einbeziehen. Weniger offensichtlich ist die Geschichtlichkeit der Biologie bei humanbiologischen oder ökologischen Themen, aber auch solche Inhalte können von narrativen Methoden profitieren.
- *Zeitpunkt:* Die Schreibaufgabe wird vor oder nach einer Unterrichtseinheit gestellt, oder zu beiden Zeitpunkten. Vorher dient sie dazu, vorunterrichtliche Vorstellungen der Schüler sichtbar und damit „verhandelbar" zu machen. Zum Abschluss eines Themas hilft sie beim Sichern und Vernetzen der neuen Lerninhalte. Ein Vergleich der beiden Texte zeigt den Lernfortschritt.
- *Aufgabenstellung:* Die Schreibaufgabe wird im Unterricht gründlich erläutert und als Hausaufgabe gegeben. Die Schüler müssen keine Geschichte verfassen, es darf auch ein Sachtext sein. Sie können in dieser Phase schon gemeinsam Ideen für ihre Texte sammeln. Die fertigen Texte werden am besten schon einen Tag vor der folgenden Unterrichtsstunde eingesammelt. Dadurch kann die Lehrkraft geeignete Texte für das Unterrichtsgespräch auswählen.
- *Nachfolgendes Unterrichtsgespräch:* Die Lehrperson wählt Texte aus und bittet deren Verfasser, diese im Unterricht vorzutragen. Die ausgewählten Texte sollten möglichst unterschiedlich sein, sodass sie das Unterrichtsgespräch optimal fördern.

Das Vorlesen sollte inszeniert werden, z. B. von einem Vortragsplatz (Stuhl, Stehpult o. Ä.) aus. Im Unterrichtsgespräch werden kreative Ideen gewürdigt, Vorstellungen noch einmal präzisiert und alternative Verständnisse miteinander verglichen. „Facts" und „Fiction" werden gegenübergestellt, die Spannung zwischen erzählerischer und naturwissenschaftlicher Wirklichkeit wird spürbar gemacht. Die Schüler trainieren dadurch ihre Kompetenz, naturwissenschaftliche Inhalte zu kommunizieren, aber auch Verknüpfungen zwischen fachlichen Inhalten und dem Alltagsbewusstsein herzustellen. In dieser Weise hat das Gelernte eine bessere Chance, mit Bedeutungen versehen und behalten zu werden als in einem „rein fachlichen" Unterrichtsgespräch.

Beispiel 1: Schreibaufgabe nach dem Evolutionsunterricht in der Sek I

Aufgabe
Die Vorfahren der heutigen Giraffen hatten deutlich kürzere Hälse. Schreibe einen Text, der erklärt, wie sich die Langhalsgiraffen entwickelt haben. Du kannst dich dabei für eine von zwei Textarten entscheiden: Einen Sachtext, so wie er z. B. in einem Biologiebuch vorkommt, oder eine Geschichte, z. B. aus der Sicht einer Giraffe oder ihrer Vorfahren.

Lösungsbeispiel: „Die Entwicklung der Giraffe" (Schülerin, Klasse 7)

Die Kurzhalsgiraffen lebten glücklich. Sie fraßen Blätter von Bäumen. Allerdings kamen sie nur an die Blätter von kleinen Bäumen heran, weil sie nur kurze Hälse hatten. Zufällig wurde ein Junges mit längerem Hals geboren. Die anderen machten sich lustig über seinen langen Hals. Aber es konnte Blätter von hohen Bäumen fressen. Es paarte sich mit einer Giraffe vom anderen Geschlecht mit langem Hals. Heraus kamen Junge, die anders aussahen. Zufällig wurde ein Junges mit noch längerem Hals geboren. Langsam entstanden die Langhalsgiraffen. Sie konnten sich von Blättern hoher Bäume ernähren. Da die Bäume meist hoch waren und die kleinen Bäume abgefressen waren, starben die Kurzhalsgiraffen aus. Die Langhalsgiraffen gibt es dagegen heute noch.

Beispiel 2: Einen vorgegebenen Geschichtenanfang fortsetzen

„Begegnung im Zoo" (für den Jahrgang 5/6)
Dackel Waldemar macht mit seinem Frauchen einen Ausflug in den Zoo. Dort bleiben sie am Wolfsgehege stehen. Neugierig kommt ein Wolf zum Gitter gelaufen. Waldemars Frauchen sagt zu den beiden: „Darf ich euch bekannt machen? Ihr seid nämlich eng miteinander verwandt." Waldemar und der Wolf wundern sich. Der Wolf fragt Waldemar: „Kannst du mir erklären, wieso wir eng verwandt sind, wo du doch viel kleiner bist als ich?"

Aufgabe
Schreibe eine Fortsetzung.

Variationen:
- *Systeme erschließen mit dem Reisemotiv:* Systeme, die keinen Anfang und kein Ende haben, weil alle Prozesse gleichzeitig ablaufen, sind unserem Alltagsdenken schwer zugänglich. Solche Vorgänge lassen sich in Geschichten anschaulicher und verständlicher darstellen. In seiner Novelle „Kohlenstoff" stellt PRIMO LEVI (2005) den Kohlenstoffkreislauf aus der Sicht eines einzelnen Atoms dar. Nach demselben

Muster können Schüler auch andere Systeme narrativ erschließen, z. B. den Weg einer Blutzelle durch den Blutkreislauf oder das Schicksal eines Elektrons während einer (bio)chemischen Reaktion. Das Motiv der Reise ist dabei sehr nützlich.

- *Verhalten von Tieren aus der Ich-Perspektive beschreiben:* Die Schüler erhalten den Auftrag, ein lebendes Tier einige Minuten lang zu beobachten und dessen Verhalten zu protokollieren. Als Hausaufgabe wandeln sie ihr Beobachtungsprotokoll in einen Fließtext um. Eine interessante Variante ist es, diesen Text aus der Ich-Perspektive des Tieres zu schreiben (ZABEL 2004). Indem die Schüler sich ganz bewusst in das Tier hineinversetzen, wird ihnen der subjektive Anteil ihres Textes besonders deutlich – dies macht vielen Schülern Spaß und hilft ihnen, subjektive und „wissenschaftliche" Anteile in naturwissenschaftlichen Texten noch besser unterscheiden zu können. Bei späteren Übungen sollen sie die Unterscheidung zwischen „Beobachtung" und „Deutung" festigen: Interpretationen wie „Die Maus hat Angst" sind zwar willkommen, müssen aber als solche gekennzeichnet und durch tatsächlich beobachtetes Verhalten untermauert werden.
- *Die „Immunabwehr" des menschlichen Körpers in einer Geschichte darstellen:* Die Schüler können aus der Perspektive einer Abwehrzelle schreiben oder aus der Sicht eines Krankheitserregers (ZABEL 2006). Ein schönes Beispiel beginnt so: „Der Angriff auf Humanien" (Schülerin, Klasse 9)

  Es war ein ruhiger Tag in Humanien. Schon lange war nichts Großes mehr passiert. Klar, ab und zu mal ein paar Bakterien, aber die hatten die Fresszellen innerhalb weniger Minuten vernichtet. Es war also nichts los: Den Helferzellen war total langweilig, die Killerzellen wurden schon ganz verrückt, weil sie nicht wussten, was sie tun sollten, und die Plasmazellen hielten alle ein kleines Nickerchen. Doch plötzlich kam Unruhe auf. Keiner wusste genau warum, doch schon bald sahen die Fresszellen sie: die gefürchteten, bösen Husten-Viren! Sofort entstand ein großer Kampf. (…)

Was ist meine Aufgabe als Lehrer?

Schärfen Sie durch Fragen und Anmerkungen den Blick der Lernenden für interessante Vergleichsaspekte zwischen den Texten. Voraussetzung dazu ist, dass die gemeinsame Reflexion der Schülertexte im Unterricht in einer konstruktiven und wohlwollenden Atmosphäre stattfindet.

Tipps:

- Das konstruktive Potenzial von Geschichten nutzen: Die Schüler sollten in Geschichten auch fachlich falsche, abwegige und verrückte Ideen entwickeln können und sie so in das Unterrichtsgespräch einbringen. Naturwissenschaftliche Forschung hat viel mit Fantasie zu tun, nicht nur mit der einen richtigen Lösung.
- Zu Kreativität kann man niemanden zwingen: Deshalb sollten Geschichten stets als Wahlmöglichkeit angeboten werden, nicht zwangsweise. Das Erzählen liegt nicht jedem. Manchen Schülern in der Pubertät gilt es als zu kindliche Ausdrucksform.
- Darf man Biologie so „vermenschlichen"? Ja, man darf. Pflanzen und Tiere mit menschlichen Eigenschaften zu versehen, gilt vielen Naturwissenschaftlern zwar als kindliche Praxis, die einem fachlichen Verständnis entgegensteht. GEBHARD (1990) betont, dass Menschen ein Leben lang den Dingen in ihrer Außenwelt eine symbolische Bedeutung verleihen. Sie weisen ihnen damit einen Sinn zu und verbinden sie mit der eigenen Innenwelt. Solche Vermenschlichungen (Anthropomorphismen) stehen in einer Spannung zur objektivierenden Sicht der Naturwissenschaft. Diese Spannung kann für den Unterricht aber durchaus produktiv sein (HAMMANN/ASSHOFF 2014). Wichtig ist allerdings, Anthropomorphismen im Unterricht kritisch zu reflektieren.

Literatur

GEBHARD, ULRICH (1990): Dürfen Kinder Naturphänomene beseelen? UB 14, Heft 153, S. 38–42

HAMMANN, MARCUS / ASSHOFF, ROMAN (2014): Schülervorstellungen im Biologieunterricht. Ursachen für Lernschwierigkeiten. Seelze

KATTMANN, ULRICH (1995): Konzeption eines naturgeschichtlichen Biologieunterrichts: Wie Evolution Sinn macht. ZfDN 1, S. 29–42

KATTMANN, ULRICH (2005): Selektion: Die Entstehung von Giraffe und Okapi. UB 29, Heft 310, S. 12–17

KATTMANN, ULRICH / JANSSEN-BARTELS, ANNE / MÜLLER, MATTHIAS (2005): Warum gibt es Säugetiere? UB 29, Heft 307/308, S. 18–23

LEVI, PRIMO (2005): Kohlenstoff. In: Ders.: Das periodische System. München, S. 241–250

ZABEL, JÖRG (2004): Was tut das Tier? Beobachten und Deuten lernen anhand von Verhaltensprotokollen. In: DUIT, REINDERS / GROPENGIESSER, HARALD / STÄUDEL, LUTZ (Hrsg.): Naturwissenschaftliches Arbeiten. Unterricht und Material 5–10. Seelze, S. 12–17

ZABEL, JÖRG (2006): Die unsichtbare Abwehr. Wissen narrativ und naturwissenschaftlich darstellen. In: GROPENGIESSER, HARALD / HÖTTECKE, DIETMAR / NIELSEN, TELSCHE / STÄUDEL, LUTZ (Hrsg.): Mit Aufgaben lernen. Unterricht und Material 5–10. Seelze, S. 74–80

ZABEL, JÖRG (2007): Erzählen und Verstehen: Narrative Lernertexte im Evolutionsunterricht. In: VOGT, HELMUT / UPMEIER ZU BELZEN, ANNETTE (Hrsg.): Bildungsstandards – Kompetenzerwerb. Aachen, S. 29–48

ZABEL, JÖRG (2009): Biologie verstehen: Die Rolle der Narration beim Verstehen der Evolutionstheorie. Didaktisches Zentrum, Oldenburg

1.10 Projektmethode

Simone Zürcher und Ulrike Spörhase

Was ist das?

Aus schulischer Perspektive kann man ein Projekt als einen einmaligen Prozess bezeichnen, in dem Schüler selbstbestimmt und selbsttätig mit Unterstützung des Lehrers ein Thema in einer gesetzten Zeitspanne bearbeiten. Das leitende Unterrichtsprinzip für das Projektlernen ist die Handlungsorientierung. Handlungsorientierter Unterricht ermöglicht Schülern, verbindlich ausgehandelte Handlungsziele durch ein möglichst selbstbestimmtes und selbsttätiges Handeln zu erreichen (Ruppert 2002). Der Ablauf von handlungsorientiertem Unterricht kann als ein Rahmen für den Verlauf von Projekten angesehen werden. Darüber hinaus sind für die Projektmethode ähnliche Verlaufsformen vorgeschlagen worden (Frey 2002, Peterssen 2001, Wasmann 2014).

Eine Abwandlung des reinen Projekts stellt das für den Schulalltag eher geeignete projektartige Arbeiten dar, welches sich hauptsächlich in der Initiativphase vom reinen Projekt unterscheidet. Dabei wird das Thema auf Anregung des Lehrers hin gewählt, während beim „richtigen Projekt" die Teilnehmer selbst das Thema zum Projekt vorschlagen. Da in einem Projekt echte Fragen bearbeitet oder Probleme gelöst werden sollen, ist Interdisziplinarität sowohl beim „richtigen" Projekt als auch beim projektartigen Arbeiten ein Muss. Je nach Thema und Umfang des Projektes sind mehrere Fachdisziplinen beteiligt.

Wozu ist das gut?

Schulen sind Bildungsanstalten mit festen Strukturen, in denen Lernen organisiert wird. Diese Strukturen, wie z. B. der 45-min-Takt, der Stundenplan und der Fächerkanon, verhindern in gewissen Maßen ein selbstbestimmtes, selbsttätiges und interessengeleitetes Lernen der Schüler. Das Projektlernen, das seine Ursprünge in der Reformpädagogik hat, will diese gravierenden Nachteile durch das Aufheben von Strukturen für die Dauer eines Projektes überwinden (Peterssen 2001, Wasmann-Frahm 2008, 2009, Wasmann 2014).

Im Biologieunterricht soll Projektlernen den Schülern ermöglichen, …

- sich intensiv und konzentriert mit einem Thema zu beschäftigen.
- selbstständig und selbstbestimmt biologische Themen zu bearbeiten.
- ihre persönlichen biologischen Interessen zu entwickeln und zu vertiefen.
- „echte Fragen" oder Probleme aus einer ganzheitlichen Perspektive zu bearbeiten.
- Gemeinsamkeit im Lernprozess zu erfahren und dadurch Konkurrenz zu überwinden.

Eine hohe Schülermotivation erreicht man vor allem in einem „richtigen" Projekt dadurch, dass die Initiative zum Projekt von den Teilnehmern selbst ausgeht. Die Motivation lässt sich steigern, indem man über eine Auswahl von Themen aus den Interessensgebieten der Schüler abstimmen lässt.

Welches sind die Voraussetzungen?

Ein Projekt kann in seiner Reinform oder aber mit Abstufungen als projektartiges Arbeiten durchgeführt werden. In vielen Schulen gibt es hierfür sogenannte Projekttage. Wichtig ist, dass der „normale Unterricht" die Schüler auf das Projekt vorbereitet. Dies kann z. B. im besonderen Maße durch einen handlungsorientierten Unterricht erfolgen, der Kompetenzen fördert, die für eine selbsttätige und selbstgesteuerte Arbeit nötig sind. Die Schüler sollen dabei so oft wie möglich die Gelegenheit zur selbstständigen Planung, Kommunikation und Umsetzung erhalten. So trägt Projektunterricht dazu bei, den Fachunterricht zu einem Erfahrungsraum für kommunikatives Handeln im Sinne von Hartmut von Hentig (1973) werden zu lassen.

Wichtig ist es, vor Beginn des Projektes den genauen Zeitrahmen, die Bedingungen und die Bewertungskriterien mit den Schülern zu besprechen und, wo möglich, auszuhandeln.

Wie geht das?

Im Laufe der Zeit haben sich verschiedene Organisationsformen des Projektlernens entwickelt. Allen gemeinsam ist der Ablauf eines Projektes in mehreren Phasen. Die Abb. 1.12 auf S. 70 zeigt die Phasen eines Projektes nach Peterßen (2001) und verdeutlicht zugleich, dass der Projektablauf dem idealtypischen Verlauf von handlungsorientiertem Unterricht weitgehend entspricht.

1. Die Initiativphase

Sie dient der Themenfindung, wobei sich alle Projektmitglieder am Ende dieser Phase auf ein Thema einigen. Beim „richtigen" Projekt findet sich das Thema ganz und gar ohne Anstoß seitens des Lehrers. Da derartige Projekte viel Zeit erfordern und schnell Schüler und Lehrer überfordern, findet man in der Schule meist das projektartige Arbeiten. Hierbei geht die Projektinitiative von allen Beteiligten, Lehrern und Schülern, aus. Dieses Vorgehen ermöglicht eine bessere Unterstützung der Schüler durch den Lehrer. Je nach Wissen und Können der Schüler kann es angebracht sein, sie bei der Themenfindung zu unterstützen. Die Schüler erlangen so eine bessere Vorstellung davon, welche Projektmöglichkeiten es gibt und welche Richtung beim Projekt lohnend eingeschlagen werden kann.

Für den Erfolg eines Projektes ist es wichtig, dass am Ende dieser Phase die Auswahl und die Festlegung des Themas möglichst den Vorstellungen aller Beteiligten entspricht. Dabei wird der Diskussion darüber, welches Thema realisiert werden sollte, die gleiche Wichtigkeit zugeschrieben wie der Entscheidung selbst.

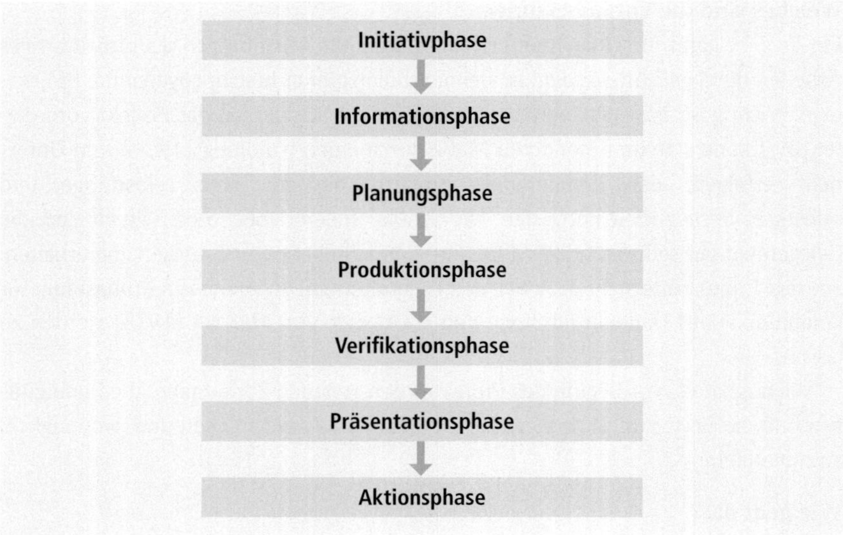

Abb. 1.12: Projektphasen nach PETERSSEN (2001)

2. Die Informationsphase

Sie dient der Informationsbeschaffung, der Informationssichtung und dem Erkunden und Entdecken von Möglichkeiten, die das Projektthema eröffnet. Die Informationen sollen allen Projektteilnehmern während des Projektes zugänglich sein (z. B. durch Mindmaps, s. Abb. 1.14). Jeder sollte Informationen einbringen können, und beim idealtypischen Verlauf sind alle am Ende dieser Phase auf dem gleichen Informationsstand. Je nach Klassenstufe kann es hier sinnvoll sein, den Schülern einige verlässliche Informationen zu überlassen, z. B. Texte oder Nachschlageorte mit Modellfunktion für weitere Schülerrecherche.

3. Die Planungsphase

Hier werden alle infrage kommenden Schritte – inhaltlicher oder formaler Art – geplant und als Handlungsziele schriftlich fixiert. Wichtige Fragen: Was muss getan werden? Wann muss was erledigt sein? Wer erledigt was?

Bei der Planung spielen folgende Aspekte eine besondere Rolle:

- Der *fachlich-sachliche Aspekt* ist wichtig, um sachgerechte Entscheidungen zu treffen. Er bestimmt Arbeitsschritte, -formen und -mittel.
- Der *soziale Aspekt* kann durch die Wahl und den Wechsel der Sozialformen (Einzel-, Partner-, Gruppenarbeit, Klasse) ausgestaltet werden. Ein geschicktes Arrangement der Sozialformen kann z. B. helfen, einzelne Schüler individuell oder die Gemeinschaft und Motivation insgesamt zu fördern.
- Der *methodische Aspekt* bestimmt, was in eine Handlung umgesetzt werden kann. Ziele werden bestimmt und ihre Realisierbarkeit geprüft. Dadurch kann man die Handlungskompetenz der Schüler schulen.
- Da der *moralische Aspekt* nicht immer offensichtlich wird, sollte der Lehrer diesen ansprechen, z. B. die Untersuchungen an Lebewesen oder Experimente mit Lebewesen, Datenschutz bei Befragungen usw. Wichtige Fragen sind hier: Darf man so vorgehen? Wie gehen wir mit den Daten um?
- Die *Kriterien für die Evaluation* des Projektes sollten gemeinsam festgelegt werden. Damit macht man transparent, ob das Produkt, der Prozess oder das Verhalten im Zentrum der Bewertung steht.

Es hat sich bewährt, bestimmte Regeln, die für den weiteren Projektablauf bedeutsam sind, zusammen mit den Schülern zu erarbeiten: z. B. pro Gruppe sind nur ein oder zwei Schüler auf einmal im Computerraum.

4. Die Produktionsphase

In dieser Phase wird das angestrebte Produkt hergestellt. Sie verläuft grundsätzlich nach dem Projektplan. Das bedeutet allerdings nicht, dass alles stringent nach dem vorher festgelegten Planungsmuster ablaufen muss. Während dieser Phase können vorher geplante Schritte überprüft, verworfen und neue Ideen eingebracht werden.

5. Die Verifikationsphase

Hierbei wird mittels vorher festgelegter und geeigneter Methoden überprüft, inwieweit wirklich das entstanden ist, was entstehen sollte. Dabei geht es nicht nur um die Feststellung und Akzeptanz des Ist-Zustandes, sondern auch um die daraus zu ziehenden Konsequenzen. Die Umsetzung der Konsequenzen kann ein neues Projekt erfordern. Ein wesentliches Ziel ist hier die Förderung der intellektuellen Handlungsfähigkeit der Schüler, die ihr Planungsdenken und Produktionshandeln in Zusammenhang bringen müssen. Nicht nur das Produkt soll im Fokus der Verifikation stehen. Vielmehr müssen sämtliche Aktionen – Handeln oder Nichthandeln –, die zum Gelingen oder Misslingen beigetragen haben, reflektiert werden. Die Erkenntnisse aus der Reflexion können vor allem bei der Planung und Durchführung zukünftiger Projekte eine große Hilfe sein. Auch Miss-Stimmungen, die möglicherweise während des Projektes unter den Beteiligten aufgekommen sind, kann man analysieren und bereinigen. Dies ist ebenfalls wichtig für die Zusammenarbeit nachfolgender Projekte. Aufgabe des Lehrers wäre es, dieses behutsam anzustoßen und anzuleiten.

6. und 7. Präsentations- und Aktionsphase
Beide Phasen sind fakultativ und abhängig von den Ergebnissen des Projektes und der Entscheidung der Projektmitglieder. Die Ergebnisse der Arbeit können durch Präsentation, Bericht, Ausstellung, Dokumentation, einen Workshop oder in sonstiger Darstellungsform (z. B. Gerichtsverhandlung, Verkaufsgespräch) aufgezeigt werden. Je nach Umfang, kann dies als eigenständiges Projekt gelten.

Handlungssteuerung durch Fixpunkte oder Meilensteine
Wichtig für den Ablauf von Projekten ist, Fixpunkte und Meilensteine zu setzen. Sie sorgen dafür, dass die entstandene Offenheit durch die Auflösung der schulischen Strukturen (z. B. Stundentakt und Fächergrenzen) begrenzt wird. Bei diesen Meilensteinen (z. B. Erreichen eines Handlungsziels) und Fixpunkten treffen sich alle Projektmitglieder und berichten über den Projektstand. Typische Fixpunkte sind gemeinsame Besprechungen zu Beginn und am Ende eines Tages. Bei diesen morgendlichen Besprechungen werden die konkreten Handlungsziele für den jeweiligen Tag festgelegt, am Abend wird dann Bilanz gezogen. Derartige Fixpunkte machen die Arbeit für die Schüler verbindlicher, ermöglichen es, Schwierigkeiten im Prozess zu erörtern, unterstützen gezielt den Projektfortgang und sichern so den Erfolg des Projektes.
Auch die Auseinandersetzung mit dem Projekt auf der Metaebene trägt zum Gelingen des Projektes bei. Dies bedeutet, dass die Schüler wissen sollten, wie ein Projekt abläuft, und am Ende die Chance erhalten, ihre Arbeit zu reflektieren. Die Interaktion auf der Metaebene muss natürlich dem Sprach- und Verständnisniveau der jeweiligen Altersklasse angepasst werden.

Beispiel: Projekt „Fitness und Ernährung"
Das Projekt „Fitness und Ernährung" wurde in einer 9. Klasse einer Realschule durchgeführt. Die gesamte Initiativphase und die Teile der Informationsphase bis zur Bildung der Themengruppen wurden vor den eigentlichen Projekttagen im Klassenverband im Klassenunterricht durchgeführt (insgesamt 4 Unterrichtstunden). Als Sozialformen wurden Einzel- und Gruppenarbeit sowie Plenumssitzungen gewählt. An den verabredeten Fixpunkten wurde die Arbeit am Projekt immer wieder geprüft und wenn nötig, wurden neue Planungsschritte eingebaut.

Ablauf Projekttag
- Fixpunkt 1: Vorhaben der einzelnen Gruppen für den Tag kurz darstellen (Klasse)
- Arbeit in Gruppen 1

Pause
- Arbeit in Gruppen 2

Pause
- Fixpunkt 2: Besprechung der Teilergebnisse im Plenum und Feinabstimmung der Präsentationen und Workshops für den nächsten Tag (Klasse)

Plan erstellen mit inhaltlichen und formalen Verlaufsschritten. Am letzen Tag des Projektes sollte Raum eingeplant werden für die Präsentation der einzelnen Gruppenergebnisse mit anschließendem Feedback und Reflexion des Projektes.

Abb. 1.13: Ablauf eines typischen Projekttages

Die Rahmenbedingungen des Projektes waren:
- ca. 15 Unterrichtsstunden, verteilt auf drei Tage
- innerschulische Infrastruktur:
  - Räumlichkeiten: Sporthalle, mehrere Klassenzimmer für Gruppenarbeit, Computerraum
  - technische Ausstattung: Laptop, Beamer, Videokamera, -rekorder, Digitalkamera, Kassettenrekorder
- außerschulische Infrastruktur: Supermarkt in der Nähe
- Informationsmaterialien und Arbeitsaufträge wurden vorgehalten, falls die Schüler hier Unterstützung brauchten.

1. Projektinitiative – die Akzeptanz der eingebrachten Projektidee wird hergestellt
Die Themengebiete „Umweltschutz" und „Fitness und Ernährung" standen als Projektideen im Raum. Nach ausführlicher Diskussion einigten sich die Schüler schon vor den eigentlichen Projekttagen auf das Thema „Fitness und Ernährung".

2. Informationsphase – Informationen werden gesammelt und für alle bereitgestellt
Die Schüler verschafften sich eine Übersicht über das Themengebiet und stellten die Informationen in Mindmaps dar. Dann nahmen sie Themenbegrenzungen vor und einigten sich schließlich auf die Teilgebiete: Kraft, Doping, Entspannung, Ernährung, Fitness im Supermarkt und Reporter. Sie ordneten sich je nach Interesse den einzelnen Teilgebieten zu.

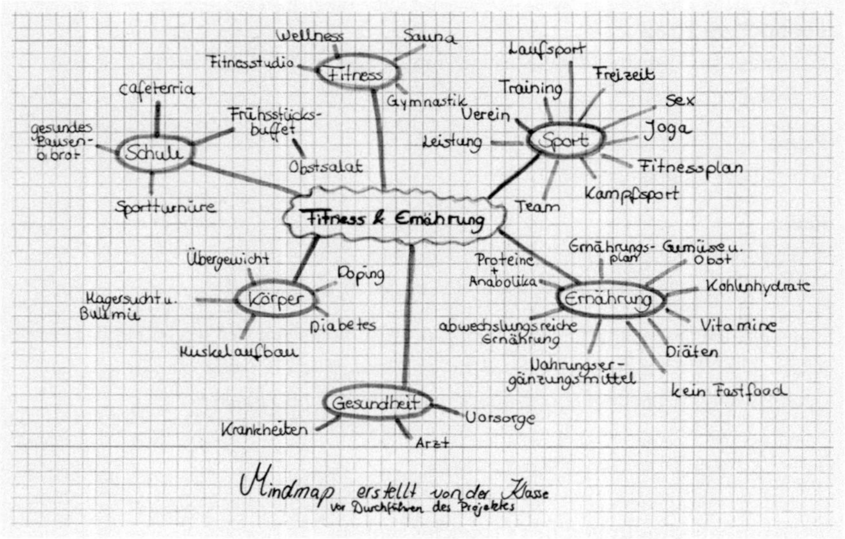

Abb. 1.14: Mindmap zum Thema Fitness und Ernährung aus der Informationsphase

3. Planungsphase – das Projekt wird geplant

Jede Themengruppe plante am ersten der drei Projekttage den Ablauf der Projekttage (s. Abb. 1.15).

4. Produktionsphase – die Herstellung des Produktes

Diese Phase nahm bei dem Projekt den 2. Tag und Teile des 3. Tages ein (s. Abb. 1.15). In dieser Phase wurden Informationen zur Ernährung gesammelt, durchgearbeitet und auf Plakaten zusammengestellt. Darüber hinaus stellten die Schüler verschiedene gesunde Speisen her und servierten sie bei der Präsentation.

1. PROJEKTTAG:

Fixpunkt 1: Plenum

Arbeitsphase 1 (Planungsphase):

- Brainstorming zum Thema „Ernährung" im Zusammenhang mit „Ernährung und Fitness"
- Literaturrecherche

Arbeitsphase 2 (Planungsphase):

- Themenauswahl
- Literatur und Materialien werden durchforstet

- Ideensammlung
- Einigung auf die Zubereitung von Fitnessgetränken
- Suchen und Sammeln verschiedener Rezepte
- Überlegungen zur Darstellungsform

Fixpunkt 2: Plenum

2. PROJEKTTAG:
Fixpunkt 1: Plenum

Arbeitsphase 1 (Produktionsphase):
- Zubereiten und Testen verschiedener Getränke/Joghurts
- Auswahl der Getränke/Joghurts, die im Workshop hergestellt werden sollen

Arbeitsphase 2 (Produktionsphase):
- Verteilung der Arbeitsaufträge: Zutatenauflistung, Wer bringt was mit?
- Recherche nach den Inhaltstoffen und deren Wirkung auf den menschlichen Körper hinsichtlich Fitness und Gesundheit
- Plakatgestaltung
- Computerarbeit

Arbeitsphase 2 (Produktionsphase):
- Plakatfertigstellung
- Besprechung und Planung der Arbeitsergebnisse für 3. Projekttag

Fixpunkt 2: Plenum

3. PROJEKTTAG:
Fixpunkt 1: Plenum

Arbeitsphase 1 (Produktionsphase):
- Zubereitung der Getränke und Joghurts

Fixpunkt 2: Plenum (Präsentationsphase):

- Präsentation der Getränke und Joghurts im Hinblick auf: Kraft, Fitness, Ernährung und Entspannung

Das Projekt wurde mit den einzelnen Präsentationen und dem Besuch der Workshops beendet.

Verifikationsphase
Die Verifikation beschränkte sich hier auf die Diskussion der Ergebnisse und die Beurteilung der Präsentation.

Abb. 1.15: Verlauf der Projekttage der Themengruppe Ernährung

5. Verifikationsphase – das Projekt wird geprüft
Im Anschluss an die Ergebnispräsentation erfolgte eine Abschlussbesprechung mit einem Feedback in Form von Leitfragen.

Die Schüler sagten, dass sie beim Projekt viel gelernt haben. Die meisten Unterthemen haben die Schüler als ansprechend erlebt. Kontrovers diskutierten die Schüler die selbstständige Arbeitsweise, die zur Verfügung stehende Zeitspanne für die Arbeit (zu lang versus zu kurz) und die Rolle des Lehrers in dem Projekt. Einige betonten, sie bräuchten mehr „Druck" vonseiten des Lehrers.

Daraufhin folgte eine Diskussion darüber, ob man nur unter „Druck" lernt oder ob selbstständiges Lernen (also nicht Lernen für den Lehrer) im Vordergrund stehen sollte und welche Auswirkungen die jeweilige Lernhaltung auf die schulische und berufliche Ausbildung hat.

Bemerkungen:
Gute Projektideen fallen nicht vom Himmel. Deshalb ist es für die Vorbereitung von projektartigen Arbeiten wichtig, dass Sie als Lehrer Ideen sammeln, die Umsetzung der Ideen prüfen und ggf. Materialien dafür zusammenstellen. Idealerweise fordern Sie Ihre Schüler ebenfalls auf, Projektideen zu sammeln.

Literatur

Frey, Karl (2002): Die Projektmethode. Weinheim

Gudjons, Herbert (2001): Handlungsorientiert lehren und lernen. Bad Heilbrunn

Hentig, Hartmut von (1973): Schule als Erfahrungsraum? Stuttgart

Peterssen, Wilhelm H. (2001): Kleines Methoden-Lexikon. München

Ruppert, Wolfgang (2002): Handlungsorientierung im Biologieunterricht. UB 26, Heft 273, S. 4–10

Wasmann-Frahm, Astrid (2008): Lernwirksamkeit von Projektunterricht – Eine empirische Studie über die Wirkung des Projektunterrichts in einer sechsten Jahrgangsstufe am Beispiel des Themenfeldes Boden (Vol. 6). Baltmannsweiler

Wasmann-Frahm, Astrid (2009): Kompetenzentwicklung durch Projektunterricht. In: Unterrichtswissenschaft 37 (1),Weinheim, S. 77–95. DOI: 10.3262/UW0901077.

Wasmann, Astrid (2014): Projektdidaktik. Für den naturwissenschaftlichen Unterricht. Hohengehren.

1.11 Innere Differenzierung durch Experten-Concept-Maps

Wolfgang Feller und Ulrike Spörhase

Was ist das?

Experten-Concept-Maps enthalten Schlüsselaspekte des zu vermittelnden Wissens. Sie können als Instrument der individuellen Förderung eingesetzt werden, wenn Lerner Schwierigkeiten haben, sich Sachtexte zu erschließen und zu verstehen.

Die „normale" Concept-Mapping-Technik wurde von Joseph D. Novak in den 1990er-Jahren an der Cornell University entwickelt (Novak/Cañas 2006). Im Gegensatz zur Darstellung von Wissen durch Mindmaps, verdeutlichen Concept-Maps Beziehungen von Inhalten untereinander. Hierfür setzen sich Concept-Maps in der Minimalversion aus drei Elementen zusammen: Rechtecken, Pfeilen und deren Beschriftungen. Ein Rechteck repräsentiert dabei einen Begriff (concept), wohingegen ein Pfeil die Beziehungen zwischen zwei Begriffen symbolisiert und die Beschriftung des Pfeiles die Art der Beziehung der Begriffe untereinander spezifiziert. Die Beziehung der Begriffe untereinander, also die Pfeilbeschriftung, sollte so einfach und prägnant wie möglich gehalten werden. „Normale" Concept-Maps werden in der Regel von Lernenden anhand einer Fragestellung zu einem Thema entworfen und entsprechend des Lernzuwachses modifiziert und erweitert. Die hier vorliegende Methode verfolgt einen anderen Ansatz: hier erstellt die Lehrkraft unter Verfolgung eines Lehrziels eine Concept-Map zu einem bestimmten Unterrichtsthema und gibt diese den Lernenden. Wird eine Concep-Map also nicht von Lernenden zum Lernen, sondern von Lehrkräften (Experten) zum Unterrichten angefertigt, nennt man dies eine Experten-Concept-Map (vgl. Kinchin u. a. 2000, Haugwitz/Sandmann 2009). Als Beispiel ist im Folgenden eine Experten-Concept-Map dargestellt (Abb. 1.16).

Wozu ist das gut?

Ein Grundsatz innerer Differenzierung lautet: keine Differenzierung ohne konkreten Bedarf! Im Vergleich zu Fachtexten als Lernhilfe, gehen Experten-Concept-Maps mit einer hohen Reduktion von geschriebenem Text einher. Sofern Lehrkräfte bei ihren Lernenden den begründeten Verdacht haben (Diagnose), dass diese weniger fachspezifische Probleme, sondern eher Probleme mit dem Erschließen und Verstehen von Fachtexten haben, eignet sich diese Form der inneren Differenzierung.

Als Teil der konstruktivistischen Lerntheorie, wurden Concept-Maps insgesamt bereits als lernwirksam bestätigt (Rye/Rubba 2002, Van Zele u. a. 2004, Hardy/Stadelhofer 2006, Nesbit/Adesope 2006). Neuere Befunde zeigen, dass sich auch Experten-Concept-Maps im Vergleich zu klassischen Fachtexten als lernwirksam erweisen (z. B. Hauser 2006, Feller u. a. 2013).

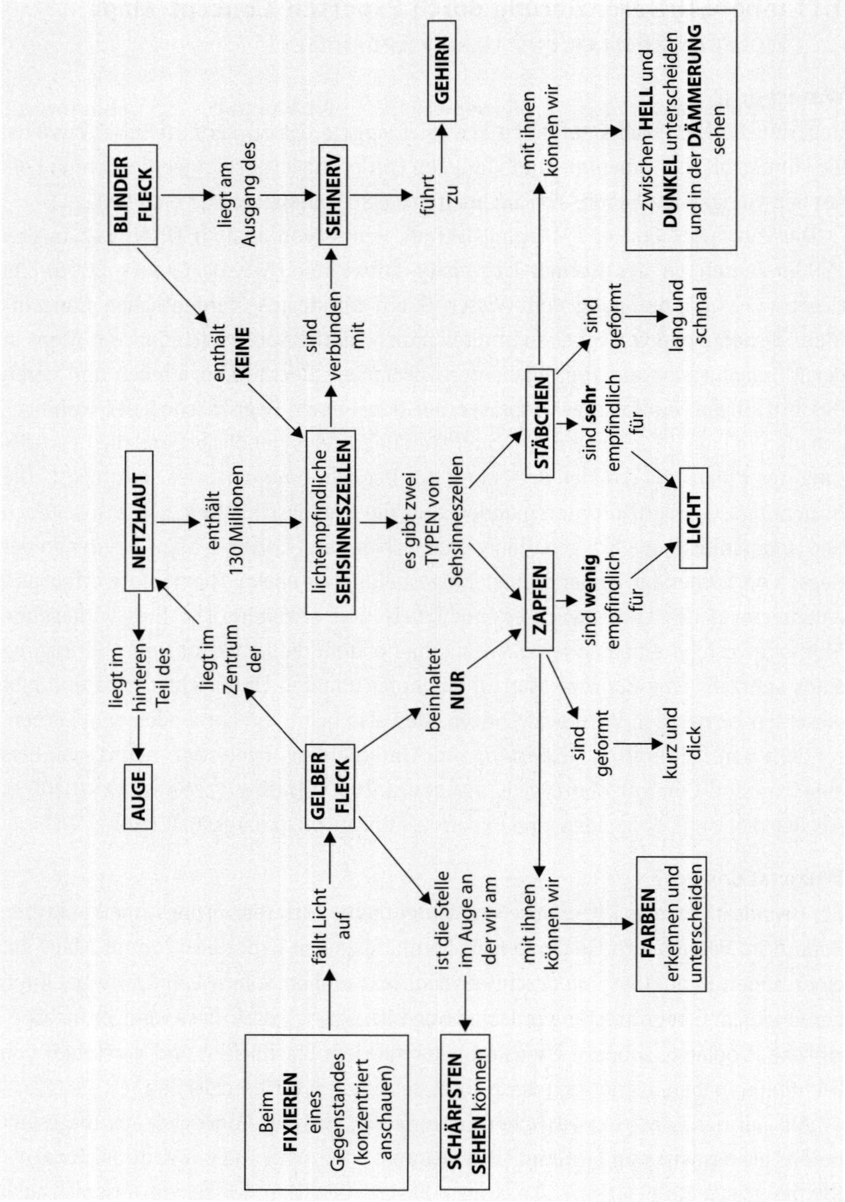

Abb. 1.16: Experten-Concept-Map zum Thema „Aufbau des Auges beim Menschen" für Klasse 6/7 Realschule

Weitere positive Nebeneffekte von Experten-Concept-Maps für den Unterricht sind: einfache EDV-gestützte und zeitsparende Erstellung, schnelle Anpassung an Gruppen und Lehrziele, Gewissheit über Richtigkeit der Inhalte und deren Beziehungen untereinander. Darüber hinaus eignen sich Experten-Concept-Maps als Teil der Ergebnissicherung oder als Lernhilfe für Leistungskontrollen.

Welches sind die Voraussetzungen?

Drei Voraussetzungen sind bei der Durchführung wichtig: 1. Die Kenntnis über die Bedürfnisse der Lernenden in der jeweiligen Klasse. 2. Ein fachliches und fachdidaktisches Wissen und Können zur Identifikation zu vermittelnder Inhalte und dem Erstellen von Experten-Concept-Maps. 3. Einfache Kenntnisse im Umgang mit Computern.

Wie geht das?

Nach der Entscheidung, diesen Differenzierungsansatz durchzuführen, sollten Sie zuerst die entsprechende Software herunterladen und installieren. Die hier verwendete Software heißt „IHMC CmapTools" und kann als Download heruntergeladen werden. Die Software ist für alle Personen frei zugänglich und mit keinen Kosten verbunden, dies gilt vor allem für Schulen und Universitäten. Nach der Installation und einer kurzen Einarbeitung in das Programm können Sie damit beginnen die erste Experten-Concept-Map zu erstellen.

Bis Sie sich an das neue Programm und die Methode gewöhnt haben, können Sie sich an die folgende Kurzanleitung halten:

a) Ein Thema für die Experten-Concept-Map wählen
b) Eine Leitfrage für das Thema formulieren
c) Die wichtigsten thematischen Begriffe und Inhalte zur Leitfrage sammeln (höchstens 20!)
d) Die Begriffe in eine zweckdienliche Ordnung bringen (hierarchisch, Cluster o. Ä.)
e) Zusammengehörende Begriffe mit Pfeilen verbinden
f) Pfeile mit prägnanten Wörtern oder Kurzsätzen beschriften
g) Kontrolle: Fehlt etwas? Kann etwas weg? Ist der Aufbau logisch? Geht es ordentlicher?
h) Grafische Verbesserungen vornehmen (andere Farben, ergänzende Abbildungen …)

Um Ihre selbst erstellten Experten-Concept-Maps im Unterricht einzubetten, ist folgende Vorgehensweise denkbar:

Phase	Inhalt	Wer/ Sozialform
1. Vorbereiten	■ Entsprechend der zu vermittelnden Inhalte einen Sachtext auswählen oder schreiben und eine möglichst inhaltsidentische Experten-Concept-Map entsprechend der Anleitung (s. o.) erstellen.	Lehrperson
2. Durchführen	■ Lehrperson verteilt den Sachtext, die Experten-Concept-Map und Arbeitsauftäge entsprechend ihrer Wahl an die Schüler oder ■ Lehrperson lässt Schüler auswählen, ob sie die Experten-Concept-Map oder den Text bearbeiten wollen. ■ Jeder Schüler bearbeitet das erhaltene Material und den Arbeitsauftrag zunächst allein. ■ Schüler mit demselben Material tauschen sich anschließend über die Inhalte aus.	Einzel-, Partner- oder Gruppenarbeit
3. Auswerten	■ Lerngruppen stellen ihre Ergebnisse vor und bewerten diese.	Plenum

Was ist meine Aufgabe als Lehrer?

Sofern Ihre Schüler noch nie etwas mit dieser Art von Wissensdarstellung zu tun hatten, empfiehlt sich eine kurze Einführung im Plenum anhand eines einfachen Themas. Folgende Fragen sollten hierbei geklärt werden: Was ist eine Concept-Map (siehe Definition oben) und wie liest man eine Concept-Map (siehe die Richtung der Pfeile)? Je nach Alter und Können Ihrer Schüler sollten Sie bei komplexeren Experten-Concept-Maps einen Startpunkt vorgeben, an welcher Stelle die Schüler in die Experten-Concept-Map einsteigen sollen. Falls Sie Experten-Concept-Maps als Differenzierungsmaßnahme für sprachschwächere Lernende einsetzen möchten, können Sie diese als Wahl- oder Zusatzangebot zu den bisherigen Lehrmaterialien in Ihren Unterricht einbinden. Hierbei sollten Sie wie bei allen Formen der inneren Differenzierung darauf achten, dass Lernende dies nicht als Brandmarkung wahrnehmen, sondern als eine Erweiterung der Unterrichtsvielfalt.

Tipp: Auch Sie als Lehrperson müssen die Erstellung von (Experten-)Concept-Maps lernen. Probieren Sie Ihre erstellten Maps mit Ihren Schülern aus und entwickeln Sie diese weiter.

Literatur

FELLER, WOLFGANG / SPÖRHASE, ULRIKE / MIKELSKIS-SEIFERT, SILKE (2013): Auswirkung differenzierten Inputs auf den Lernzuwachs bei heterogenen Lernergruppen. In: *Internationale Tagung der Fachsektion Didaktik der Biologie (FDdB) im VBIO. Theorie, Empirie und Praxis in der Didaktik der Biologie*. Internationale Tagung der Fachsektion Didaktik der Biologie (FDdB) im VBio. Kassel, 16.–20. September. Universität Kassel

HARDY, ILONCA / STADELHOFER, BEATE (2006): Concept Maps wirkungsvoll als Strukturierungshilfen einsetzen. Welche Rolle spielt die Selbstkonstruktion? In: *Zeitschrift für Pädagogische Psychologie* 20 (3), S. 175–187

HAUGWITZ, MARION / SANDMANN, ANGELA (2009): Kooperatives Concept Mapping in Biologie: Effekte auf den Wissenserwerb und die Behaltensleistung. In: *Zeitschrift für Didaktik der Naturwissenschaften* 15, 2009, S. 89–107

HAUSER, SABINE / NÜCKLES, MATTHIAS / RENKL, ALEXANDER (2006): Supporting concept mapping for learning from text. In: Proceedings of the 7th international conference on Learning sciences. Bloomington, Indiana: International Society of the Learning Sciences, S. 243–249

KINCHIN, IAN M. / HAY, DAVID B. / ADAMS, ALAN (2000): How a Qualitative Approach to Concept Map Analysis Can Be Used To Aid Learning by Illustrating Patterns of Conceptual Development. In: *Educational Research* 42 (1), S. 43–57

NESBIT, JOHN C. / ADESOPE, OLUSOLA O. (2006): Learning with Concept and Knowledge Maps: A Meta-Analysis. In: *Review of Educational Research* 76 (3), S. 413–448

NOVAK, JOSEPH DONALD / CAÑAS, ALBERTO (2006): The Theory Underlying Concept Maps and How to Construct and Use Them. Online verfügbar unter http://cmap.ihmc.us/Publications/ResearchPapers/TheoryUnderlyingConceptMaps.pdf, zuletzt geprüft am 10. 09. 2012

RYE, JAMES A. / RUBBA, PETER A. (2002): Scoring Concept Maps: An Expert Map-Based Scheme Weighted for Relationships. In: *School Science & Mathematics* 102 (1), S. 33.

VAN ZELE, ELS / LENAERTS, JOSEPHINA / WIEME, WILLEM (2004): Improving the Usefulness of Concept Maps as a Research Tool for Science Education. In: *International Journal of Science Education* 26 (9), S. 1043–1064.

1.12 Kognitive Aktivierung durch fachspezifische Lernaktivitäten

ULRIKE SPÖRHASE UND JANINE FEICKE

Was ist das?

Unter kognitiver Aktivierung werden alle Aspekte des Lehrerhandelns verstanden, die ein eigenaktives und anspruchsvolles Lernen initiieren und vertiefte Denkprozesse ermöglichen (KLEINKNECHT 2010). Vereinfacht ausgedrückt: Kognitive Aktivierung schafft Gelegenheiten zum Nachdenken im Unterricht. Merkmale eines kognitiv aktivierenden Unterrichts sind: eine hohe Schüleraktivität, ein diskursives Klima und konstruktivistische Lernformen (LIPOWSKI 2009, CLAUSEN u. a. 2003). Die Unterrichtsatmosphäre ist durch Nachdenken gekennzeichnet, Schüler sprechen über Begriffe, Prinzipien, Ideen und inhaltliche Konzepte. Die kognitive Aktivierung umfasst dabei z. B. das Selektieren, Bewerten, Reorganisieren, Integrieren von Wissen und Können und einen diskursiven Umgang mit Fehlern (MAYER 2004).

Es werden drei Dimensionen der kognitiven Aktivierung unterschieden (z. B. Pauli u. a. 2008): *Selbstständige Auseinandersetzung mit „anspruchsvollen" Aufgaben, Unterrichtsgespräche mit substanzieller Teilnehmerbeteiligung, fachlich inhaltliche Kohärenz und Transparenz.*

Welches sind die Voraussetzungen?

Eine kognitive Aktivierung ist für alle Unterrichtsschritte und Altersstufen geeignet. Sie kann gezielt in der Einstiegs-, Erarbeitungs- und Vertiefungsphase durch Aufgaben, Methoden und Unterrichtsgespräche (s. u.) erfolgen und erfordert eine sorgfältige didaktische Konstruktion.

Wozu ist das gut?

Was einen guten Unterricht ausmacht, ist von vielen Faktoren abhängig. Helmke hat mit seinem Angebot-Nutzungsmodell einen theoretischen Rahmen für die Unterrichtsqualitätsforschung geliefert und verschiedene Faktoren identifiziert (Helmke 2010). Feicke und Spörhase (2012) konnten im Rahmen einer systematischen Literaturrecherche bezüglich der Qualität des angebotenen Unterrichts drei theoretisch fundierte und empirisch validierte Unterrichtsqualitätsmerkmale identifizieren. Die *„kognitive Aktivierung"* unter besonderer Berücksichtigung fachspezifischer Aspekte ist neben der *„klaren Strukturierung"* und dem *„teilnehmerorientierten Sozialklima"* eines dieser Qualitätsmerkmale. Fachspezifische Unterrichtsmerkmale sind bisher wenig empirisch untersucht. Speziell für den Biologieunterricht identifizierten Wüsten u. a. (2008, Abb. 1.17) 14 fachspezifische Unterrichtsqualitätsmerkmale.

Die Förderung des Lernens durch kognitive Aktivierung kann durch das eingeführte Konzept der Verarbeitungstiefe („depth of processing") erklärt werden (Craik/Lockhart 1972). Nach diesem Konzept wird eine Information desto besser behalten, je mehr das Gehirn des Lernenden sich mit dieser beschäftigt, je mehr kognitive Strukturen beteiligt sind und je mehr unterschiedliche Operationen ausgeführt werden. In einem kognitiv aktivierenden Unterricht agiert der Lehrer daher als Lernbegleiter, stellt Verbindungen zwischen Vorwissen und Lehrinhalten her und nutzt kognitive Konflikte für die Vermittlung von Wissen und Können. Dieser Unterricht wird von Schülern vielfach als sinnstiftend und interessant erlebt.

Wie geht das?

Die drei Dimensionen der kognitiven Aktivierung (*Selbstständige Auseinandersetzung mit „anspruchsvollen" Aufgaben, Unterrichtsgespräche mit substanzieller Schülerbeteiligung, fachlich inhaltliche Kohärenz und Transparenz,* Pauli u. a. 2008) können durch verschiedene Methoden, die Schüler im Unterricht zum Nachdenken bringen, umgesetzt werden. Abbildung 1.17 zeigt eine Zuordnung einzelner Methoden zu den von Wüsten u. a. (2008) identifizierten fachspezifischen Unterrichtsqualitätsmerkmalen. Im Folgenden werden allgemeine Aspekte zur Umsetzung der drei Dimensionen der kognitiven Aktivierung vorgestellt.

Biologie-spezifisch	■ Der Einsatz von realen bzw. lebenden Objekten, s. z. B. Teil II, Kap. 2.1–2.3 ■ Das Explizitmachen verschiedener biologischer Systemebenen, s. Teil II, Kap. 1.3 ■ Der kompetente Umgang mit (Denk-) Modellen, s. Teil II, Kap. 2.8 ■ Der sensible Umgang mit typischen Schülervorstellungen ■ Sensibler Umgang mit Anthropomorphismen ■ Präsenz der Basiskonzepte im Unterricht, s. Teil II, Kap.1.2 ■ Die Orientierung am Schüleralltag, s. z. B. Teil II, Kap. 1.3, 1.10, 1.12 ■ Naturwissenschaftliches Arbeiten im Unterricht, z. B. Teil II, Kap 2.1–2.9, 3.3,3.5, 3.9 ■ Der angemessene Umgang mit Fachsprache, z. B. Teil II, Kap. 1.15, 3.2, 3.4, 3.9–3.11, 4.7– 4.9 ■ Die fachliche Richtigkeit und inhaltliche Stimmigkeit des dargebotenen Stoffes ■ Die inhaltliche Klarheit und Strukturiertheit des Stoffes ■ Die angemessene Komplexität der Unterrichtsstunde
Bedarf einer biologiespezifischen Ausschärfung	■ Einsatz von kognitiv anspruchsvollen Aufgaben, z. B. Teil II, Kap. 5 ■ Die Verwendung biologiespezifischer Operatoren, z. B. untersuche, vergleiche, beobachte, mikroskopiere

Abb. 1.17: Fachspezifische Merkmale der Unterrichtsqualität des Biologieunterrichts (*Wüsten* u. a. 2008) und ihre mögliche methodische Realisierung

„Anspruchsvolle" Aufgaben: Bei der Lösung von Aufgaben können nach Anderson und Krathwohl (2001) sechs kognitive Prozesse unterschieden werden: Erinnern, Verstehen, Anwenden, Analysieren, Gestalten und Evaluieren. „Anspruchsvolle" Aufgaben fordern auf, etwas zu erläutern, zu vergleichen, zu beurteilen, Vermutungen zu formulieren, Fragen zu stellen, Wissen zu reorganisieren und auf neue Kontexte zu transferieren und regen so möglichst alle dieser sechs kognitiven Prozesse an. Sie konfrontieren Schüler mit anderen Standpunkten, fordern auf, neues Wissen und

Können mit bereits Gelerntem in Beziehung zu setzen, Bezüge zu anderen Themen herzustellen sowie Lösungswege selbst zu wählen. Dabei sind verschiedene Lösungen möglich, erwünscht und akzeptiert. Aufgaben, die auffordern, Probleme zu lösen und authentische Situationen repräsentieren, werden den Anforderungen an kognitiv aktivierenden Aufgaben im besonderen Maße gerecht (BLÖMEKE u.a. 2006).Um Aufgaben für Schüler mit authentischen Situationen und Problemen zu konstruieren, kann das Einbeziehen der Schüler in die Aufgabenkonstruktion bis hin zur selbstständigen Formulierung von Aufgabenstellungen durch die Schüler hilfreich sein. Beispiele für anspruchsvolle Aufgaben finden sich in Teil II, Kap. 5. Insbesondere durch die Lösung von Aufgaben zur Bewertungskompetenz können komplexe und schülerrelevante Alltagsprobleme simuliert und Lösungsmöglichkeiten entwickelt werden.

Unterrichtsgespräche mit substanzieller Schülerbeteiligung: Unterrichtsgespräche mit substanzieller Schülerbeteiligung ergeben sich nicht von allein, hier helfen sehr effektiv Methoden zur Kommunikationsförderung (s.Teil II, Kap. 4). Die Führung eines solchen Unterrichtsgesprächs benötigt allgemeine Gesprächsführungskompetenzen und reichlich Übung. Deshalb ist es gerade für Anfänger empfehlenswert, Gesprächsphasen schriftlich vorzubereiten, indem zielführende Fragen oder Impulse bei der Planung sorgfältig formuliert und aufgeschrieben werden. Dabei werden mögliche Schülerantworten bedacht und ggf. Impulse und Fragen so geändert und erweitert, dass die gewünschten Äußerungen der Schüler erwartet werden können.

Die Beachtung folgender Aspekte fördert die kognitive Aktivierung Ihrer Schüler:

- Stellen Sie offene, anregende Fragen oder stellen Sie etwas zur Diskussion.
- Formulieren Sie Aussagesätze, die möglichst ein Nachdenken befördern (Impulse) oder setzen Sie sogenannte stille Impulse, indem Sie z. B. eine Abbildung zeigen, eine These oder Schlagwort an die Tafel schreiben oder auf bereits vorliegendes Material verweisen und die Schüler sich dazu äußern lassen.
- Geben Sie Schülerfragen an das Plenum zurück.
- Halten Sie sich bei Diskussionen der Schüler zurück, unterstützen Sie jedoch die Schüler dabei, dass das Gespräch eine zielführende Fokussierung behält.
- Falls es nicht zu einer angemessen Klärung kommt, greifen Sie bei sachlichen Fehlern ein, indem Sie z. B. das Gesagte wertschätzen und dann den Fehler korrigieren.
- Sorgen Sie dafür, dass nach jeder Gesprächsphase die wichtigsten Ergebnisse durch die Schüler zusammengefasst werden. Schärfen Sie dabei gemeinsam mit den Schülern aus, was geklärt ist und was noch der weiteren Klärung bedarf. Stellen Sie dabei Bezüge zum Wissen und Können der Schüler und zu den bereits gelernten und den zu lernenden Inhalten her.

- Notieren Sie sich während des Gesprächs Schülerbeiträge, die zum „falschen" Zeitpunkt geäußert wurden und bringen Sie diese zu einem späteren Zeitpunkt wieder in den Unterricht ein.
- Steuern Sie bei Unterrichtsgesprächen nicht gleich die Lösung des Problems an, sondern fokussieren Sie zunächst auf ein Verständnis der Problemstellung (z. B. Gibt es Unklarheiten? Kann jemand das Problem/die Aufgabenstellung erklären?).

Die dritte Dimension der kognitiven Aktivierung, die *fachlich inhaltliche Kohärenz und Transparenz* des zu lernenden Stoffs, zeigt in Teilen Überschneidungen mit dem Qualitätsmerkmal *„klare Strukturierung"*. Die didaktische Strukturierung umfasst fünf zentrale Elemente:

- Bestimmung, Formulierung und Begründung von Zielen, Kompetenzen, Inhalten, Methoden und Medien und die Gestaltung von entsprechenden Lehr-Lernsequenzen
- Stimmigkeit von Zielen, Kompetenzen, Inhalten, Methoden und Medien
- Folgerichtigkeit des methodischen Ganges
- Klarheit der Aufgabenstellung
- Methodischer Grundrhythmus

In Bezug auf die kognitive Aktivierung erscheinen das Herausstellen von inhaltsbezogenen Unterschieden z. B. in Form von Positionen sowie das In-Beziehung-Setzen des bereits Gelernten zu dem neu zu Lernenden in Form von Rück- und Ausblicken von besonderer Bedeutung. Mit der Checkliste in Abb. 1.18 können Sie überprüfen, inwiefern das Qualitätsmerkmal der klaren Strukturierung und die im Rahmen der kognitiven Aktivierung geforderte fachliche inhaltliche Kohärenz und Transparenz des zu lernenden Stoffs gegeben ist.

- Sind die formulierten Ziele und Kompetenzen sinnvoll (z. B. ist Fach-, Schüler-, Gesellschaftsrelevanz gegeben, werden Basiskonzepte berücksichtigt)?
- Haben die Schüler das nötige Vorwissen?
- Sind die Ziele und Kompetenzen mit den Inhalten erreichbar und eignen sich die Methoden für die Vermittlung der Inhalte?
- Hat das zu Lernende eine Bedeutung für das weitere Lernen?
- Werden Verbindungen zwischen den einzelnen Inhalten hergestellt (Rück- und Ausblicke)?
- Liegt eine Stimmigkeit von Zielen, Inhalten, Methoden und Medien vor?
- Ist eine Folgerichtigkeit des methodischen Ganges gegeben?
- Sind die Aufgaben klar gestellt?

Abb. 1.18: Checkliste zum Qualitätsmerkmal der klaren Strukturierung und der fachlichen und inhaltlichen Kohärenz

Literatur

ANDERSON, LORIN W. / KRATHWOHL, DAVID R. (Hrsg.) (2001): A Taxonomy for Learning, Teaching, and Assessing. A Revision of Bloom's Taxonomy of Educational Objectives. New York

BLÖMEKE, SIGRID / RISSE, JANA / MÜLLER, CHRISTIANE / EICHLER, DANA / SCHULZ, WOLFGANG (2006): Analyse der Qualität von Aufgaben aus didaktischer und fachlicher Sicht. Ein allgemeines Modell und seine exemplarische Umsetzung im Unterrichtsfach Mathematik. Unterrichtswissenschaft 34 (4), S. 330–357

CLAUSEN, MARTEN / REUSSER, KURT / KLIEME ECKHARD (2003): Unterrichtsqualität auf der Basis hoch-inferenter Unterrichtsbeurteilungen. Unterrichtswissenschaft 31, S. 122–141

CRAIK, FERGUS I. M. / LOCKHART, ROBERT S. (1972): Levels of Processing: A Framework for Memory Research. Journal of Verbal Learning and Verbal Behavior 11, S. 671–68

FEICKE, JANINE / SPÖRHASE, ULRIKE (2012): Impulse aus der Didaktik zur Verbesserung von Patientenschulungen. Rehabilitation 51, S. 300–7

HELMKE, ANDREAS (2010) Unterrichtsqualität und Lehrerprofessionalität. Diagnose, Evaluation und Verbesserung des Unterrichts. Seelze

KLEINKNECHT, MARC (2010): Kognitive Aktivierung und Strukturierung durch Aufgaben – Analyse und Weiterentwicklung der unterrichtlichen Aufgabenkultur. In: BOHL, T. / KANSTEINER-SCHÄNZLIN, K. / KLEINKNECHT, M. u. a., (Hrsg.) Selbstbestimmung und Classroom-Management. Empirische Befunde und Entwicklungsstrategien zum guten Unterricht. Bad Heilbrunn, S. 179–190

LIPOWSKI FRANK (2009): Unterricht. In: WILD E. / MÖLLER J. (Hrsg.): Pädagogische Psychologie. Berlin, S. 73–101

MAYER, RICHARD, E. (2004): Should There Be a Three-Strikes Rule Against Pure Discovery Learning? The Case for Guided Methods of Instruction. American Psychologist 59 (1), S. 14–19

PAULI CHRISTINE / DROLLINGER-VETTER, BARBARA / HUGENER ISABELLE / LIPOWSKI FRANK (2008): Kognitive Aktivierung im Mathematikunterricht. Zeitschrift für Pädagogische Psychologie 22 (2), S. 127–133

WÜSTEN, STEFANIE / SCHMELZING, STEPHAN / SANDMANN, ANGELA / NEUHAUS, BIRGIT (2008): Unterrichtsqualitätsmerkmale im Fach Biologie. Identifizierung und Quantifizierung von Qualitätsmerkmalen im Biologieunterricht. In: KRÜGER D. / UPMEIER ZU BELZEN A. / RIEMEIER T. u. a. (Hrsg.): Erkenntnisweg Biologiedidaktik 7. Beiträge auf der 10. Frühjahrsschule der Sektion Biologiedidaktik im VBiO in Hannover, S. 145–158

1.13 Autonomieförderung im Biologieunterricht

NADINE GROSSMANN UND MATTHIAS WILDE

Was ist das?

Autonomieförderung im Biologieunterricht bedeutet, einen Unterricht zu gestalten, der an der Befriedigung des Grundbedürfnisses nach Autonomie der Schüler orientiert ist. Dieses psychologische Grundbedürfnis ist verankert in der Selbstbestimmungstheorie der Motivation (DECI/RYAN 1993) und beschreibt das Bestreben jedes Individuums, Handlungen freiwillig auszuführen, sich selbst als Verursacher der Handlung wahrzunehmen und eine Wahlfreiheit zu verspüren (REEVE u. a. 2003).

Wozu ist das gut?

Deci und Ryan (1993) nehmen die Befriedigung der psychologischen Grundbedürfnisse (soziale Eingebundenheit, Kompetenz, Autonomie) als essenzielle Voraussetzung für das Wohlbefinden von Menschen und positive Erlebensqualitäten bei zielgerichteten Handlungen an. Dies gilt auch für den Biologieunterricht. Dem Bedürfnis nach Autonomie kommt dabei eine herausgehobene Rolle zu (z. B. Hofferber u. a. 2015; Reeve 2002). Nach Eder (2002) ist die Wahrnehmung der herrschenden Unterrichtsbedingungen, beispielsweise also die Wahrnehmung von Autonomie, konstituierend für das Lernklima. Das Lernklima gilt in heutigen Modellen der Unterrichtsforschung als zentrales Merkmal zur Beurteilung der Unterrichtsqualität (Helmke 2015). Nehmen sich Schüler im Biologieunterricht als autonom wahr, kann dies verschiedene, für den Lernprozess bedeutende, affektive und kognitive Komponenten positiv beeinflussen. Positive Auswirkungen einer Autonomieförderung konnten bereits für selbstbestimmte Motivationsqualitäten, das Interesse sowie den Wissenszuwachs der Schüler im Biologieunterricht belegt werden (z. B. Hofferber u. a. 2015; Ruppert 2012).

Welches sind die Voraussetzungen?

Einen wichtigen Aspekt zur Förderung der Autonomiewahrnehmung der Schüler im Biologieunterricht kann die eigene Autonomiewahrnehmung und -orientierung der Lehrperson darstellen (Reeve 2002). Nimmt sich eine Lehrperson z. B. selbst als stark kontrolliert und wenig autonom wahr, kann dies zum Einsatz von kontrollierendem Lehrerverhalten im Unterricht führen. Das Grundbedürfnis der Schüler nach Autonomie bleibt in diesem Fall unberücksichtigt. Sich als Lehrperson der eigenen Grundbedürfnisse und dieser Mechanismen bewusst zu sein, kann helfen, diesen scheinbaren Automatismus zu durchbrechen. Weiterhin sollten die Maßnahmen zur Autonomieförderung an das Alter und die Fähigkeiten der Schüler, z. B. ihren eigenen Lernprozess selbst zu steuern, angepasst sein.

Wie geht das?

In der Tabelle auf S. 88 sind drei Ansätze zur Förderung der Autonomiewahrnehmung von Schülern im Biologieunterricht dargestellt (vgl. Hofferber u. a. 2015; Su/Reeve 2011). Diese Ansätze sind nicht immer unabhängig voneinander zu betrachten. Beispielsweise kann das Gewähren von Wahlfreiheiten auch zur Gestaltung eines bedeutsamen Rahmens beitragen.

	Beschreibung	Beispiel
I) Neutrale Sprache	Kommunikation, die keinen Druck erzeugt, hingegen Wertschätzung, Flexibilität und Wahlfreiheit vermittelt	Formulierungen wie „Ihr müsst ...“ oder „Ihr sollt ...“ vermeiden, auf Formulierungen wie „Ihr könnt ...“ oder „Wenn ihr möchtet ...“ zurückgreifen
II) Bedeutsamer Rahmen	Begründung einer Handlung aus der Perspektive persönlicher Relevanz und eines möglichen praktischen Nutzens	■ Phänomene aus dem Alltag aufgreifen ■ Wahlfreiheiten gewähren ■ Vorwissen sowie eigene Erfahrungen der Schüler miteinbeziehen ■ praktischen Nutzen der Handlung aufzeigen
III) Wahlfreiheiten gewähren	Wahlfreiheiten gewähren, die überschaubar gestaltet und für die Schüler bedeutsam sind	Die Schüler über ■ Teile der Unterrichtsmethodik, ■ Unterrichtsthemen, ■ die Zusammensetzung von Schüler-Arbeitsgruppen, ■ die Zeiteinteilung, ■ die Reihenfolge der Bearbeitung von Aufgaben etc. entscheiden lassen.

I) Neutrale Sprache: Beim Einsatz neutraler Sprache im Unterricht kommt es nicht darauf an, dass Wörter wie „müssen“ oder „sollen“ gar nicht verwendet werden, sondern dass sich durch die Sprache eine Grundhaltung der Lehrperson manifestiert. Hat man als Lehrperson eine wertschätzende und autonomieförderliche Grundhaltung verinnerlicht, so wird der Anteil autonomieförderlicher, wertschätzender Äußerungen überwiegen. Werden von Schülern wichtige Regeln überschritten, z. B. in Bezug auf sicherheitsrelevante Aspekte im Biologieunterricht, so sind oft klare Instruktionen unverzichtbar. Erfolgen kontrollierende Instruktionen jedoch in einem wertschätzenden und selbstbestimmten Unterrichtskontext und werden diese für die Schüler plausibel begründet, wird ihre Autonomiewahrnehmung dadurch nicht langfristig eingeschränkt.

II) Bedeutsamer Rahmen: Schüler wollen sich vor allem dann mit einem Unterrichtsgegenstand beschäftigen, wenn sie ihn selbst als bedeutsam oder persönlich relevant einschätzen. Oft ist entscheidend, einen praktischen Nutzen in der Handlung mit dem Gegenstand erkennen zu können. Im Biologieunterricht bieten sich diese persönlichen Bezüge im Besonderen an, da viele der im Kernlehrplan vorhandenen

Kontext- und Inhaltsfelder z. B. den eigenen Körper der Schüler betreffen (beispielsweise Gesunde Ernährung, Sucht, Sinnesorgane, Bau und Leistung des menschlichen Körpers). Werden im Biologieunterricht Tiere oder Pflanzen behandelt, können zur bedeutsamen Rahmung eines Unterrichtsgegenstandes meist affektive Ebenen angesprochen werden. Die Schüler kennen Tiere und Pflanzen aus ihrem Alltag, haben vielleicht selbst ein Haustier und verbinden unterschiedliche Gefühle mit verschiedenen Tieren und Pflanzen. In diesem Kontext kann somit häufig an persönliche Erfahrungen und das Vorwissen der Schüler angeknüpft oder es können Phänomene aus dem Alltag aufgegriffen werden.

III) Wahlfreiheiten gewähren: Die Auswirkungen von Wahlfreiheiten sind für den Biologieunterricht besonders gut untersucht. In den vorliegenden Studien und Metaanalysen haben sich folgende Aspekte als relevant in der Gestaltung von Wahlmöglichkeiten herausgestellt: Bei allen im Biologieunterricht gewährten Entscheidungsmöglichkeiten sollte es sich um bedeutsame Wahlfreiheiten handeln, um die Erlebensqualität der Schüler positiv zu beeinflussen (vgl. KATZ/ASSOR 2007; MEYER-AHRENS/WILDE 2013). Können Schüler z. B. aus verschiedenen uninteressanten Themen lediglich das „geringste Übel" auswählen, wirkt sich diese Wahl vermutlich nicht positiv auf ihr Interesse und ihre Motivation aus. Weiterhin sollten die Optionen überschaubar gestaltet sein (zwei bis vier Auswahlmöglichkeiten; PATALL u. a. 2008). Im Biologieunterricht können Wahlfreiheiten besonders gut implementiert werden. Die methodische und thematische Vielfalt im Fach Biologie erfordert im Sinne eines exemplarischen Arbeitens ohnehin eine Auswahl zu behandelnder Inhalte und Kontexte sowie fachgemäßer Arbeitsweisen (SPÖRHASE 2012).

Literatur

DECI, EDWARD L. / RYAN, RICHARD M. (1993): Die Selbstbestimmungstheorie der Motivation und ihre Bedeutung für die pädagogische Praxis. In: Zeitschrift für Pädagogik 39, Heft 2, S. 223–238

EDER, FERDINAND (2002): Unterrichtsklima und Unterrichtsqualität. In: Unterrichtswissenschaft 30, Heft 3, S. 213–229

HELMKE, ANDREAS (2015): Unterrichtsqualität und Lehrerprofessionalität. Diagnose, Evaluation und Verbesserung des Unterrichts (6. überarbeitete Auflage). Seelze.

HOFFERBER, NATALIA / ECKES, ALEXANDER / KOVALEVA, ANASTASSIYA / WILDE, MATTHIAS (2015): Die Auswirkung von autonomieförderndem Lehrerverhalten im Biologieunterricht mit lebenden Tieren. In: ZfDN 21, Heft 1, S. 17–27

KATZ, AVI / ASSOR, AVI (2007): When choice motivates and when it does not. In: Educational Psychology Review 19, Heft 4, S. 429–442

MEYER-AHRENS, INGA / WILDE, MATTHIAS (2013): Der Einfluss von Schülerwahl und der Interessantheit des Unterrichtsgegenstandes auf die Lernmotivation im Biologieunterricht. In: Unterrichtswissenschaft 41, Heft 1, S. 57–71

PATALL, ERIKA A. / COOPER, HARRIS / ROBINSON, JORGIANNE CIVEY (2008): The Effects of Choice on Intrinsic Motivation and Related Outcomes: A Meta-Analysis of Research Findings. In: Psychological Bulletin 134, Heft 2, S. 270–300

REEVE, JOHNMARSCHALL (2002): Self-Determination Theory applied to educational settings. In: DECI, EDWARD L. / RYAN, RICHARD M. (Hrsg.): Handbook of Self-Determination Research. Rochester, S. 183–203

REEVE, JOHNMARSCHALL / NIX, GLEN / HAMM, DIANE (2003): Testing models of the experience of self-determination in intrinsic motivation and the conundrum of choice. In: Journal of Educational Psychology 95, Heft 2, S. 375–392

RUPPERT, WOLFGANG (2012) Welches Interesse haben Schüler an biologischen Themen? In: SPÖRHASE, ULRIKE (Hrsg.): Biologie-Didaktik. Praxishandbuch für die Sekundarstufe I und II. Berlin, S. 94–111

SPÖRHASE, ULRIKE (2012). Welche allgemeinen Ziele verfolgt Biologieunterricht? In: SPÖRHASE, ULRIKE (Hrsg.): Biologie-Didaktik. Praxishandbuch für die Sekundarstufe I und II. Berlin, S. 24–61

SU, YU-LAN / REEVE, JOHNMARSCHALL (2011): A meta-analysis of the effectiveness of intervention programs designed to support autonomy. In: Educational Psychology Review 23, S. 159–188

1.14 Lernstrukturgitter

LAURA FERREIRA GONZÁLEZ, KIRSTEN SCHLÜTER UND PHILIPP SCHMIEMANN

Was ist das?

Lernstrukturgitter sind systematische Übersichten von Unterrichtsinhalten bzw. Aufgaben als Lerngelegenheiten, die nach Komplexität und Denkprozessen geordnet sind. Sie ermöglichen Lernenden, sich biologische Inhalte entsprechend ihrer individuellen Voraussetzungen zu erschließen.

Wozu ist das gut?

Durch Lernstrukturgitter können offene Unterrichtssituationen für heterogene Lerngruppen vorbereitet und gestalten werden. Sie können dabei helfen, Lernende auf ihrem individuellen Leistungsniveau abzuholen und Möglichkeiten der individuellen Förderung und Forderung zu schaffen. Ursprünglich wurden Lernstrukturgitter für die Förderschule Lernen im Fach Mathematik entwickelt, um den Lernenden zu ermöglichen, auf dem für sie adäquaten Niveau mathematische Inhalte zu erschließen (KUTZER 1976). Im Rahmen der inklusiven Schulentwicklung wurden die Lernstrukturgitter für weitere Fächer adaptiert, wobei sie dort als Differenzierungsmatrizen bezeichnet und auf ihre Anwendbarkeit untersucht werden (SASSE 2014).

Welches sind die Voraussetzungen?

Die Aufbereitung eines Unterrichtsinhaltes im Rahmen eines Lernstrukturgitters setzt eine genaue Analyse durch die Lehrperson voraus (MENTHE/HOFFMANN 2015). Ausgehend von den konkreten Lernvoraussetzungen der Lerngruppe wird die gesamte Spanne der zu lernenden Inhalte systematisiert. Ziel ist es dabei, die Lerninhalte so zu konkretisieren, dass eventuelle Lernbarrieren antizipiert und durch eine sukzessive Heranführung überwunden werden können (SASSE 2014). Hierbei können beispielsweise typische Vorstellungen und Fehler berücksichtigt werden. Gleichzeitig sollten die entsprechenden Lerngelegenheiten für alle Lernenden solche Herausforderungen schaffen, dass sie im Sinne der Zone der nächsten Entwicklung einen Lernzuwachs erlauben (MENTHE/HOFFMANN 2015).

Wie geht das?

Als Grundstruktur dient ein tabellarisches Gitter (s. Beispiel; vgl. SASSE 2014). Dieses Lernstrukturgitter wird durch die horizontale Achse „Komplexität der Inhalte" von einfach zu komplex und die vertikale Achse „Niveaustufen des Denkens" vom konkreten Handeln zu abstrakten Denkoperationen aufgespannt (vgl. KAUERTZ et al. 2010). Jede Zelle beinhaltet dabei eine Lerngelegenheit in Form von selbstständig bearbeitbaren Lernaufgaben. Im Ursprung des Lernstrukturgitters liegt eine Lerngelegenheit, die zum konkreten Handeln (u. a. Beobachten, Sammeln, Vergleichen) auffordert und sich auf einfache Inhalte bezieht. Den Endpunkt der Diagonalen bilden abstrakte Denkoperationen bezogen auf komplexe Inhalte.

Die Arbeit mit Lernstrukturgittern bedarf einer sukzessiven Einführung. Im Vorfeld sollte die Lehrperson klären, welcher Zeitrahmen zur Verfügung steht, in welcher Form Hilfe geleistet wird (z. B. Lehrperson, Hilfekarten, Schülerexperten), wann und wie eine Aufgabe abgeschlossen werden kann (z. B. nach Selbstüberprüfung durch Musterlösung, Partnerabgleich) und wie eine neue Aufgabe ausgewählt wird (z. B. Interesse, Niveau).

Bei dem Einsatz eines Lernstrukturgitters zur Erschließung eines Unterrichtsinhaltes erhält jeder Lernende das vollständige Lernstrukturgitter. Die Selbsteinschätzung der Lernenden und das individuelle Interesse an spezifischen Inhalten spielen bei der Wahl der Aufgaben eine große Rolle. Dabei ist es möglich, dass sich eine lernende Person für andere Aufgaben entscheidet als die Lehrperson möglicherweise vorgeben würde. Hierbei gibt es die Option, dass die Lernenden die Aufgaben völlig frei auswählen können und so die Verantwortung für ihren eigenen Lernprozess übernehmen. Eine weitere Möglichkeit ist, dass die Lehrperson individuell für jeden Schüler bestimmte Aufgaben als verpflichtend mit Bezug auf das jeweils vorliegende Leistungsniveau kennzeichnet. Die Aufgaben und weitere Lernmaterialien können beispielsweise in Schubfächern für die Lernenden bereitgestellt werden.

Beispiel:

Wir entwickeln einen Bestimmungsschlüssel für Tiere des Waldes	Wir entwickeln einen Bestimmungsschlüssel für Pflanzen des Waldes	Alles gleich? (Unterschiede zwischen Laub- und Nadelwald, mögliche Erklärungen)	Konsequenzen der Abholzung von Wäldern für das Leben auf der Erde	**Ein komplexes Nahrungsnetz mit Energiefluss interpretieren**
Ich kann Tiere ordnen (Zusammenfassung in Gruppen und Beschreibung)	Den Baum erkenne ich an seinem Blatt! (Bestimmung von Blättern)	Das Licht im Wald (Vergleich Sommer/Winter mit vorgegebenen Diagrammen)	Der Stoffkreislauf (Austausch von O_2 und CO_2 zwischen Pflanze und Tier)	Mithilfe von Artenbeschreibungen ein Nahrungsnetz entwickeln
Ich kenne die Tiere des Waldes (Zuordnung Beschreibung zum Foto/Präparat)	Welche Pflanzen leben im Wald? (Steckbriefe erstellen)	Ich erkenne die Stockwerke des (Laub-)Waldes	Wie produziert die Pflanze ihre Nahrung? (Abb.-Interpretation zur Fotosynthese)	Produzenten, Konsumenten, Destruenten (Abstrakte Nahrungsketten)
Ich kann Tierspuren zuordnen (Tierspuren-Memo)	Blatt für Blatt (verschiedene Blätter betrachten und vergleichen)	Ich „ermesse" meine Umwelt (Umweltfaktoren mit Geräten messen)	Pflanzen produzieren Stärke (Stärkenachweis in Blättern)	Wer frisst hier eigentlich wen? (Einfache Nahrungskette)
Der Wald unter der Lupe (Betrachtung v. Realobjekten)	Pflanzenpuzzle – Aus welchen Grundorganen besteht eine Pflanze?	Ich erspüre meine Umwelt (multisensorische Wahrnehmung von Umweltfaktoren)	Pflanzen produzieren Sauerstoff (Wasserpestversuch)	Die Welt im Glas (Mini-Ökosystem im Einmachglas anlegen)

Abb. 1.19: Lernstrukturgitter zum Ökosystem Wald

Das Beispiel illustriert eine mögliche Aufarbeitung und Anordnung der Lerngelegenheiten zum „Ökosystem Wald" als Lernstrukturgitter (Abb. 1.19). Um im Hinblick auf inklusive Lerngruppen eine lernzieldifferente Auseinandersetzung zu ermöglichen, wird ein weites Spektrum von Lerngelegenheiten aufgespannt, so dass alle Lernenden entsprechend ihres individuellen Entwicklungsstandes arbeiten können. Um den Lernenden die Orientierung zu erleichtern, haben die Spalten inhaltliche Schwerpunkte (z. B. dritte Spalte Umweltfaktoren), dies ist aber nicht für jedes Lernstrukturgitter erforderlich. Die konkreteste und handlungsorientierteste Lerngelegenheit „Der Wald unter der Lupe" (links unten) bietet die Möglichkeit, sich visuell, haptisch und ggf. olfaktorisch mit dem Lerngegenstand Wald vertraut zu machen und knüpft an das Curriculum der Primarstufe an. Hier – wie auch für viele weitere Lerngelegenheiten – müssen entsprechende Materialien vorbereitet und zur Verfügung gestellt werden (z. B. hier Lupe und Realobjekte wie Nadelholzzapfen, Baumrinde, Blätter, Moos).

Hiervon ausgehend bieten die übrigen Felder Lerngelegenheiten unterschiedlicher Anforderungen von spielerischen Herangehensweisen (Memory), über naturwissenschaftliche Arbeitsweisen (Bestimmung, Nachweisuntersuchung) bis hin zu fachspezifischen Darstellungsformen (Nahrungsnetz). Die komplexeste und abstrakteste Lerngelegenheit bildet die „Interpretation eines komplexen Nahrungsnetzes mit Energiefluss" (oben rechts). Die Lerngelegenheiten können mit entsprechenden Materialien im Wesentlichen im Klassenraum wahrgenommen werden, wobei sich z. B. für die Messung von Umweltfaktoren ein Unterrichtsgang ins Schulumfeld anbietet. Idealerweise werden auch Exkursionen in den Wald eingebunden, um den Lernenden komplexe reale Begegnungen zu ermöglichen.

Tipp:

- Bei der Erstellung von Lernstrukturgittern kann es sehr hilfreich sein, unterschiedliche Expertisen bzw. Perspektiven einzubinden. So können verschiedene fachliche Sichtweisen zusammengetragen werden, wodurch das Repertoire an Aufgaben vergrößert wird und die Lernvoraussetzungen ggf. genauer eingeschätzt werden können. Insbesondere im Hinblick auf das große Potenzial der Lernstrukturgitter für inklusive Lerngelegenheiten bietet sich die Einbindung von Personen mit sonderpädagogischer Expertise an.
- Für die praktische Erstellung im Team eignen sich Karteikarten mit Stichworten zu Inhalten und Aufgaben, die bis zur endgültigen Festlegung frei im Gitter angeordnet bzw. verschoben werden können („begehbare Matrizen"; Sasse 2014).
- Durch das Aufhängen eines vergrößerten Gitters kann den Lernenden das Lernarrangement transparent gemacht werden. Zusätzlich können Namensschilder

kenntlich machen, welche Lernenden zurzeit welche Aufgabe bearbeiten und inwieweit Aufgaben gemeinsam bearbeitet werden. Da die Arbeit mit Lernstrukturgittern eine Lern- und keine Prüfungssituation umfasst, geht mit der Auswahl und Bearbeitung der Aufgaben im Regelfall auch keine Benotung einher. Soll dennoch eine Bewertung vorgenommen werden, so ist dafür eine individuelle Bezugsnorm heranzuziehen, welche sich nur auf die Weiterentwicklung der Fähigkeiten einer Person durch die Arbeit mit dem Lernstrukturgitter bezieht und nicht auf einen Vergleich mit dem Leistungsniveau der Gesamtgruppe.
- Zur Anpassung an die individuellen Voraussetzungen und um Überforderung zu vermeiden, können Lernende auch (zunächst) kleinere oder Teilgitter bearbeiten.
- Insbesondere wenn die Lernenden wenig Erfahrungen mit dieser Methode haben bzw. ihre Kompetenzen nur schwer einschätzen können, ist es sinnvoll, dass die Lehrperson vorgibt, mit welcher Aufgabe die Lernenden beginnen.
- Einmal entwickelte Lernstrukturgitter und Lernmaterialien können in weiteren Lerngruppen eingesetzt und wiederverwendet werden. Dabei sollten die jeweiligen Lernvoraussetzungen berücksichtigt und die Lernstrukturgitter gegebenenfalls angepasst werden.

Literatur

KAUERTZ, ALEXANDER et al. (2010): Standardbezogene Kompetenzmodellierung in den Naturwissenschaften der Sekundarstufe I. ZfDN 16, S. 135–153

KUTZER, REINHARD (1976): Zur Kritik gegenwärtiger Didaktik der Schule für Lernbehinderte – aufgezeigt an den Befunden der empirischen Überprüfung rechendidaktischer Entscheidungen. Marburg/Lahn

MENTHE, JÜRGEN/ HOFFMANN, THOMAS (2015): Inklusiver Chemieunterricht: Chance und Herausforderung. In: RIEGERT, JUDITH / MUSENBERG, OLIVER (Hrsg.): Inklusiver Fachunterricht in der Sekundarstufe. Stuttgart

SASSE, ADA (2014): Unterrichtsvorbereitung und Leistungseinschätzung im Gemeinsamen Unterricht. In: PETERS, SUSANNE / WIDMER-ROCKSTROH, URSULA (Hrsg.): Gemeinsam unterwegs zur inklusiven Schule. Frankfurt am Main, S. 118–137

1.15 Sprachbewusster Biologieunterricht durch Scaffolding

KATJA FEIGENSPAN UND MAGDALENA MICHALAK

Was ist das?

Scaffolding (engl. (Bau-)Gerüst) ist ein didaktisch-methodischer Ansatz, mit dem die Schüler in ihrem Lernprozess durch die Bereitstellung fachlicher und sprachlicher Hilfestellungen systematisch unterstützt werden. Dieses „Gerüst" wird in der Interaktion so lange angeboten, bis die Lernenden fähig sind, eine bestimmte (Teil-)Aufgabe autonom zu bearbeiten.

Wozu ist das gut?

Scaffolding nach GIBBONS (2009) eignet sich insbesondere für die Arbeit in sprachlich heterogenen Klassen, denn der Ansatz erlaubt es, gleichzeitig fachliche Lernziele und inhaltlich angepasste sprachfördernde Elemente (Angebot von Strukturen und Wortschatz, Vermittlung von Strategien usw.) zu berücksichtigen. Durch Anleitungen, Denkanstöße und weitere Hilfen seitens der Lehrkraft oder der Mitschüler in kooperativen Lernformaten werden die vorhandenen fachlichen und sprachlichen Ressourcen der Lernenden genutzt und schrittweise weiter ausgebaut. Das Scaffolding lässt sich für alle Unterrichtseinheiten einsetzen; für den Biologieunterricht eignet es sich z. B. ideal für die systematische Einführung der Schüler in die grundlegende Vorgehensweise und die typischen fachsprachlichen Strukturen des hypothetisch-deduktiven Verfahrens.

Welches sind die Voraussetzungen?

Den Ausgangspunkt bildet das Fachliche, d. h. die Festlegung der fachlichen Lernziele. Diese werden durch die sprachlichen, an das Fachliche angepassten Lernziele vervollständigt, z. B. fachlich: Hypothesen aufstellen, sprachlich: begründete Vermutungen schriftlich formulieren.

Wie geht das?

Scaffolding umfasst vier Phasen (vgl. MICHALAK et al. 2015, KNIFFKA 2015):

1. Bedarfsanalyse: Zuerst werden die fachlichen und fachsprachlichen Anforderungen der Unterrichtseinheit ermittelt. Die Kommunikationssituationen und Texte können mit folgenden Orientierungsfragen analysiert werden:

- Werden Inhalte mündlich vermittelt? Wo liegen Herausforderungen vor?
- Welche Texte (auch Arbeitsanweisungen und Aufgaben) müssen gelesen bzw. geschrieben werden?
- Enthalten die Lesetexte besondere Schwierigkeiten wie verdichtete Schaubilder, komplexe Strukturen, neue Fachtermini usw.?
- Gibt es grammatische Phänomene, die in diesem Kontext gehäuft auftreten?

2. Lernstandsanalyse: Parallel werden die Lernvoraussetzungen im Vergleich mit den fachlichen und sprachlichen Anforderungen der Einheit erfasst.

- Welche sprachlichen Strukturen bringen die Lernenden schon mit? Welche Fachbegriffe, Formulierungen, Textsorten zu dem Thema kennen sie?
- Welche sprachlichen Hilfestellungen brauchen sie für die selbstständige Texterschließung bzw. -produktion?
- Welche (komplexen) sprachlichen Konstruktionen müssen noch thematisiert werden?

3. Unterrichtsplanung: Auf der Basis der vorherigen Analyseschritte wird der Unterricht vom Konkreten zum Abstrakten, von der Alltagssprache zur Bildungssprache geplant. Hierbei hat sich das Scaffoldingschema als grobe Planung sehr bewährt (s. Beispiel, S. 98 f.). Eine Orientierung bieten die Leitfragen:

- Werden das Vorwissen, die Vorerfahrungen und der aktuelle Sprachstand der Lernenden aktiviert?
- Braucht man Zusatzmaterial zur Veranschaulichung?
- Bauen die Lernaufgaben von der konkreten Anschauung zu einer abstrakteren Ebene, vom alltagssprachlichen zu einem kontextreduzierten, fachlich angemessenen Sprachgebrauch aufeinander auf?
- Erhalten die Lernenden ausreichend sprachlichen Input? Werden sie zur metasprachlichen Reflexion (Funktion des Textes, Bedeutung der unpersönlichen Formulierungen für die fachspezifische Denkweise usw.) angeregt?
- Sind kooperative Lern- und Arbeitsformen eingeplant, die intensive diskursive Austauschprozesse ermöglichen?

Die notwendigen Hilfestellungen werden je nach Lernstand ausgewählt, z. B. Vermutung formulieren: mit Adverbien wie *vielleicht, vermutlich* oder mit komplexeren Strukturen: *Es ist anzunehmen, dass….* Die Sprache darf nicht vereinfacht, sondern muss vielmehr angereichert werden, um die fachsprachlichen Kompetenzen der Schüler zu erweitern.

4. Unterrichtsinteraktion: Bei der Unterrichtsdurchführung ist auf bestimmte Prinzipien zu achten wie reicher sprachlicher Input, Wechsel zwischen Mündlichkeit und Schriftlichkeit, vielfältige Sprech- und Schreibanlässe, Rekodierung der Schüleräußerungen, Schüleräußerungen in größere, abstrahierende Zusammenhänge bringen. Folgende Fragen bieten eine Orientierung:

- Wird den Schülern mehr Zeit als sonst zum Planen ihrer Äußerungen gegeben?
- Haben die Lernenden viel Gelegenheit zum Sprechen und Schreiben?
- Ergänzt die Lehrkraft die angemessenen Fachwörter oder Wendungen in der fachlichen Kommunikationssituation?

Beispiel:

Scaffoldingschema für die Unterrichtsplanung zur Frage „Ist der Wasserfloh ein Floh"? – Eine biologische Frage mit einem kriteriengeleiteten Vergleich beantworten (in Anlehnung an Wellnitz/Mayer 2013, S. 321, s. Abb. 1.20, S. 98 f.).

Tipp:

- Eine gute Orientierung für die Festlegung der sprachlichen Lernziele bieten die Lehrpläne, die auf die typischen Kommunikationsformen hinweisen.
- Die Wissensaktivierung am Unterrichtsanfang dient zugleich der sprachlichen Entlastung.
- Es muss nicht jedes Wort verstanden werden. Die Schüler müssen aber Strategien in die Hand bekommen, um die Aufgaben – auch mit unbekanntem Wortschatz – erschließen zu können.
- Sprachliche Unterstützung bezieht sich nicht ausschließlich auf den Wortschatz – in diesem Bereich kann man die Fachbegriffe mithilfe eines deutsch-deutschen Wörterbuchs gemeinsam klären. Die Hilfestellungen schließen ganze Formulierungen (z. B. *eine Hypothese aufstellen*) bzw. Konstruktionen (z. B.: *Verändert man die zu testende Variable, wird vermutlich xy geschehen*) ein.
- Es ist darauf zu achten, dass alle sprachlichen Fertigkeiten (Sprechen, Hörverstehen, Leseverstehen und Schreiben) in der Einheit vorkommen. Insbesondere das Schreiben (kein Abschreiben, sondern Schreiben als Weg zur Durchdringung der Inhalte) darf nicht vernachlässigt werden.

Was ist meine Aufgabe als Lehrer?

Die Aufgabe der Lehrkraft ist es, fehlende sprachliche Brücken zu erkennen und gezielte Sprachhilfestellungen anzubieten. Ausgehend von den fachlichen Inhalten legt sie im Vorfeld das nötige sprachliche Material sowie die (fach-)sprachliche Hinführung fest. In der Durchführung des Unterrichts fungiert die Lehrkraft als der kompetente Sprecher/Sprachbenutzer sowie als Sprachvorbild, das die Aussagen der Schüler aufgreift, angemessen ausformuliert wiederholt (s. korrektives Feedback) und abstrahiert.

Literatur

Gibbons, Pauline (2009): English Learners, Academic Literacy, and Thinking. Learning in the Challenge Zone. Portsmoth

Kniffka, Gabriele (2015): Scaffolding – Möglichkeiten, im Fachunterricht sprachliche Kompetenzen zu vermitteln. In: Michalak, Magdalena / Kuchenreuther, Michaela (Hrsg.): Grundlagen der Sprachdidaktik Deutsch als Zweitsprache. Baltmannsweiler, S. 221–237

Michalak, Magdalena / Lemke, Valerie / Goeke, Marius (2015): Sprache im Fachunterricht: Eine Einführung in Deutsch als Zweitsprache und sprachbewussten Unterricht. Tübingen

Wellnitz, Nicole / Mayer, Jürgen (2013): Erkenntnismethoden in der Biologie – Entwicklung und Evaluation eines Kompetenzmodells, In:ZfDN,19, 2013, S. 315–345

Abb. 1.20 auf S. 98/99: Scaffoldingschema zur Frage „Ist der Wasserfloh ein Floh?" ▶▶▶

Fachliche Aspekte	Sprachliche Aspekte
hin zum Abstrakten	**fachsprachlich und konzeptionell schriftlich**
Vergleich bzw. Korrektur der Protokolle in Gruppenarbeit → gegenseitige Rückmeldung anhand zuvor festgelegter sprachlicher Kriterien (Schreibkonferenz)	
Sicherung der biologischen Untersuchung / des Vergleichs	**Verfassen eines Protokolls** in Gruppenarbeit mit einer vorgegebenen Struktur (Titel, Problemfrage, Hypothese … s. u.) und differenzierten Formulierungshilfen: *mehr als, weder – noch, sich unterscheiden von, mithilfe von einer Pipette, im Vergleich zu* u. ä.
	Mündliche Beschreibung der Untersuchung / des Vergleichs im Plenum; Orientierung an den Bezeichnungen des Versuchsablaufs (Problemfrage, Hypothese(n), Planung, Durchführung, Beobachtung und Deutung)
	Eingehen auf Komposita: Grundwort lässt nicht immer Rückschluss auf die Namenbedeutung zu (z. B. *Löwenzahn, Tintenfisch*)
Auswertung / Rückbezug auf die Hypothesen: Der Wasserfloh ist kein Floh. – SuS erklären den Sachverhalt mit den neu gelernten Fachbegriffen und fachlicher Begründung	
Präsentation des Beobachteten mithilfe der Tabelle und Bild-Wort-Karten	
Beobachtung: Fixierung der beobachteten Gemeinsamkeiten und Unterschiede in einer Tabelle	**Tabelle mit Differenzierungshilfen:** falsche und richtige Antworten zur Auswahl unter der Tabelle
Untersuchungsdurchführung: SuS vergleichen anhand der vorher festgelegten Kriterien den Wasserfloh (Original und Dauerpräparat) mit dem Hundefloh (Dauerpräparat).	

Aufbau und Planung der Untersuchung: Was wird für die Untersuchung benötigt? Wie geht man vor?	**Zusammenstellung des Materials** mit Bild-Wort-Karten (die Petrischale, der Objektträger, die Pipette, das Binokular usw.); Vergleichskriterien mündlich festlegen; die Regeln beim richtigen Umgang mit den Objekten mündlich klären; evtl. Symbole als Hilfe
Untersuchungsplanung: → Vergleichskriterien festlegen → genauer Vergleich der Originale anhand der Kriterien	**Selektives Lesen:** Kurze Texte über Merkmale von Insekten und Krebstieren lesen und daraus mögliche Vergleichskriterien für die Untersuchung ausformulieren
Untersuchungsplanung – Anknüpfung an das Vorwissen: Wie werden Tiere geordnet? → mögliche Merkmale diskutieren (Wie groß ist es? Wie viele Beine hat es? Kann es fliegen? Wo lebt es? …)	**Präzisierung der Kriterien:** Überführung der W-Fragen in fachsprachliche Bezeichnungen: Größe, Körperbau, Lebensraum …
Hypothesenbildung: Der Wasserfloh ist ein Floh, weil er die gleiche Bewegung wie ein (Hunde-)floh macht. / Der Wasserfloh ist kein Floh, weil er nicht so aussieht wie ein (Hunde-)floh.	**Struktur einer Hypothese bewusst machen:** Formulierung einer vermuteten Antwort auf die Fragestellung mit Begründung (weil …).
Aktivierung des fachlichen Vorwissens: Zu welcher Tiergruppe gehört der (Hunde-)floh? → Merkmale von Insekten wiederholen	**Aktivierung des sprachlichen Vorwissens und Vorentlastung:** Mindmap mit Oberbegriffen *Bewegung (springen, hüpfen, schwimmen, fliegen)* und *Körperbau (Rumpf, Kopf, Augen, Antennen, Fühler, Beine, Arme, Flügel …)* an der Tafel erstellen
Problemaufwurf/Fragestellung: Filme über den Hundefloh und den Wasserfloh zeigen; ähnliche hüpfende Bewegung, aber: Ist der Wasserfloh wirklich ein Floh?	**Hinweis auf die Wortbildung:** das Grundwort Floh in beiden Wörtern; **Ausformulierung der Forscherfrage**
vom Konkreten ausgehend	**alltagssprachlich und mündlich**

2 Methoden zum Erkunden, Entdecken, Erfinden und Erarbeiten

2.1 Betrachten und Interpretieren

MARTIN OTTENI

Was ist das?

Beim Betrachten lernen Schüler, Eigenschaften und Merkmale von unbewegten Objekten mit ihren Sinnen (Sehen, Hören, Tasten) bewusst und im Detail zu erfassen (KÖHLER/MEISERT 2012; KILLERMANN u. a. 2016). Können die Ergebnisse des Betrachtens erklärt bzw. gedeutet werden, so wird das als Interpretieren bezeichnet.

Wozu ist das gut?

Das Betrachten ist eine Erkenntnismethode des Biologieunterrichts. So kann beispielsweise die Gestalt eines Lebewesens durch Betrachten und Interpretieren erkannt und beschrieben werden. Mithilfe des genauen Betrachtens werden Informationen aufgenommen. Die ganze Aufmerksamkeit wird der Auseinandersetzung mit einem Objekt gewidmet, lässt deren Strukturen besser erkennen und hebt die Eigenart hervor. Ziel ist eine bewusste, unbeeinflusste Aufnahme von Sachverhalten in Bezug auf einen zu betrachtenden Gegenstand.Das gezielte Betrachten schult neben dem Erkenntnisgewinn die Konzentrationsfähigkeit der Schüler.

Welches sind die Voraussetzungen?

Nützlich ist dabei eine gewisse Freude am Entdecken von kleinen Dingen. In diesem Zusammenhang ist es für die Lerner bedeutsam, längere Zeit an einem Gegenstand zu verweilen. Anfänglich wird es Schülern zumindest teilweise schwerfallen, den zu betrachtenden Gegenstand so zu beschreiben oder zu zeichnen, wie er real wahrgenommen wird. Schon Gewusstes sollte dabei möglichst keinen Einfluss nehmen.

Mit der Einführung der Methode kann schon im Vorschulalter begonnen werden. Als grundlegender Erkenntnisprozess zieht sich das Betrachten durch die gesamte Sek. I und Sek. II.

Sinnvoll wäre es, das Betrachten zunächst in Einzelarbeit durchzuführen, diese jedoch mit Partner- oder Gruppenarbeit zu koppeln, um sich gegenseitig die Ergebnisse vorzustellen und sie zu diskutieren.

Wie geht das?

Phase	Inhalt	Wer/ Sozialform
1. Vorbereiten	■ Geeignetes biologisches Objekt auswählen. ■ Gezielte Frage- oder Problemstellung überlegen. ■ Material bereitstellen.	Lehrer
2. Planen	■ Mit den Schülern gemeinsam überlegen, mit welcher Detailbetrachtung das Problem zu lösen ist.	Klasse
3. Durchführen	■ Die Schüler betrachten einzeln oder gemeinsam. ■ Ergebnisse erfassen (beschreiben, zeichnen, verschriftlichen). ■ Schüler tauschen sich gegenseitig aus.	Partner-/ Gruppenarbeit
4. Auswerten	■ Ergebnisse der Gruppen werden vorgestellt. ■ Gemeinsame Deutung der Ergebnisse. ■ Überprüfen, ob mit der neuen Erkenntnis die Fragestellung bzw. aus dem Problem hervorgegangene Fragen beantwortet/gelöst werden kann, ggf. neue Fragestellung formulieren.	Gruppen/ Klasse/ Lehrer

Beispiel: Als Vorübung zum Bestimmen einheimischer Laub- und Nadelgehölze können Schüler möglichst viele unterschiedliche Blätter sammeln. Werden die Blätter anschließend geordnet, ergeben sich auf der Basis des genauen Betrachtens viele unterschiedliche Ordnungskriterien (Farbe, Größe, Struktur, Blattränder usw., s. auch HAMMANN 2002, 2004). Nach dem Vorstellen erzielter Gruppenergebnisse können einzelne Ordnungskriterien herausgegriffen und weiter vertieft werden. So bietet es sich beispielsweise an, die Blattränder nochmals genauer betrachten und zeichnen oder einfach abpausen zu lassen.

Weiterarbeit:
Man sollte ausgehen von gezielten Aufgabenstellungen mit ausführlichen Anleitungen, die in kurzer Zeit machbar sind. Die Lerner werden damit in die Lage versetzt, die Grundstrukturen des Betrachtens kennenzulernen. Erst anschließend wären ausführlichere, ggf. zunehmend selbstgesteuerte Aufgaben zum Betrachten angebracht.

Bemerkungen:
Besondere Sorgfalt sollte darauf gelegt werden, dass die Ergebnisse, die einerseits durch die Arbeitsweise und andererseits durch Interpretation erzielt wurden, getrennt werden.

Allzu leicht interpretieren wir sofort neu Erfahrenes, um es in unser Weltbild einzubauen. Dabei handelt es sich im Grunde genommen um Hypothesen, die überprüft und diskutiert werden müssen. Dies hat zur Folge, dass ein entsprechender Gegenstand nach einer Hypothesenbildung erneut betrachtet werden muss, um die Hypothese zu überprüfen. Bedeutsam ist dabei die mehrmalige Auseinandersetzung mit dem gleichen Gegenstand, damit die Strukturen möglichst objektiv wahrgenommen werden. Wahrnehmen ist die Überprüfung von Hypothesen (SINGER 2002).

Was ist meine Aufgabe als Lehrer?
Mithilfe des Betrachtens lässt sich der Schülerblick auf interessante Details biologischer Phänomene lenken. Dabei ist es sinnvoll, wenn betrachtete Strukturen mit ihrer Funktion in Verbindung gebracht werden (z. B. verbreiterte Vorderextremität beim Maulwurf, die an das Graben unter der Erde angepasst ist). Damit lassen sich einzelne Erkenntnisse im Gedächtnis vernetzen, und die biologische Denkfähigkeit wird angeregt. Bei geschickter altersgemäßer Auswahl lässt sich damit Interesse an biologischen Problemen und Fragestellungen erzeugen.

Die eigene Begeisterung spielt im Sinne einer Vorbildfunktion dabei eine bedeutsame Rolle.

Literatur

HAMMANN, MARCUS (2002): Kriteriengeleitetes Vergleichen im Biologieunterricht. Innsbruck

HAMMANN, MARCUS (2004): Tiere ordnen – Ein Methodentraining zum kriteriengeleiteten Vergleichen. In: DUIT, REINDERS / GROPENGIESSER, HARALD / STÄUDEL, LUTZ (Hrsg.): Naturwissenschaftliches Arbeiten – Unterricht und Material für die Fächer Biologie, Chemie und Physik. Seelze, S. 38–46

KILLERMANN, WILHELM / HIERING, PETER / STAROSTA, BERNHARD (2016): Biologieunterricht heute. Donauwörth

KÖHLER, KARLHEINZ / MEISERT, ANKE (2012): Welche Erkenntnismethoden sind für den Biologieunterricht relevant? In: SPÖRHASE, ULRIKE (Hrsg.): Biologie-Didaktik. Berlin, S. 130–151

SINGER, WOLF (2002): Neurobiologische Anmerkungen zum Konstruktivismus-Diskurs. In: SINGER, WOLF: Der Beobachter im Gehirn. Essays zur Hirnforschung. Frankfurt/Main, S. 87–111

2.2 Beobachten

MARTIN OTTENI

Was ist das?

Mithilfe des Beobachtens lassen sich Vorgänge und Bewegungen innerhalb einer bestimmten Zeitspanne bewusst erfassen und beschreiben.

Wozu ist das gut?

In der heutigen Lebenswelt nehmen wir durch viele Medien hauptsächlich Sekundärinformationen auf, ziehen daraus unsere Schlüsse und bilden uns darüber eine Meinung. Bedeutsam ist es jedoch auch, selbstständig Informationen in Originalbegegnungen zu erfassen, um daraus eigene Folgerungen zu ziehen. Die Erkenntnisgewinnung aus Originalbegegnungen liefert auch erfahrungsbasiertes Wissen, an dem Sekundärinformationen gemessen werden können. Wenn wir das Beobachten üben, lernen wir, Teile unserer Umwelt bewusster wahrzunehmen: Veränderungen über einen bestimmten Zeitraum werden erkannt bzw. die Eigenart eines beobachteten Objektes kommt deutlicher zum Vorschein.

Das Beobachten gehört in der Biologie zu den grundlegenden Arbeitsweisen. Mit dem Beobachten lassen sich selbstständig Erkenntnisse gewinnen, die Eigenaktivität kann angeregt und die eigene Denkfähigkeit geschult werden.

Mit dem Einüben des Beobachtens im Biologieunterricht lässt sich die Wahrnehmung mit den Sinnen für alle Lebensbereiche schulen. Hierin liegt ein wichtiger Beitrag des Biologieunterrichts zur allgemeinen Bildung.

Welches sind die Voraussetzungen?

Um Beobachtungen durchzuführen, ist es sinnvoll, mit einer geeigneten, interessanten und motivierenden Frage- bzw. Problemstellung an die Schüler heranzutreten. Eine entspannte Unterrichtsatmosphäre mit konzentrationsfähigen Schülern ist wichtig. Eine damit einhergehende bessere Aufnahmefähigkeit von neuen Aspekten führt zu einer intensiveren Auseinandersetzung mit dem zu beobachtenden Objekt. Selbstständiges Arbeiten in Kleingruppen sollte eingeübt sein.

Wie geht das?

Beobachtungsaufgaben setzen sich meist aus unterschiedlichen Beobachtungsschritten zusammen. Die Abfolge erschließt sich den Lernern nicht unbedingt von Anfang an, da eine geleistete Teilbeobachtung vom Gehirn erst verarbeitet werden muss. Vereinfacht gesprochen, formuliert das Gehirn bei diesem Prozess beständig Hypothesen, die es auf die von außen eintreffenden Signale überprüft (WEITZEL 2012). Erst wenn die neue Erkenntnis als solche sondiert und gefestigt vorliegt, auch in Rücksprache mit anderen Personen, ergeben sich darauf basierend weitere Fragen bzw. weitere Beobachtungsschritte lassen sich anknüpfen.

Die Beobachtung stellt die zentrale Arbeitsweise der Verhaltensbiologie dar, dies gilt auch für den schulischen Kontext. Aus schulpraktischer Sicht unterscheidet man Kurzzeitbeobachtungen und Langzeitbeobachtungen.

Phase	**Inhalt**	**Wer/ Sozialform**
1. Vorbereiten	■ Geeignetes Beobachtungsobjekt auswählen. ■ Frage- oder Problemstellung formulieren.	Lehrer
2. Durchführen	■ Erste Begegnung mit dem Objekt, um Neugier und emotionale Reaktionen zu formulieren. ■ Fragestellung mit den Schülern besprechen bzw. erarbeiten und Objektbezug herstellen. ■ Schüler versuchen durch Beobachten, eigenständige Antworten zur Fragestellung zu finden. ■ Ergebnisse werden z. B. durch eine Videokamera, eine Zeichnung oder einen Text festgehalten.	Partner-/ Gruppenarbeit
3. Auswerten	■ Schüler stellen Ergebnisse vor. ■ Ggf. ist es notwendig, weitere Beobachtungsphasen aufgrund erlangter Teilerkenntnisse einzubinden. ■ Im Gespräch wird erarbeitet: Was ist bei den erzielten Ergebnissen reine Beobachtung? Was davon ist Interpretation? ■ Ergebnisse aus den Gruppen aufeinander abstimmen. ■ Deuten der Ergebnisse (Betrachtung des Gesamtzusammenhangs).	Schüler-/ Lehrer-Interaktion

Kurzzeitbeobachtungen:

- Fortbewegung eines Fisches im Wasser: Zeichnen der Fortbewegung, Wie kommt es zu der Vorwärtsbewegung?
- Fortbewegung von Dromedar, Pferd, Stabwanzen: Welche Beinbewegungen werden dabei ausgeführt?
- Kriechen der Weinbergschnecke auf einer Glasplatte

Langzeitbeobachtungen:

- Mehlkäferentwicklung vom Ei zum adulten Käfer: Beobachtung der einzelnen Entwicklungsstadien, Beobachtung der Verwandlung beim Übergang von der Larve zur Puppe, Beobachtung des Schlüpfvorganges

Am Beispiel „Fortbewegung des Wasserflohs" werden einzelne Beobachtungsschritte dargestellt.

Beispiel: Wie bewegt sich der Wasserfloh durch das Wasser?

Material: Becherglas mit Wasserflöhen (Daphnia spec.; erhältlich im Aquariengeschäft), schwarzer Karton, Papier, Bleistift, Radiergummi

Wasserflöhe orientieren sich normalerweise zum Licht hin. Um dies beobachten zu können, dunkelt man ein Becherglas mit Wasserflöhen mit schwarzem Karton oder anderen Gegenständen für ein paar Minuten ab. Nach Entfernen der Abdunkelung lässt man von oben eine nicht zu starke Lichtquelle in das Becherglas einfallen. Die Wasserflöhe, die sich zumeist im unteren Bereich des Becherglases oder am Boden aufhalten, bewegen sich nun nach oben zur Lichtquelle. Dabei kann ihre Fortbewegungsweise beobachtet werden (weitere Möglichkeiten s. auch MÜLLER 1977).

Im Folgenden werden Schritte dargestellt, mithilfe derer die Fortbewegungsweise von Wasserflöhen beobachtet und deren Ergebnisse interpretiert werden können:

1. Erste Annäherung: Mache dich mit den Lebewesen vertraut.
2. Beobachte die Fortbewegung eines Wasserflohs durch das Wasser. Versuche, die Bewegung mit Bleistift festzuhalten. (Variante a: aus vorgegebenen Skizzen eine Möglichkeit auswählen lassen, die auf die beobachtete Bewegung am besten passt, s. Abb. u.)

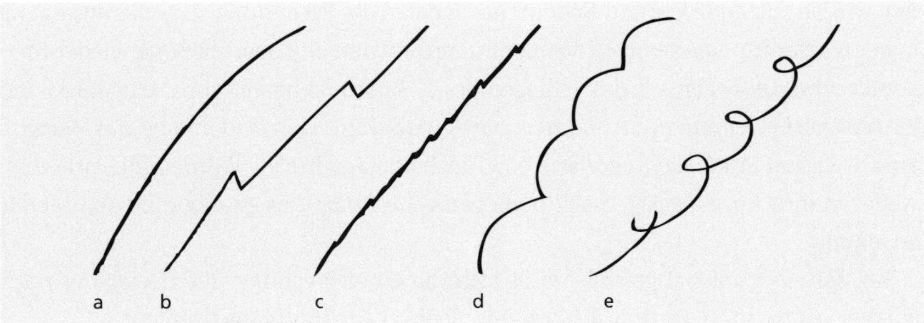

Abb. 2.1: Beobachtungsaufgabe Fortbewegung des Wasserflohs im Wasser – mögliche Vorschläge

3. Versuche mit Worten zu beschreiben, wie sich der Wasserfloh durch das Wasser bewegt. (Variante b: verbale Vorgaben, wobei die treffendste Formulierung ausgewählt werden soll, s. Kasten)

- Schwimmt ohne Unterbrechung in leichtem Bogen nach oben.
- Bewegt sich Purzelbaum schlagend nach oben.
- Bewegt sich ruckartig, manchmal in leichtem Bogen nach oben.
- Schwimmt ein Stück, hält inne, lässt sich etwas absinken, schwimmt wieder ein Stück...
- Bewegt sich in kurzen Etappen nach oben, wobei die Bewegung immer wieder rhythmisch unterbrochen wird.

4. Kannst du dir vorstellen, warum der Wasserfloh durch seinen Namen mit einem „Floh“ verglichen wird? (Anknüpfung an die ruckartige Fortbewegung)
5. Beobachte, mit welchen Körperteilen der Wasserfloh diese Bewegung erzeugt. (Die Aufmerksamkeit wird direkt auf den Wasserfloh gerichtet, um zu beobachten, mit welchen Körperteilen er diese Bewegung erzeugt. Dieser Schritt dient der Vorbereitung von Schritt 6, der Entstehung der unterbrochenen Bewegung.)
6. Beobachte den Wasserfloh während seiner Bewegung genauer: Er bewegt sich ein kleines Stück vorwärts oder nach oben, hält kurz inne, bewegt sich wieder ein kleines Stück, hält wieder kurz inne usw.

Bei dem letzten Beobachtungsschritt geht es darum, die Wahrnehmung der ruckartigen Bewegung zu präzisieren und zu erkennen, wie sie zustande kommt. Mit dieser Beobachtung, die direkt auf die Bewegungsweise des 2. Antennenpaares des Wasserflohs (s. Abb. 2.2) abzielt, eröffnet sich dem Beobachter die Möglichkeit, die erste Beobachtung, das „ruckartige Bewegen“, zu reflektieren und selbstständig zu erkennen, wie sie zustande kommt. Bedeutend ist dabei die Erkenntnis, dass die Bewegung immer wieder für einen kurzen Moment unterbrochen und anschließend wieder fortgesetzt wird. Dieses ist auf das Schlagen des 2. Antennenpaares zurückzuführen. Bei der Abwärtsbewegung des Antennenpaares wird durch den Widerstand des Wassers der Körper ein Stück weit vorwärts bzw. nach oben gedrückt. Werden die Antennen wieder in ihre Ausgangslage nach oben gebracht, kommt es zu einer Stagnation der Bewegung.

An diesem Punkt angelangt, lässt sich die Unterbrechung der Bewegung noch genauer beobachten. Dazu wäre folgende Beobachtungsaufgabe geeignet:

7. Suche dir einen Wasserfloh im Becherglas, der seine Antennen gerade nicht bewegt. (Dies kann man erreichen, wenn die von oben einfallende Lichtquelle abgeschaltet wird.) Was stellst du fest?

Bewegen sich Wasserflöhe nicht, sinken sie nach unten Richtung Boden. Schlägt ein Wasserfloh seine Antennen in langsamer Folge, kann man beobachten, dass er beim Aufwärtsschlagen seiner Antennen in seiner Bewegung stagniert. Aufgrund des größeren spezifischen Gewichts gegenüber Wasser sinkt er zudem leicht ab.

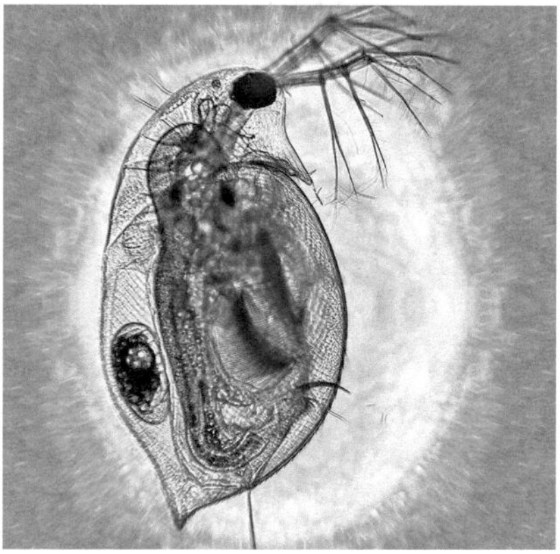

Foto: Fotolia / potentilla

Abb. 2.2: Wasserfloh

Weiterarbeit:
Beginnen Sie mit kleinen, zeitlich überschaubaren und klar umrissenen Beobachtungsaufgaben, die an konkrete Fragestellungen anknüpfen. Mit zunehmender Einübung der Methode können Zeit und Umfang der Beobachtungsaufgaben gesteigert werden. Ein weiterführendes Ziel wäre es, zusammen mit den Schülern Fragestellungen zu entwickeln, deren Antworten sich aus Beobachtungen erschließen lassen.

Dem Festhalten erzielter Beobachtungen kommt eine große Bedeutung zu. Werden die Beobachtungen in Texten dargestellt, können die Schüler sukzessive animiert werden, ihre verwendeten Formulierungen zu präzisieren und somit den Aussagegehalt zu erhöhen.

Variationen:
Die erste Begegnung mit den Objekten kann bei Schülern Begeisterung und Faszination auslösen. Objektive Beobachtungen könnten vorerst nicht möglich sein. Lassen Sie den Schülern etwas Zeit, ganzheitliche Erfahrungen zu machen (u. a. Staunen über das Objekt), und steigen Sie erst anschließend in die Beobachtungsphase ein.

Tipp: Ziel sollte es sein, Schüler individuell nach deren Möglichkeiten zu fördern. Die Konzeption von Beobachtungsaufgaben mit unterschiedlichem Schwierigkeitsgrad bietet eine Möglichkeit einer schülerorientierten Entwicklung in Form einer individuellen Förderung.

Was ist meine Aufgabe als Lehrer?

Ziel sollte es sein, Schüler schrittweise, nach individuellem Entwicklungsstand, zum selbstständigen Beobachten hinzuführen. Im Prozess des Erkenntnisgewinns ist es dabei unabdingbar, Schülern den Unterschied zwischen Beobachtung und Deutung plausibel darzustellen und deren Umsetzung im Sinne des Erkenntnisgewinns zu fördern. Durch ein mehrmaliges Beobachten des gleichen Sachverhalts kann das erzielte Ergebnis individuell verfeinert werden und damit zu einem Verständnis der Arbeitsweise führen.

Literatur

Müller, Marliese (1977): Experimente mit Kleinkrebsen. Köln

Weitzel, Holger (2012): Welche Bedeutung haben vorunterrichtliche Vorstellungen für das Lernen? In: Spörhase, Ulrike (Hrsg.): Biologie-Didaktik. Praxishandbuch für die Sekundarstufe I und II. Berlin, S. 62–81

2.3 Untersuchen

Martin Otteni

Was ist das?

Mit dem Vorgang des Untersuchens werden einzelne Strukturen, aber auch die Funktion von Objekten erfasst. Dabei kommen unterschiedliche Hilfsmittel zum Einsatz, wobei mit diesen in das Objekt eingegriffen wird, um innere Zusammenhänge aufzuzeigen (Gropengiesser u. a. 2013, Köhler/Meisert 2012).

Wozu ist das gut?

Jeder kennt den umgangssprachlichen Begriff Untersuchung, z. B. beim Arzt oder in einem Kriminalfall. Bei biologischen Untersuchungen lernen Schüler unter Einsatz von unterschiedlichen Geräten z. B. den inneren Bau eines Körpers oder Organs kennen. Dabei erkennen sie funktionelle Zusammenhänge. Durch den Einsatz der Hilfsmittel fördert diese Arbeitsweise zudem die psychomotorischen Fähigkeiten der Schüler. Das Untersuchen weist weit über das reine Betrachten und Beobachten hinaus, da biologische Sachverhalte auch von ihrer inneren Struktur erschlossen werden können. Häufige Formen des Untersuchens sind das Sezieren und das Präparieren (Gropengiesser u. a. 2013).

Welches sind die Voraussetzungen?

Zum Untersuchen werden unterschiedliche Hilfsmittel benötigt. Das können Pinzette, Schere, Präpariernadel usw. sein. Auch Lupe und Mikroskop können zum Einsatz kommen. Der sichere Umgang mit den Geräten sollte vorher geübt werden. Erst der routinemäßige Umgang mit den Hilfsmitteln gibt den Schülern die Möglichkeit, sich voll und ganz auf die zu erlernende Arbeitsweise einzulassen.

Wie geht das?

Phase	Inhalt	Wer/ Sozialform
1. Vorbereiten	■ Auswählen eines für die Klassenstufe geeigneten Objektes. ■ Schüler bringen ihr Wissen vorab ein. ■ Festlegen einer sinnstiftenden Fragestellung bzw. eines auftretenden Problems. ■ Alle Materialien bereitstellen, die für die Untersuchung benötigt werden. ■ Ggf. ist eine inhaltliche Einführung in das Objekt notwendig. ■ Detaillierte Arbeitsanweisung altersgemäß ausarbeiten.	Lehrer
2. Durchführen	■ Arbeitsanweisung vor der Untersuchung sorgfältig durchlesen. ■ Durchführung der einzelnen Untersuchungsschritte. ■ Ergebnisse festhalten (schriftlich, zeichnerisch, Tabelle usw.)	Einzel-/ Partner- oder Gruppenarbeit
3. Auswerten	■ Ergebnisse miteinander vergleichen. ■ Im Unterrichtsgespräch unterschiedlich ausfallende Ergebnisse gegeneinander abwägen. ■ Mithilfe von zu findenden Gedankenketten sinnvolle Lösung herausarbeiten.	Lehrer-Schüler-Interaktion

Beispiel: Das Untersuchen von Pflanzen bietet den Vorteil, dass sie meist einfach zu besorgen und zu handhaben sind. Weiterhin lassen sie sich oft mit wenig technischem Aufwand bearbeiten.

Aufbau einer Blüte

Um z. B. den Bau einer Kirschblüte kennenzulernen, kann ein Originalobjekt zerlegt werden. Die Vorgehensweise kann als Arbeitsauftrag schriftlich erfolgen: einzelne Blütenteile von außen nach innen abzupfen, gleiche Blütenteile zusammen gruppieren, Anzahl feststellen, die Blütenteile geordnet auf ein Blatt aufkleben. In Einzelarbeit erschließen sich die Schüler vorerst den strukturellen Aufbau. Nach dem Vergleichen der erzielten Ergebnisse kann in einem Unterrichtsgespräch die Benennung sowie die Erschließung der Funktion der Teile erfolgen. Geeignete Beispiele sind die Untersuchungen des Herzens (SPÖRHASE-EICHMANN 2005), der Regenwürmer (PETERS/WALLDORF 1986) und des Auges (GROPENGIESSER 1997).

Weiterarbeit:
Untersuchungen lassen sich auch in anderen Zusammenhängen durchführen. So lassen sich z. B. durch ökologische Untersuchungen tiefere Erkenntnisse zu bestimmten Lebensräumen oder Lebensgemeinschaften erlangen. Mithilfe von Messungen (Temperatur, pH-Wert, Sauerstoffgehalt, Luftfeuchtigkeit usw.) und dem Erfassen von Häufigkeiten können Aussagen zu abiotischen und biotischen Faktoren getroffen werden. Weiterhin lassen sich auch in höheren Klassen Untersuchungen zu unterschiedlichen Umweltthemen durchführen.

Bemerkungen:
Als Einstieg ins Untersuchen scheint es sinnvoll, erst mit pflanzlichen Materialien (Blüten, Früchte, Samen) zu beginnen. Vertraute tierische Produkte (Hühnerei) oder Innereien (Herz oder Auge) finden ebenfalls Akzeptanz bei Schülern. Größere Schwierigkeiten dürften bei der Untersuchung von Tieren auftreten (s. GROPENGIESSER/GROPENGIESSER 1985). Sinnvoll wäre eine Auswahl von Modellpräparaten, die gut untersucht werden können und wenig Ekel erzeugen. Plausible Begründungen bei Untersuchungen von tierischen Lebewesen führen ebenfalls zu einer Akzeptanz bei Schülern (z. B. natürlicher Totenfall durch begrenzte Lebenszeit von Insekten wie Schmetterlingen und Honigbienen). Sind Schüler jedoch nicht in der Lage, ihren Ekel zu überwinden, sollte kein Zwang ausgeübt werden. Mit alternativen Möglichkeiten wie dem Führen eines Protokolls oder dem Erstellen einer Skizze lassen sich Schüler ebenso in Untersuchungen einbinden.

Was ist meine Aufgabe als Lehrer?
Das Untersuchen sollte vor allem beim Sezieren behutsam eingeführt werden, damit Schüler sich innerlich darauf vorbereiten können. Hierbei gilt es, emotionale Schranken zu überwinden und die Notwendigkeit der naturwissenschaftlichen Erkenntnisgewinnung in den Vordergrund zu stellen.

Durch den Einsatz von unterschiedlichen Hilfsmitteln können die motorischen Fähigkeiten der Schüler verbessert und somit die Untersuchungskompetenz insgesamt gefördert werden.

Literatur

GROPENGIESSER, HARALD (1997): Schülervorstellungen zum Sehen. ZfDN 3, H. 1, 71–87

GROPENGIESSER, HARALD / GROPENGIESSER, ILKA (1985): Ekel im Biologieunterricht. UB 9, Heft 106, S. 40–42

GROPENGIESSER, HARALD / HARMS / KATTMANN, ULRICH (Hrsg.) (2013): Fachdidaktik Biologie. Köln

KÖHLER, KARLHEINZ / MEISERT, ANKE (2012): Welche Erkenntnismethoden sind für den Biologieunterricht relevant? In: SPÖRHASE, ULRIKE (Hrsg.): Biologie-Didaktik.Praxishandbuch für die Sekundarstufe I und II. Berlin, S. 130–151

PETERS, WERNER / WALLDORF, VOLKER (1986): Der Regenwurm – Lumbricus terrestris L. Heidelberg/Wiesbaden

SPÖRHASE-EICHMANN (2005): Versuche zum Herzen. In: Herz und Kreislauf. UB 29, Heft 302, S. 25–29

STAECK, LOTHAR (1995): Zeitgemäßer Biologieunterricht. Berlin

WEITZEL, HOLGER (2012): Welche Bedeutung haben vorunterrichtliche Vorstellungen für das Lernen? In: SPÖRHASE, ULRIKE (Hrsg.): Biologie-Didaktik. Praxishandbuch für die Sekundarstufe I und II. Berlin, S. 62–81

2.4 Kriteriengeleitetes Vergleichen

MARCUS HAMMANN

Was ist das?

Der Vergleich ist eine wesentliche Erkenntnismethode der Biologie. Definiert wird der Vergleich als eine dreistellige Relation, bei der mindestens zwei Vergleichsobjekte über ein Vergleichskriterium zueinander in Beziehung gesetzt werden (JANICH/WEINGARTEN 1999). Die Wahl des Vergleichskriteriums ist entscheidend für das Vergleichsergebnis. Werden beispielsweise die drei Wirbeltiere Delphin, Hai und Wolf verglichen, so ist es möglich, je nach Wahl des Vergleichskriteriums, unterschiedliche Vergleichsergebnisse zu erzielen. Verwendet man ein ökologisches Kriterium, z. B. die Angepasstheit an den Lebensraum, dann treten die Ähnlichkeiten zwischen Delphin und Hai bezüglich der Stromlinienform hervor. Soll hingegen Verwandtschaft ermittelt werden, so müssen andere Merkmale verglichen werden, beispielsweise der Besitz von Milchdrüsen. So können nun andere Ähnlichkeiten beleuchtet werden, und zwar zwischen Delphin und Wolf. Ähnlichkeiten und Unterschiede müssen in der Biologie also immer hinsichtlich eines bestimmten Kriteriums spezifiziert werden, ansonsten sind diese Begriffe vage und irreführend. Wie wichtig es ist, Ähnlichkeiten und Unterschiede zwischen Organismen hinsichtlich explizit gewählter Kriterien aufzuklären, zeigen schon die Homologiekriterien. Sie werden verwendet, um zwischen homologen und analogen Merkmalen zu unterscheiden. Allgemeiner formuliert, bestehen zwischen Vergleichsobjekten aus erkenntnistheoretischer Sicht unendlich viele Ähnlichkeiten und Unterschiede, deren Auswahl durch die Festlegung des Vergleichskriteriums gesteuert wird. Dieses wird wiederum verwendet, um die Fragestellung des Vergleichs zu beantworten.

Nach EICHBERG (1972) besitzt der Vergleich die folgenden Vergleichsmomente:

a) Anstoß zum Vergleichen: Hierbei handelt es sich um eine Frage, ein Problem oder eine Hypothese, die den Vergleich auslöst.
b) Vergleichskriterien: Ohne Kriterien kann ein Vergleich nicht durchgeführt werden. Je nach Schwierigkeitsgrad des Vergleichs können die Vergleichskriterien vorgegeben oder durch Analyse der Vergleichsobjekte gewonnen werden. Es müssen aussagekräftige Kriterien gewählt werden, anhand derer die Fragestellung des Vergleichs beantwortet werden kann.
c) Vergleichsobjekte: Hierbei handelt es sich um die zu vergleichenden Gegenstände und Objekte – in der Biologie zumeist Organismen oder Teile von diesen.
d) Vergleichsergebnis: Das Vergleichsergebnis besteht in der Antwort auf die Frage, die den Vergleich auslöste. Wichtig ist, dass nicht lediglich Ähnlichkeiten und Unterschiede aufgezählt, sondern dass sie erläutert werden. Dabei müssen diese ausgewählt, geordnet, bewertet, gegeneinander abgewogen und zugeordnet werden.

Wozu ist das gut?

Vergleiche werden im Biologieunterricht zu unterschiedlichen Zwecken eingesetzt. Als Unterrichtsmethode fördert der Vergleich gegenüber einem monographischen Ansatz generell die Lernwirksamkeit des Unterrichts und lässt Unterschiede deutlich hervortreten. Dadurch wird das genaue Erfassen von Merkmalen der Vergleichsobjekte unterstützt (STURM 1975, STEFAN-BRAMEYER 1975). Der Vergleich ist weiterhin ein wichtiges Mittel der Begriffsbildung (SULA 1968) und der Gewinnung von „Einsichten in Gesetzmäßigkeiten, die sich am Einzelobjekt nicht gewinnen lassen" (OSCHE 1975). Als Erkenntnismethode dient der Vergleich ganz prinzipiell der Beantwortung von Fragestellungen. Um den Vergleich im Sinne von EICHBERG (1972) als Erkenntnismethode zu nutzen, sollten problemorientierte Vergleichsanlässe formuliert werden.

Wie geht das?

Anhand des Themas „Tiere ordnen" können Lernende Einblicke in die Methode des kriteriengeleiteten Vergleichens gewinnen (HAMMANN 2004). Die Lernenden …

- verwenden bewusst Kriterien beim Vergleichen und bilden Klassifikationssysteme, deren Gruppen auf ein einziges übergeordnetes Kriterium bezogen werden, beispielsweise auf den Lebensraum.

- wählen Ausprägungen eines Kriteriums derart, dass Gruppengrenzen eindeutig definiert werden können und
- erkennen die Abhängigkeit des Vergleichsergebnisses vom -kriterium.

1. Vorbereiten:
Geeignet sind prinzipiell zwei Typen von Aufgabenstellungen:
- offene Klassifikationsaufgaben und
- Zuordnungs- bzw. Aussonderungsaufgaben.

Besonders gut geeignet sind offene Klassifikationsaufgaben, die das freie Ordnen erfordern. Sie ermöglichen individuelle Aufgabenlösungen. Hierbei erhalten die Lernenden ein Blatt Papier mit Organismen (farbige Bilder), die auf mindestens zwei verschiedene Weisen anzuordnen sind, sodass zwei Klassifikationssysteme entstehen. Ein Klassifikationssystem besteht aus allen abgebildeten Organismen, die in verschiedene Gruppen eingeteilt wurden. Die Lernenden werden aufgefordert, den Gruppen beschreibende Namen zu geben, sodass die gruppenbildenden Kriterien ersichtlich werden. Den Lernenden wird weiterhin mitgeteilt, dass es möglich ist, Gruppen zu bilden, die nur aus einem Organismus bestehen.

Alternativ zu offenen Klassifikationsaufgaben sind Zuordnungs- bzw. Aussonderungsaufgaben möglich. Bei Zuordnungsaufgaben steht das Wissen über definierende Merkmale im Vordergrund. Die Lernenden werden mit Organismen konfrontiert, die beispielsweise auf Kärtchen fotokopiert wurden. Sie müssen entscheiden, welche Organismen Vertreter bestimmter vorgegebener Gruppen sind. Bei Aussonderungsaufgaben erhalten die Lernenden farbige Abbildungen von Gruppen mit z. B. drei Organismen. Sie müssen begründete Entscheidungen darüber treffen, welcher Organismus nicht zu den anderen passt. Selbstverständlich muss auch bei dieser Entscheidung das Vergleichskriterium explizit angegeben werden.

2. Durchführen:
Die Lernenden bearbeiten die Aufgabe des freien Ordnens von Organismen (in unterschiedlichen Sozialformen) und wählen die Vergleichskriterien selbstständig.

3. Auswerten:
Bei der anschließenden Darstellung und Diskussion der verschiedenen Klassifikationssysteme wird deutlich, ob die Lernenden kriterienstet verglichen und geordnet haben. Ein kriterienstetes Klassifikationssystem erkennt man daran, dass alle Gruppen eines Klassifikationssystems auf ein übergeordnetes Kriterium, z. B. den Lebensraum, bezogen wurden.

Erfahrungsgemäß gehen Lernende mit Kriterien unsystematisch um und wechseln innerhalb eines Klassifikationssystems häufig die Kriterien.

Ein authentisches Beispiel für ein kriterienunstetes Klassifikationssystem ist eines, das die folgenden Gruppen enthält: Insekten, wechselwarme Tiere, Vögel, Fische, Wirbeltiere und Tiere mit verstärkten Sinnesorganen (HAMMANN 2004). Werden die Gruppen derart gebildet, entsteht ein weiteres Problem, das man thematisieren sollte: Innerhalb des Klassifikationssystems werden die Gruppengrenzen nicht eindeutig definiert. Die zu vergleichenden Arten von Fischen und Vögeln gehören einerseits diesen Klassen an, andererseits aber auch den Wirbeltieren.

Damit lassen sie sich doppelt zuordnen. Dies widerspricht dem Grundsatz der Eindeutigkeit von Klassifikationssystemen.

4. Vertiefung:
Eine weitere Möglichkeit, mit der die Lernenden im gleichen Themenkomplex an das kriteriengeleitete Vergleichen herangeführt werden können, sind Aufgaben zum advokatorischen (stellvertretenden) Lernen aus Fehlern.

Sie erfordern die Diagnose von Fehlern in Klassifikationssystemen. Besonders deutlich wird den Lernenden die Abhängigkeit des Vergleichsergebnisses von der Wahl des Vergleichskriteriums bei folgendem Vorgehen: Stellt man die zu ordnenden Organismen jedem Lernenden zwei Mal zur Verfügung, können diese ausgeschnitten und nach den Kriterien des Lebensraums und der Verwandtschaft gruppiert werden. So lässt sich diskutieren, welche Organismen verwandt sind, aber unterschiedliche Lebensräume bewohnen.

Beispiel: Vergleiche Hecht und Karpfen und erläutere Ähnlichkeiten und Unterschiede hinsichtlich ihres Lebensraums und ihrer Lebensweise.

Bei diesem Vergleichsauftrag müssen Ähnlichkeiten und Unterschiede nicht lediglich beschrieben, sondern erläutert werden. Bei der Bearbeitung des Vergleichs kommt Wissen über die Lebensweise und den Lebensraum der beiden Fische, die den unterschiedlichen Gruppen der Friedfische und Raubfische angehören, zur Anwendung und es müssen Merkmalsmuster erkannt und erläutert werden.

Literatur

EICHBERG, EKKEHARD (1972): Über das Vergleichen im Unterricht. Hannover

HAMMANN, MARCUS (2002): Kriteriengeleitetes Vergleichen im Biologieunterricht. Innsbruck

HAMMANN, MARCUS (2004): Tiere ordnen – Ein Methodentraining zum kriteriengeleiteten Vergleichen. In: DUIT, REINDERS / GROPENGIESSER, HARALD / STÄUDEL, LUTZ (Hrsg.): Naturwissenschaftliches Arbeiten – Unterricht und Material für die Fächer Biologie, Chemie und Physik. Seelze, S. 38–46

JANICH, PETER / WEINGARTEN, MICHAEL (1999): Wissenschaftstheorie der Biologie. München

KATTMANN, ULRICH (2007): Ordnen & Bestimmen: Einheiten in der Vielfalt. Unterricht Biologie Kompakt 31. Jahrgang Heft 323

OSCHE, GÜNTHER (1975): Die Vergleichende Biologie und die Beherrschung der Mannigfaltigkeit. Biologie in unserer Zeit 5, Heft 5, S. 139–146

STEPHAN-BRAMEYER, BEATRIX (1985): Die „Beobachtung" im Biologieunterricht der Sekundarstufe I: Empirische Untersuchung zur Effektivität vergleichender und monographischer Verfahren. Dissertation. Bonn

STURM, HELMUT (1975): Der Vergleich im Naturkundeunterricht – seine Eigenart und seine Grenzen. Zeitschrift für Naturlehre und Naturkunde 15, Heft 1, S. 18–26

SULA, JOSEF (1968): Das Vergleichen und seine Bedeutung für die Bildung elementarer biologischer Begriffe. Biologie im Unterricht. 3, Heft 3, S. 21–39

2.5 Experimentieren

MARCUS HAMMANN

Was ist das?

Als wesentliche Erkenntnismethode der Biologie wird das Experiment allgemein definiert als eine Frage an die Natur. Genauer gesagt, werden beim Experimentieren nicht nur Fragen formuliert, sondern auch begründete Vermutungen über Ursache-Wirkungs-Beziehungen, die anschließend durch systematische Variation und Kontrolle von Variablen überprüft werden. Im Unterschied zur Beobachtung greift der Experimentator dabei aktiv in die Natur ein (PUTHZ 1988). Für die Definition eines Experiments ist also ausschlaggebend, dass bei einem Experimentalansatz die Testvariable variiert wird. Alle anderen Variablen werden gegenüber dem Kontrollansatz konstant gehalten. Durch den Vergleich zwischen Kontrollansatz und Experimentalansatz können Schlussfolgerungen über die Wirkungen der Testvariable gezogen und Hypothesen geprüft werden. Ziel eines Experiments ist die Gewinnung transsubjektiver (beobachterunabhängiger), universell geltender und reproduzierbarer Aussagen über Hypothesen (JANICH/WEINGARTEN 1999).

Wozu ist das gut?

Experimente werden häufig im Biologieunterricht eingesetzt, um biologische Phänomene zu veranschaulichen und diese konkret erfahrbar zu machen. Diesen Zwecken dienen beispielsweise einführende Demonstrationsexperimente und illustrierende Bestätigungsexperimente. Diese sind durchaus sinnvoll. Sie motivieren und veranschaulichen wichtige biologische Phänomene, die ohne Experimente abstrakt bleiben würden. Neben ihrer Funktion der Veranschaulichung sind Experimente aber primär ein Mittel der Erkenntnisgewinnung.

Im Biologieunterricht sollte daher problemorientiert experimentiert werden, um die Schülerinnen und Schüler an die Methode des Experimentierens heranzuführen

(KRÜGER/MAYER 2006). Dabei steht die spezifische Art und Weise des Vorgehens beim experimentellen Erkenntnisgewinn im Vordergrund und nicht das mechanische Abarbeiten von Experimentieranleitungen (RIEMEIER 2004, GROPENGIESSER/KRÜGER 2004). So wird im Englischen treffend zwischen „Minds-on"- und „Hands-on"-Experimenten unterschieden.

In einem zeitgemäßen Biologieunterricht verstehen die Lernenden die Vorgehensweisen beim Experimentieren, erhalten Einblicke in den naturwissenschaftlichen Erkenntnisweg und erwerben methodisches Wissen über die drei wichtigen Kompetenzen der Hypothesenbildung, Experimentplanung und Datenanalyse (HAMMANN 2004).

Wie geht das?

Hypothesenbildung

Um die Hypothesenbildung zu fördern, müssen die Lernenden vor dem Experimentieren aufgefordert werden, über Ursache-Wirkungs-Beziehungen nachzudenken, und begründete Vorhersagen zu treffen. Dies kann im Unterricht auf unterschiedliche Art und Weise geschehen.

Eine Möglichkeit wurde mit dem POE-Schema beschrieben (WHITE/GUNSTONE 1992). Das Akronym POE steht für „prediction – observation – explanation". Es bedeutet, dass man vor der Durchführung eines Experiments eine Vorhersage über den Ablauf des Experiments trifft. Anschließend wird das Experiment durchgeführt, genau beobachtet und die erzielten Ergebnisse werden beschrieben. Dann werden die Ergebnisse mit der eingangs formulierten Vorhersage verglichen, um festzustellen, ob diese zutreffend oder unzutreffend ist. Die Lehrkraft sollte bei der Anwendung des POE-Schemas beachten, dass die Lernenden ihre Vorhersagen begründen, denn erst die Begründung macht die Vorhersage zu einer Hypothese. Aus erkenntnistheoretischer Perspektive sind Hypothesen nämlich Vorhersagen über Ursache-Wirkungs-Beziehungen. Diese müssen die Lernenden explizit benennen, wenn sie aufgefordert werden, ihre Vorhersagen zu begründen.

POE-Schema

Das POE-Schema beinhaltet die folgenden Schritte:

Vor dem Experiment:

a) Triff eine (schriftliche) Vorhersage über das zu erklärende biologische Phänomen.
b) Begründe deine Vorhersage.

Nach der Durchführung des Experiments:

c) Beschreibe deine Beobachtung.

d) Vergleiche deine Beobachtung mit deiner Vorhersage.

Anschließend erfolgt eine Diskussion der Ergebnisse des Experiments und deren Relevanz.

Der Unterschied zwischen einer Vorhersage und einer Hypothese ist wesentlich für das POE-Schema und kann anhand eines einfachen Experiments mit Hefe illustriert werden. Bei diesem werden zwei Erlenmeyerkolben mit Hefesuspension gefüllt. Die eine Suspension enthält Mehl, die andere nicht. Beide Erlenmeyerkolben werden mit einem Luftballon verschlossen. Eine Vorhersage würde lauten: „Der Luftballon, den wir über einen Erlenmeyerkolben mit einer Hefe- und Mehlsuspension gezogen haben, wird aufgeblasen, der andere nicht“. Hieraus wird eine Hypothese, wenn begründet wird, warum dies geschieht, beispielsweise durch den Zusatz, dass die Hefezellen das Mehl als Energiequelle nutzen, spalten und dabei Kohlenstoffdioxid bilden. Weitere Anwendungen des POE-Schemas wurden für Experimente zum Wassertransport in Pflanzen (RIEMEIER 2004) und zur Lichtabhängigkeit der Photosynthese (GANSER u.a 2009) beschrieben.

Experimentplanung
Lernende besitzen Vorstellungen über Ziele und Vorgehensweisen beim Experimentieren, die von den naturwissenschaftlichen Vorstellungen abweichen. Insbesondere neigen sie dazu, Effekte zu erzielen, anstatt Ursache-Wirkungs-Beziehungen zu erklären. Hieraus resultieren das Fehlen eines Kontrollansatzes und der unsystematische Umgang mit Variablen. Dieses sind typische Kennzeichen nicht-aussagekräftiger Experimente, die Lernende planen, wenn sie noch keine methodische Schulung des Experimentierens erhalten haben (HAMMANN 2006).

Variablenkontrollstrategie
Diese Strategie kennzeichnet die Planung unkonfundierter (aussagekräftiger) Experimente. Sie beschreibt, dass in einem Experimentalansatz nur die Testvariable verändert wird, während alle anderen Variablen gegenüber dem Kontrollansatz konstant gehalten werden. Bei der Heranführung an die experimentelle Methode müssen Schüler die Variablenkontrollstrategie erlernen, da sie dazu neigen, in Experimenten mit Variablen unsystematisch umzugehen.

Ein Methodentraining besitzt folgende Komponenten:
a) Planung eines Kontrollansatzes zu einem (effektvollen) Experiment ohne Kontrollansatz

b) Planung eines einfaktoriellen Experiments mit einem Kontrollansatz und einem Experimentalansatz (Experiment zur Abhängigkeit eines biologischen Prozesses von einem Faktor)
c) Planung eines mehrfaktoriellen Experiments (Experiment zur Abhängigkeit eines biologischen Prozesses von mehreren Faktoren)
d) Anwendung der Variablenkontrollstrategie auf ein unbekanntes Thema

Eine Heranführung an die Grundprinzipien experimenteller Designs ist möglich, indem zunächst die Idee des Kontrollansatzes eingeführt wird. Hierzu können effektvolle Experimente ohne Kontrollansatz genutzt werden, die häufig zur Illustration eines Phänomens durchgeführt werden, beispielsweise die Herstellung von Butter durch Schütteln von Sahne und Zitronensaft in einem verschlossenen Gefäß. Die Lernenden überrascht das Ergebnis – und es gefällt ihnen. Sie halten das Vorgehen zumeist für ein gutes Experiment, das belegt, dass Zitronensaft zur Butterherstellung notwendig ist (HAMMANN 2006). Bei Wiederholung des Experiments ohne Zitronensaft wird den Lernenden deutlich, dass die Butterherstellung auch ohne Zitronensaft gelingt. Allerdings dauert die Butterherstellung länger, sodass zur genauen Quantifizierung des Effekts das Experiment ein drittes Mal wiederholt werden muss – diesmal mit einer Uhr, um die Zeit zu messen.

Weitere Schritte eines Methodentrainings sind die Planung eines einfaktoriellen Experiments, eines mehrfaktoriellen Experiments und die Sicherung der Variablenkontrollstrategie durch ihre Übertragung auf ein unbekanntes Phänomen (HAMMANN u. a. 2007). Geeignet sind hierzu Experimente, bei denen die Abhängigkeit biologischer Prozesse von einem oder mehreren Faktoren untersucht wird, z. B. Photosynthese, Samenkeimung, alkoholische Gärung der Hefe, Joghurtherstellung. Wichtig ist, dass die Lernenden ihre eigenen Experimente planen, begründen und die Planung zusammen mit der Ergebnisdarstellung präsentieren. Die Kategorie „Begründung der Planung des Experiments“ fehlt jedoch in vielen Anleitungen zur Anfertigung von Protokollen. Sie sollte explizit aufgenommen werden, um die Lernenden zum reflektierten Vorgehen bei der Planung von Experimenten anzuregen.

Auswertung der Daten
Bei der Datenanalyse werden die eingangs aufgestellten Hypothesen bewertet. Besonders schwer fällt Lernenden die Analyse von Daten, die den eigenen Erwartungen widersprechen. Diese Daten werden als „nicht-bestätigende“ Daten bezeichnet. Von ihnen geht die erhoffte Wirkung aus, dass Lernende ihre Vorstellungen verändern – insbesondere Vorstellungen, die den wissenschaftlichen Vorstellungen widersprechen. Dies erweist sich in der Praxis allerdings als schwierig, da die Lernenden

hierfür ihre Neigung überwinden müssen, die eigenen Erwartungen bestätigt zu finden (Bestätigungsbias). Zudem wird die Fähigkeit zur Revision der eingangs aufgestellten Hypothesen vorausgesetzt. Auch dies fällt Lernenden schwer, wenn die eigenen Erwartungen im Konflikt mit den erhobenen Daten stehen.

Um die Datenanalyse der Lernenden zu schulen, müssen sie angeleitet werden, die Daten auf die Hypothesen zu beziehen. Hierzu trägt eine konsequente Anwendung des POE-Schemas bei, da die Beobachtungen im letzten Schritt des POE-Schemas mit den eigenen Hypothesen verglichen werden müssen. Lehrer sollten dabei insbesondere beachten, wie Lernende mit nicht-bestätigenden Daten umgehen. Häufig ignorieren Lernende einzelne Ansätze einer Versuchsreihe, wie beispielsweise das Eintreten der Samenkeimung bei einem Ansatz, der im Dunkeln gehalten wurde. Die Lernenden gehen davon aus, dass die Samenkeimung ebenso wie das Pflanzenwachstum vom Licht abhängt. Dies ist für Dunkelkeimer selbstverständlich nicht der Fall. Für Lehrer bedeutet dies die bewusste Schaffung von Situationen, in denen die erhobenen Daten nicht mit den eingangs gebildeten Hypothesen übereinstimmen. Ein Beispiel hierfür sind historische Experimente Robert Kochs und Christiaan Eijkmans. Sie lassen sich nutzen, um die Schüler die Bakterienhypothese kritisch zu überprüfen und Alternativhypothesen aufzustellen (GANSER/HAMMANN 2009).

Literatur

GANSER, MANUEL / HAMMANN, MARCUS (2009): Hypothesen verändern können. PdN-BioS 58, Heft 3, S. 39–43

GANSER, MANUEL / HAUPT, MORITZ/HAMMANN, MARCUS (2009): Experimentierkompetenz fördern: Durch einfache Modifikation klassischer Experimente. PdN-BioS 58, Heft 2, S. 34–35

GROPENGIESSER, HARALD / KRÜGER, DIRK (2004): Hautatmung beim Menschen: Einem kleinen Versuch naturwissenschaftlichen Geist einhauchen. In: DUIT, REINDERS / GROPENGIESSER, HARALD / STÄUDEL, LUTZ (Hrsg.): Naturwissenschaftliches Arbeiten: Unterricht und Material für die Fächer Biologie, Chemie und Physik. Seelze, S. 78–81

HAMMANN, MARCUS (2004): Kompetenzentwicklungsmodelle: Merkmale und ihre Bedeutung – dargestellt anhand von Kompetenzen beim Experimentieren. MNU 57, Heft 4, S. 196–203

HAMMANN, MARCUS (2006): Fehlerfrei Experimentieren. MNU 59, Heft 5, S. 292–299

HAMMANN, M. / GANSER, M. / HAUPT, M. (2007): Experimentieren können: Kompetenzentwicklungsmodelle und ihre Nutzung im Unterricht. In: Geographie heute, 255/266, S. 88–91

JANICH, PETER / WEINGARTEN, MICHAEL (1999): Wissenschaftstheorie der Biologie. München

KRÜGER, DIRK / MAYER, JÜRGEN (2006): Forscherheft: Biologisches Forschen planen und durchführen. Unterricht Biologie kompakt 318

PUTHZ, VOLKER (1988): Experiment oder Beobachtung. UB 12, Heft 132, S. 11–13

RIEMEIER, TANJA (2004): Alpenveilchen in Tinte. In: DUIT, REINDERS / GROPENGIESSER, HARALD / STÄUDEL, LUTZ (Hrsg.): Naturwissenschaftliches Arbeiten: Unterricht und Material für die Fächer Biologie, Chemie und Physik. Seelze, S. 72–77

WHITE, RICHARD / GUNSTONE, RICHARD (1992): Probing Understanding. London

2.6 Forschendes Lernen

Jürgen Mayer

Was ist das?

Forschendes Lernen ist eine Unterrichtsform, bei der sich Schüler mittels des wissenschaftlichen Erkenntnisprozesses gleichermaßen die biologischen Lerninhalte und fachgemäßen Erkenntnismethoden aneignen.

Der Unterrichtsverlauf beim Forschenden Lernen folgt dem Prozess der naturwissenschaftlichen Erkenntnisgewinnung: eine Fragestellung erarbeiten, Hypothesen entwickeln, eine wissenschaftliche Untersuchung planen und durchführen sowie die Ergebnisse auswerten.

Forschendes Lernen (Inquiry learning) hat damit gewisse Parallelen zum experimentellen Unterricht – geht jedoch über diesen hinaus. Spezifische Charakteristika sind:

- Der naturwissenschaftliche Erkenntnisprozess ist stärker problemorientiert und hinsichtlich des Vorgehens und der Ergebnisse eher offen gestaltet.
- Die Erkenntnisschritte und -methoden werden explizit thematisiert und ggf. bezogen auf das Wissenschaftsverständnis (Nature of Science) reflektiert.
- Dem Selbstentdecken der fachlichen Zusammenhänge durch die Schüler wird ein hoher Stellenwert eingeräumt (entdeckendes Lernen).
- Die Forschungsfrage ist in einen für die Schüler bedeutungsvollen und anregenden Kontext eingebettet.

Wozu ist das gut?

Forschendes Lernen zielt – neben dem Erwerb von Fachwissen – insbesondere auf die Vermittlung von Kompetenzen naturwissenschaftlicher Erkenntnisgewinnung (KMK 2005, Mayer 2013), die zentral für die biologische Allgemeinbildung sind:

- Die Schüler lernen im Erkenntnisprozess Methoden und Techniken kennen (z. B. genaues Beobachten, Hypothesen prüfen, Isolieren von Faktoren, sorgfältiges Arbeiten), die sie befähigen, selbstständig neue Probleme zu lösen.
- Im naturwissenschaftlichen Erkenntnisprozess erwerben die Schüler – neben den fachlichen Konzepten und Theorien – ein Verständnis für die Biologie als Wissenschaft (Nature of science).
- Die kritische Auseinandersetzung mit naturwissenschaftlichen Erkenntnismethoden (z. B. Objektivität, Gültigkeit, Evidenz) bahnt ein aufgeklärtes Verhältnis zu wissenschaftlichen Erkenntnissen an.
- Wissenschaftliches Arbeiten ermöglicht selbstständigen Wissenserwerb und wirkt positiv auf die Lernmotivation und Interessenentwicklung der Schüler.

- Die Arbeit in Kleingruppen beim wissenschaftlichen Arbeiten fördert soziale Kompetenzen und Kommunikation.

Untersuchungen zu wissenschaftsmethodischen Kompetenzen von Schülern zeigen, dass in diesem Bereich mehr oder weniger große Defizite vorliegen (HAMMANN 2006). Forschendes Lernen erscheint damit als eine interessante Unterrichtsmethode zur Förderung dieser Kompetenzen. Schulleistungsstudien sowie spezifische Wirkungsstudien zum Forschenden Lernen stützen die Annahme eines höheren Lernertrages im Vergleich zum herkömmlichen experimentellen Unterricht. Dabei ist der Lernertrag nicht nur in den wissenschaftsmethodischen Kompetenzen höher, sondern auch im Fachwissen; besonders deutlich sind die positiven Effekte des Forschenden Lernens beim langfristigen Lernertrag sowie beim Lerntransfer (HOF 2011). Allerdings ist ein hoher Lernertrag an weitere, das Lernen unterstützende Bedingungen geknüpft. Insbesondere Lernhilfen zum Prozess der Erkenntnisgewinnung haben einen positiven Effekt auf den Kompetenzerwerb der Schüler (ARNOLD u. a. 2016).

Das Forschende Lernen ist nicht auf Experimente i. e. S. beschränkt, sondern kann auch andere Untersuchungsverfahren wie Vergleichen und Beobachten (MEIER/WELLNITZ 2013), virtuelle Experimentierumgebungen, aber auch Papiermaterialen (z. B. zu historischen Experimenten) einbeziehen (MAYER/MÖLLER 2010).

Welches sind die Voraussetzungen?

Nicht alle Schulexperimente und fachlichen Fragestellungen eignen sich für das Forschende Lernen. Kriterien für geeignete Schulversuche sind z. B.:

- Die Fragestellung für die Schülerexperimente sollte sich in einen authentischen und schülerrelevanten Kontext einbinden lassen, damit die Schüler genügend motiviert sind, den anspruchsvollen Lernprozess zu verfolgen.
- Die Schüler müssen ausreichende Vorkenntnisse besitzen oder sich erarbeiten können, um Hypothesen ableiten und Ergebnisse sachrichtig interpretieren zu können. Insbesondere müssen sie die relevanten Variablen (z. B. Einfluss-, Mess- und ggf. Kontrollvariablen) zur Erforschung des Phänomens erschließen können.
- Die jeweiligen Schritte des Erkenntnisprozesses sollten jeweils unterschiedliche Optionen zulassen. Insbesondere sollten möglichst mehrere Hypothesen möglich und für die Schüler plausibel sein, um den Erkenntnisprozess offen und damit „spannend" zu gestalten.
- Bei der Planung der Untersuchung benötigen die Schüler eine gewisse Erfahrung oder entsprechende Lernhilfen (vgl. „Wie geht das?").
- Die Lernenden müssen die notwendigen manuellen und methodischen Vorkenntnisse und Fertigkeiten besitzen, um möglichst eigenständig arbeiten zu können.

- Geräte und Versuchsaufbau müssen möglichst einfach sein und ggf. unterschiedliche Varianten zulassen. Bei technisch anspruchsvollen Schulversuchen gibt es wenig Spielraum in der Planung und Durchführung.
- Geräte wie Untersuchungsobjekte (z. B. Lebewesen) müssen ein möglichst freies Arbeiten zulassen, ohne entsprechende Bestimmungen zu verletzen.

Wie geht das?

Die Struktur des Forschenden Lernens basiert auf zwei zentralen Elementen: Erstens auf der Abfolge des naturwissenschaftlichen Erkenntnisprozesses; zweitens auf der Verknüpfung von Theorie und Empirie, z. B. Vorwissen zur Hypothesenbildung nutzen, Versuchsergebnisse mittels Fachkonzepten interpretieren. Beide Elemente sind wiederum aufeinander bezogen und lassen sich in einem sog. V-Diagramm kombinieren (vgl. Abb. 2.3).

Ein wesentliches Element des Forschenden Lernens ist, dass die Forschungsmethoden nicht nur implizit beim Experimentieren gelernt, sondern auch explizit zum Unterrichtsgegenstand gemacht werden. Dies bedeutet, dass Fragen des wissenschaftlichen Vorgehens und geeigneter Arbeitstechniken sowie einer Methodenreflexion neben den zu untersuchenden Inhalten genug Raum gegeben wird.

Eine zentrale Herausforderung beim Forschenden Lernen ist die Balance zwischen Offenheit des Erkenntnisprozesses und notwendiger Strukturierung. Offenheit bedeutet, dass die Lernumgebung in den verschiedenen Erkenntnisschritten nicht nur Alternativen zulassen muss, sondern diese von der Lehrperson vorbereitet und ggf. als Impulse den Schülern angeboten werden müssen.

Auf der anderen Seite ist eine Strukturierung des Forschenden Lernens notwendig, um ein Vorgehen nach Versuch und Irrtum oder ohne Hypothesen zu vermeiden. Insofern sind Unterrichtsphasen der gemeinsamen Vergewisserung von zentralen Prozessschritten notwendig. So können z. B. die unterschiedlichen Hypothesen und Versuchsplanungen als Zwischenergebnisse in der Klasse präsentiert und diskutiert werden. Hypothesen, die einer gewissen Plausibilität entbehren, oder Versuchsdesigns, die in der Schule nicht durchführbar sind, können dann mithilfe des Lehrers modifiziert werden.

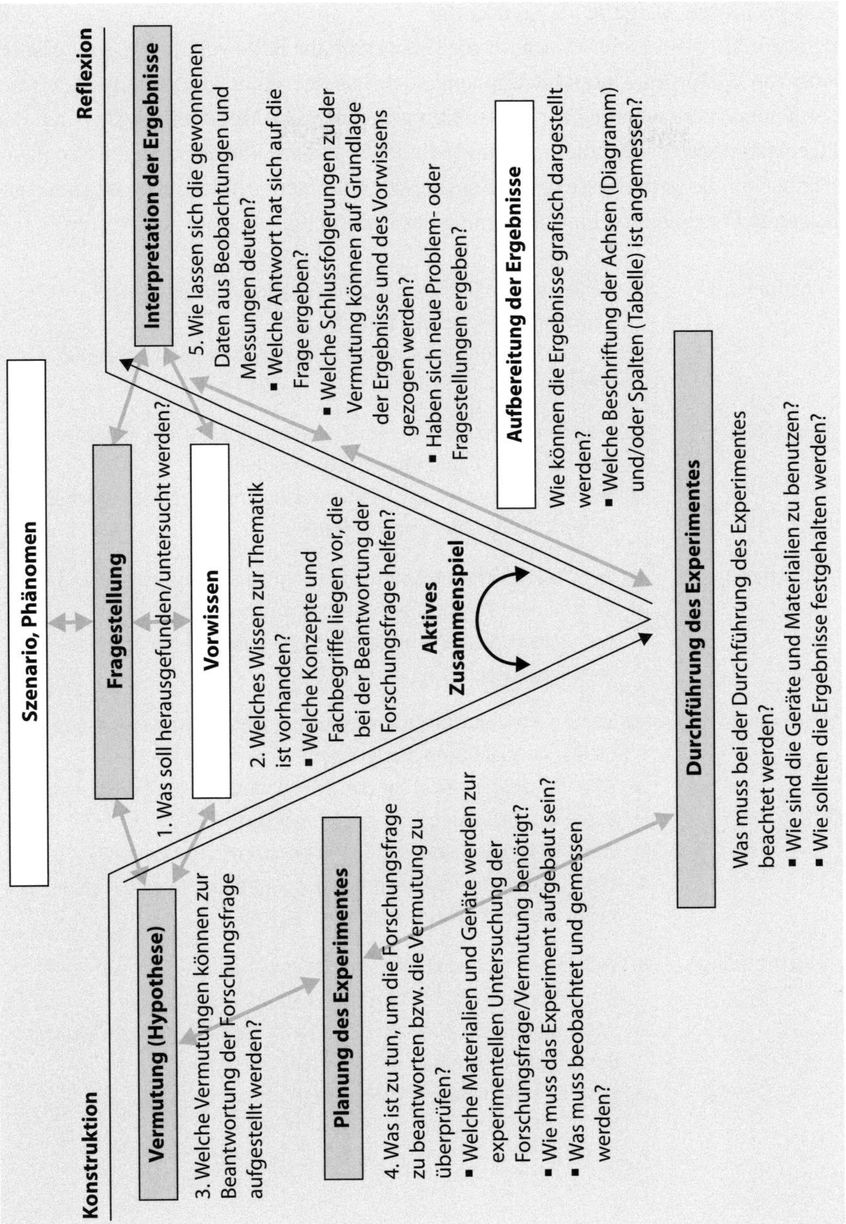

Abb. 2.3: V-Diagramm zum naturwissenschaftlichen Erkenntnisprozess (MEIER & MAYER 2014)

Was ist meine Aufgabe als Lehrkraft?

Beim Forschenden Lernen wechselt die Lehrperson die Rolle von der reinen Vermittlerin von Wissen zur Unterstützerin von möglichst eigenständigen Lernprozessen der Lernenden (Zurücknahme der Instruktion gegenüber der Moderation). Der Grad der Eigenständigkeit der Schülerinnen und Schüler bzw. die Hilfestellungen müssen dabei flexibel auf die Bedürfnisse der Klasse und der einzelnen Schüler zugeschnitten sein. Folgende Fragen helfen bei der Planung des Unterrichts.

Phänomen	■ Welches biologische Phänomen ist Ausgangspunkt des „Forschungsprozesses"? ■ An welchen (ggf. alltagsweltlichen) Kontext kann angeknüpft werden?
Fragestellung	■ Welche unterschiedlichen naturwissenschaftlichen Fragestellungen lassen sich zum Phänomen formulieren? ■ Welcher Fragestellung sollen die Schüler in einer wissenschaftlichen Untersuchung nachgehen?
Hypothese	■ Welche Hypothesen können die Schüler sinnvoll aufstellen? ■ Welche dieser Hypothesen soll geprüft werden? ■ Auf welches Vorwissen können die Schüler bei der Formulierung von Hypothesen zurückgreifen?
Planung	■ Welche Art von Untersuchung soll durchgeführt werden: Vergleich, Beobachtung, Experiment? ■ Welche Variablen sind für das Phänomen relevant? Welche sollen in die Untersuchung einbezogen werden? ■ Welches ist die zu messende/zu beobachtende Variable? ■ Welche weiteren Variablen (Einfluss- und ggf. Kontrollvariablen) müssen berücksichtigt werden?
Durchführung	■ Welche unterschiedlichen Umsetzungsmöglichkeiten sind möglich? Welche werden vom Schüler spontan erschlossen? ■ Wie kann die schulbedingte Limitation von möglichen Versuchsdurchführungen eingeführt werden? ■ Bestehen besondere Fehlerquellen?

Auswertung	▪ Welche Auswertungsschritte sind nötig? ▪ Können methodische Fehler das Ergebnis beeinflusst haben? ▪ Wie werden die Ergebnisse in Hinblick auf die Hypothese bzw. die Fragestellung interpretiert? ▪ Welche Erkenntnisse bringen die Ergebnisse für den fachlichen Inhalt? ▪ Wie soll mit nicht hypothesenkonformen/unerwarteten Ergebnissen umgegangen werden? ▪ Welche neuen Fragen/Versuche ergeben sich aus dem Versuch/können daran angeschlossen werden?

Welche Lernunterstützungen können gegeben werden?

Forschendes Lernen sollte systematisch und kumulativ in das biologische Curriculum eingebunden werden. Zu einer ersten Einführung in den Jahrgängen 5/6 können spezifische Lerngänge durchgeführt werden, in denen die Schritte des naturwissenschaftlichen Erkenntnisprozesses vermittelt werden (MAYER/MÖLLER 2010). Diese können später hinsichtlich der Differenzierung unterschiedlicher Untersuchungsmethoden und Arbeitstechniken sowie in Bezug auf Wissenschaftsverständnis vertieft werden (KRÜGER/MAYER 2006). Nicht zuletzt sollten einzelne Elemente des wissenschaftlichen Erkenntnisprozesses bei der Durchführung von vielfältigen Schulexperimenten wiederholt und gefestigt sowie vertieft und differenziert werden (SCHMIEMANN/MAYER 2013).

Wichtige Lernunterstützungen sind Strukturierungshilfen (z.B. V-Diagramm, Abb. 2.3), Hilfekarten in Form von „Forschertipps" (vgl. z.B. ARNOLD/KREMER 2013) sowie diskursiver Austausch von Teilergebnissen zum jeweiligen Vorgehen in den Arbeitsgruppen.

Beispiel: Ein ausführliches Beispiel für die unterrichtspraktische Umsetzung findet sich bei MEIER/WELLNITZ (2013).

Beispiel: **Forschertipps**

Auf den Forschertipps (Abb. 2.4, Karteikarten) findest du Anregungen dazu, wie Forscher eine naturwissenschaftliche Untersuchung planen und durchführen. Diskutiert die Fragen jeweils in eurer Gruppe. Wenn ihr keine Antwort findet, lest die Tipps auf der Rückseite, die euch weiter helfen (vgl. ARNOLD/KREMER *2013).*

Hypothesen	**Versuchsplanung**
■ Was genau wollt ihr untersuchen? ■ Welche Antwort vermutet ihr zu dieser Frage? ■ Warum ist eure Hypothese plausibel? ■ Gibt es weitere mögliche Vermutungen?	■ Welches Ergebnis erwartet ihr, wenn eure Vermutung stimmt? ■ Wie kann man das messen? ■ Welche Faktoren müssen in allen Versuchsansätzen konstant gehalten werden? ■ Wie oft soll gemessen werden?
Interpretation	**Auswertung**
■ Welche eurer Hypothesen wurde bestätigt, welche widerlegt? ■ Welche möglichen Versuchsfehler beeinflussen euer Ergebnis? ■ Was könnt ihr aus dem Ergebnis schließen? ■ Könnt ihr das Ergebnis mit eurem Biologiewissen erklären?	■ Welche Auswertungsschritte müsst ihr durchführen? ■ Welches Ergebnis hat eure Untersuchung? ■ Wie könnt ihr eure Ergebnisse anschaulich darstellen? ■ Haben andere Gruppen ähnliche Ergebnisse?

Abb. 2.4: Forschertipps

Literatur

Arnold, Julia / Kremer, Kerstin (2012): Lipase in Milchprodukten. Schüler erforschen die Temperaturabhängigkeit von Enzymen. PdN Biologie in der Schule, 61, Heft 7, S. 15–21

Arnold, Julia / Kremer, Kerstin / Mayer, Jürgen (2017): Scaffolding beim Forschenden Lernen. Eine empirische Untersuchung zur Wirkung von Lernunterstützungen. ZfDN, 23, 1, S. 21–37

Hammann, Marcus (2006): Fehlerfrei Experimentieren. MNU 59, Heft 5, S. 292–299

Hof, Sandra (2011): Wissenschaftsmethodischer Kompetenzerwerb durch Forschendes Lernen. Kassel

Krüger, Dirk / Mayer, Jürgen (2006): Forscherheft: Biologisches Forschen planen und durchführen. Unterricht Biologie 30, Heft 318

KMK (2005): Bildungsstandards im Fach Biologie für den mittleren Schulabschluss. München

Mayer, Jürgen (2013): Erkenntnisse mit naturwissenschaftlichen Methoden gewinnen. In: Gropengiesser, H. / Harms, U. / Kattmann, U. (Hrsg.): Fachdidaktik Biologie. Köln, S. S. 56-61

Mayer, Jürgen / Ziemek, Hans-Peter (2006): Offenes Experimentieren. Forschendes Lernen im Biologieunterricht. Unterricht Biologie 30, Heft 317, S. 4–12

Mayer, Jürgen / Möller, Andrea (Hrsg.) (2010): Lebewesen erforschen. In Unterricht Biologie 34 Heft 353

Meier, Monique / Mayer, Jürgen (2014): Selbständiges Experimentieren – Entwicklung und Einsatz eines anwendungsbezogenen Aufgabendesigns. MNU, 67, Heft 1, S. 4–10

Meier, Monique / Wellnitz, Nicole (2013): Beobachten, Vergleichen und Experimentieren mit Wasserflöhen. Biologische Erkenntnismethoden praktisch anwenden. PdN – Biologie in der Schule, 62, Heft 1, S. 4–10

Schmiemann, Philipp / Mayer, Jürgen (2013): Experimentieren Sie! Biologieunterricht mit Aha-Effekt. Selbständiges, kompetenzorientiertes Erarbeiten von Lehrplaninhalten. Berlin

2.7 Egg Race

JONAS DIETER

Was ist das?

Das Egg Race ist eine Methode, bei der Schüler gestellte Problemstellungen miteinander auf kreative Art, ganzheitlich und gegebenenfalls außerhalb konventioneller Unterrichtsabläufe lösen. Dabei nutzen sie ihre experimentellen Fähigkeiten und Fertigkeiten und treten miteinander in Wettbewerb.

Die Methode ist zu Beginn des 21. Jahrhunderts für die Biologie entdeckt worden. Entstanden ist das Egg Race in den 1970er-Jahren in England als Konzept einer Fernsehsendung mit dem Titel „The Great Egg Race". In dieser Sendung wurde ein Wettbewerb ausgeschrieben: Es sollte eine Maschine konstruiert werden, die, angetrieben durch einen einfachen Gummi, ein Ei über eine möglichst große Distanz befördert (GÄRTNER/SCHARF 1997). Durch den großen Erfolg kopierten verschiedene Bildungseinrichtungen dieses Konzept und boten es in eigenen Wettbewerben an.

Seit Anfang der 1990er-Jahre wird die Methode vor allem im Chemieunterricht (z. B. „Der Bau eines Feuerlöschers", BORSTEL/BÖHM 2003), im Physikunterricht (z. B. „Der Umbau eines Autos zu einem Wasserfahrzeug"; GÄRTNER 2002) und vereinzelt auch im Biologieunterricht angewendet (NEUHAUS u. a. 2008).

Egg Races zeichnen sich durch eine praktische naturwissenschaftlich-technische Aufgabenstellung aus, welche sich von den üblicherweise gestellten Aufgaben abheben (GÄRTNER 2002).

Wozu ist das gut?

Das Egg Race ermöglicht den Schülern, ihre bisher erworbenen Kompetenzen zur Lösung von Problemen, die ihnen aus ihrer Alltagswelt bekannt sind, anzuwenden. Dafür müssen die Schüler das Wissen und Können aus unterschiedlichen Kompetenzbereichen und unterschiedlichen Schulfächern vernetzen und anwenden. Im Biologieunterricht zuvor eingeübte Methoden (z. B. das Untersuchen, Experimentieren, Mikroskopieren, Recherchieren, Dokumentieren und Präsentieren) müssen bei einem Egg Race von den Schülern selbstständig geplant und angewendet werden, um das gestellte Problem zu lösen.

Wegen der Ganzheitlichkeit der Methode werden alle Kompetenzbereiche der Bildungsstandards (Bewertung, Fachwissen, Erkenntnisgewinnung, Kommunikation, KMK 2005) gleichermaßen gefördert: Die Schüler müssen z. B. gemeinsam einen Plan zur Lösung erarbeiten, sich eigenständig neues Fachwissen erschließen, bewerten, ggf. anwenden, mit fachgemäßen Arbeitsweisen das Problem lösen, abschließend ihr Produkt vorstellen und ihre Lösung argumentativ begründen. Bei diesem ganzheitlichen Problemlösen werden die Fachgrenzen notwendigerweise überschritten. Auch lässt sich das fächerübergreifende Arbeiten mit dieser Methode fördern, indem die Problemstellungen aus unterschiedlichen Perspektiven betrachtet und erarbeitet werden.

Gute Egg Races stellen Rätsel dar, die knifflig aber noch lösbar für die Schüler sind. Sie machen Spaß, weil die Schüler durch ein Egg Race ihre Selbstwirksamkeit erfahren. Durch das eigenständige Lösen der Probleme erleben sie ihren Kompetenzzuwachs unmittelbar von Egg Race zu Egg Race.

Eine abschließende Reflexion der einzelnen Lösungen des Egg Race lässt sich auch für eine Reflexion des Lernprozesses insgesamt nutzen (vgl. 1.5 Metakognition).

Dadurch erhält das bisher im Unterricht Gelernte für die Schüler Sinn, bisher erworbene Kompetenzen werden reflektiert und individuelle Lernziele können formuliert werden.

Welches sind die Voraussetzungen?

Die gestellte Aufgabe muss von den Schülern mit ihrem Wissen und Können lösbar sein. Dafür ist es wichtig, dass der bisherige Unterricht die hier erforderlichen Kompetenzen bereits geschult hat. Durch Elemente des entdeckenden Lernens im regulären Unterricht können Schüler in ihrer Planungs- und Problemlösungskompetenz sowie in ihren praktischen experimentellen Fertigkeiten geschult werden. Es empfiehlt sich, sich mit Kollegen der anderen Naturwissenschaften und des Faches Technik abzusprechen und die Schüler auf die Egg Races vorzubereiten. Sie können danach gemeinsam durchgeführt werden.

Wie geht das?

Phase	Inhalt	Wer/ Sozialform
1. Vorbereiten	■ Problemstellung erarbeiten, die dem Niveau der jeweiligen Klasse entspricht. ■ Vorstellungen und Vorkenntnisse der Klasse abwägen und Hilfestellungen überlegen. ■ Kompetenzen festlegen, die mit dem Egg Race gefördert werden sollen. ■ Bei fächerübergreifenden Fragestellungen die entsprechenden Fächer einbinden. ■ Zeitspanne für das Egg Race festlegen. ■ Arbeitsaufträge auf Arbeitsblättern verschriftlichen und vervielfältigen.	Lehrer

	■ Bewertungskriterien für das Endergebnis formulieren, diese den Gruppen vorstellen und mit ihnen diskutieren. ■ Mögliche Hilfestellungen vorbereiten, z. B.: weitere Literatur, genauere Experimentalanleitungen. ■ Gruppenzusammensetzung festlegen, heterogen oder homogen. ■ Gruppengrößen festlegen. ■ Arbeitsräume reservieren, z. B.: Technikraum. ■ Je nach Schwierigkeitsgrad des Egg Race Arbeitsmaterialien den Schülern zur Verfügung stellen oder selbstständig zusammensuchen lassen. ■ Urkunde erstellen. ■ Art der Belohnung für die Gewinnergruppe festlegen.	
2. Durchführen 2.1 Planung 2.2 Umsetzung	■ Arbeitsaufgabe vorstellen. ■ Wettbewerbskriterien festlegen und erläutern. ■ Klare Zeitangaben für die Lösung des Problems festlegen. ■ Gruppen einteilen. ■ Das zu lösende Problem in schriftlicher Form an die Gruppen austeilen. ■ Mögliche Hilfestellungen an die Schüler austeilen, wenn diese das Problem nicht eigenständig lösen können. Nutzung von Hilfestellungen kann zu einem Punktabzug bei der späteren Beurteilung führen. ■ Schüler erarbeiten ein Konzept, wie sie das Problem lösen, und bauen ein Gerät oder entwerfen ein entsprechendes Experiment. ■ Der Lösungsprozess sollte dokumentiert werden (z. B. Protokoll anfertigen, Präsentation mit Bildern und Erläuterungen ausarbeiten).	Klasse/ Gruppen Gruppen
3. Auswerten	■ Ergebnisse nach Ablauf der Zeit vorstellen. Dabei werden die konstruierten Maschinen oder Geräte vorgeführt oder die Ergebnisse eines Experiments erläutert. ■ Vorgehensweise auf dem Weg zum Ergebnis ebenfalls vorstellen. ■ Ergebnisse der Experimente auswerten und den zu Beginn der Aufgabenstellung vorgestellten Kriterien unterwerfen. Ebenso werden erstellte Produkte (z. B. Vitalkapazitätmessgerät) evaluiert. ■ Preis- und Urkundenverleihung.	Klasse/ Gruppen

Es ist sinnvoll, dass die Schüler in jedem Fall ihre Idee und ihre Vorgehensweise den Mitschülern vorstellen. Meist wird sehr viel Zeit in das Gerät und in die Idee gesteckt, sodass es zu einer Demotivation bei Schülern führen kann, wenn ihre Ergebnisse keine ausreichende Würdigung z. B. durch eine Präsentation erfahren.

Variationen:

- Der Schwierigkeitsgrad eines Egg Race lässt sich erhöhen, indem die Schüler die Materialien, die sie für ihr Experiment oder ihr Gerät benötigen, selbst zusammenstellen müssen. Auf diese Weise kann der Lehrer dem Problem entgehen, dass die Schüler durch vorgegebene Materialien in eine Lösungsrichtung gedrängt werden. Oftmals kommen auf diesem Weg sehr unterschiedliche Lösungsansätze der einzelnen Gruppen zustande.
- Bei einem größer angelegten Projekt können weitere Kompetenzen im Bereich der Recherche und des Textverständnisses gefördert werden. Hierbei müssen die Schüler Vorkenntnisse über den Umgang mit dem Computer, der Internetrecherche und dem Recherchieren in einer Bibliothek haben. Die Recherche kann direkt im Anschluss an die Gruppenaufteilung durchgeführt werden.
- Durch die jeweilige Aufgabenstellung können gezielt weitere Kompetenzbereiche gefördert werden. So lässt sich z. B. die Kommunikationsfähigkeit der Schüler durch die Art der Präsentation schulen. Die Vorstellung eines Ergebnisses kann z. B. als Verkaufsgespräch erfolgen, indem die Schüler ihre Lösung argumentativ vertreten sollen. Fächerübergreifend ist hierbei eine Kooperation mit dem Fach Deutsch möglich.

Bemerkungen:

- Zunächst sollte mit Egg Races begonnen werden, die nicht mehr Zeit als eine Doppelstunde benötigen. Insbesondere in der Sekundarstufe I brauchen Schüler vielfach didaktisch strukturierte Fachinformationen, um die Aufgabe effizient durchzuführen.
- Die Schüler sollten mit den Sicherheitsbestimmungen für das Arbeiten in Experimentalräumen vertraut sein (s. Abb. 2.5).
- Wenn Geräte gebastelt werden sollen, muss ggf. der sichere Umgang mit Werkzeugen wie Hammer, Säge, Bohrmaschine usw. gewährleistet sein.
- Um gleiche Wettbewerbsbedingungen sicherzustellen, kann es sinnvoll sein, die Arbeitsmaterialien vorzugeben, auch wenn dadurch die Kreativität eingeschränkt wird.

Tipps:

- Die Methode Egg Race eröffnet durch die offene Fragestellung eine Vielzahl von Anwendungsmöglichkeiten. Da diese Methode oftmals mit einem großen Zeitaufwand verbunden ist, kann es sinnvoll sein, sie im Rahmen von Projekttagen durchzuführen.
- Die regionalen Jugend-forscht-Wettbewerbe können als Fundgruben für mögliche Egg-Race-Aufgaben genutzt werden.

- Naturwissenschaftliche Räume dürfen nicht ohne eine Lehrperson betreten werden.
- Die gesetzlichen Vorgaben zum experimentellen Arbeiten in der Schule (z. B. Umgang mit Lebewesen und Chemikalien) müssen beachtet werden.
- Das Essen und Trinken ist in naturwissenschaftlichen Räumen verboten.
- Fluchtwege müssen freigehalten werden.
- Der sorgsame und sachgerechte Umgang mit Chemikalien, Bunsenbrennern und technischen Materialien wie Bohrmaschinen, Sägen usw. muss gewährleistet sein.
- Bei Bedarf sollte Schutzkleidung getragen werden.
- Funktion und Platz der Notausschalter, Feuerlöscher, Löschdecken und Augenduschen müssen den Schülern bekannt sein.

Abb. 2.5: Sicherheitshinweise für das experimentelle Arbeiten in der Schule

Beispiel: Wie viel Energie steckt in einer Walnuss?

Dieses Beispiel eignet sich für den Einsatz ab Klassenstufe 9 und bedarf einer Experimentalzeit von mindestens einer Doppelstunde. Die Schüler sollten die anzuwendenden Verfahren und Messmethoden zuvor eingeübt haben und die jeweiligen Sicherheitsvorschriften beachten (Abb. 2.6–2.8).

Die Aufgabe der Schüler besteht in dem Aufbau eines Experiments zur Bestimmung des Energiegehalts von 100 g Walnüssen. Als Hilfestellung wird den Schülern folgender Hinweis zur Verfügung gestellt:

1 kcal = 4,186 kJ ist die Wärmemenge, die 1 kg Wasser um 1 °C erhöht.

Zu Beginn dieses Experiments steht die theoretische Ausarbeitung. Hierbei müssen die Schüler ein grundlegendes Verständnis dafür aufbringen, wie die gegebene Definition mit der gestellten Aufgabe zusammenhängt. Daraus ergibt sich die Aufgabe für die Schüler: Eine feste, zu Beginn des Experiments abgewogene Menge an Walnüssen ist zu verbrennen und mit dieser Energie eine festgelegte Menge Wasser zu erwärmen.

Foto: Jonas Dieter

Abb. 2.6: Versuchsaufbau vor dem Experiment

Abb. 2.7: Messen der Wassertemperatur

Abb. 2.8: Verbrannte Walnuss nach dem Experiment

Es hat sich herausgestellt, dass es sinnvoller sein kann, nicht 1 kg Wasser um 1 °C zu erhöhen, sondern 100 g Wasser um 10 °C. Dies minimiert Fehler und erleichtert das Ablesen bei einer Messung mit nicht digitalen Thermometern. Um zu einem möglichst genauen Ergebnis zu gelangen, müssen mögliche Störfaktoren wie Wärmeverlust bei der Verbrennung, ungenaue Messungen oder Rechenfehler bei den Versuchsergebnissen minimiert werden.

Das Egg Race gewinnt die Gruppe, die mit ihrem Ergebnis am nächsten am Literaturwert von 2736 kJ für 100 g Walnüssen liegt.

Mögliche Hilfestellungen für die Schüler können vorgefertigte Arbeitsblätter sein, die die Arbeitsschritte exemplarisch erläutern. Wenn Hilfsmittel in Anspruch genommen werden, führt dies in der Endbewertung ggf. zu Punktabzug.

Nachfolgend finden Sie einige Vorschläge für Egg Races im Biologieunterricht:

- Thema Feinstaub, Bau eines Gerätes zur Bestimmung des Atemzugvolumens (Neuhaus u. a. 2008)
- Einfluss des Geschmacksverstärkers Glutamat auf die menschliche Geschmackswahrnehmung
- In welchem Ausmaß fördert eine CO_2-Begasung das Wachstum einer Pflanze?
- Wie viel Teer ist in 17 Zigaretten enthalten?
- Wirken Propolis oder andere Bienenprodukte antibakteriell auf Bakterien?
- Wie werden Hände durch Waschen am saubersten?
- Unter welchen Bedingungen schimmelt Paprika am schnellsten?

- Wie wird meine grüne Banane gelb?
  Welche Einflüsse haben Licht, Temperatur, Wasser und Sauerstoff auf die Reifung?

Was ist meine Aufgabe als Lehrer?

Für die Durchführung eines Egg Race ist es die Aufgabe des Lehrers, einen festen Rahmen zu schaffen, in dem die Aufgaben zu lösen sind. Dieser beinhaltet eine klare Aufgabenstellung, Arbeitsmaterialien, entsprechend ausgestattete Arbeitsräume, feste Zeitvorgaben und Wettbewerbskriterien.

Da es sich bei einem Egg Race um einen Wettbewerb handelt, liegt es in der Hand des Lehrers, ein Arbeitsklima zu schaffen, bei dem Chancengleichheit innerhalb und zwischen den Gruppen gewährleistet ist. Hierbei ist darauf zu achten, dass leistungsstarke und leistungsschwache Schüler sowie ggf. auch Jungen und Mädchen gleichermaßen in den Gruppen vertreten sind (GÄRTNER 2002).

Bei dem Egg Race „Wie viel Energie steckt in einer Walnuss?" muss eine Vorstellung für den Energiebegriff bei den Schülern vorhanden sein. Mögliche Probleme bei der Fragestellung sollten vor Beginn des Egg Race geklärt werden. Alle Arbeitsmaterialien, die für das Experiment notwendig sind, sind vom Lehrer vorzubereiten und werden den Schülern bei Beginn des Egg Race zur Verfügung gestellt. Hierbei ist darauf zu achten, dass entsprechende Räumlichkeiten vorhanden sind, in denen Experimente mit Schülern durchgeführt werden können.

Klare Wettbewerbsbedingungen beinhalten ein festes Zeitkontingent und das Wissen darüber, dass es bei Inanspruchnahme von Hilfestellungen zu einem Punktabzug in der Bewertung kommt.

Literatur

BORSTEL, GREGOR / BÖHM, ANDREAS (2003): Bau eines Schaumlöschers, Ein Egg-Race mit medizinischen Geräten. Unterricht Chemie 14, Heft 75, S. 42–45

BORSTEL, GREGOR / BÖHM, ANDREAS (2005): Chemieunterricht macht Spaß! Schülerzentrierte Unterrichtsformen am Beispiel der Unterrichtsreihe Luft und Verbrennung. Praxis der Naturwissenschaften Chemie in der Schule 54, Heft 1, S. 21–25

GÄRTNER, HANS JOACHIM (2002): Aufgaben und Wetteifer, Physikalisch-technisches „Egg-Racing" in der Sekundarstufe I. Naturwissenschaften im Unterricht Physik 13, Heft 67, S. 24–27

GÄRTNER, HANS JOACHIM / SCHARF, VOLKER (1997): Egg Race, Kreativität beim Experimentieren im Chemieunterricht. In: Friedrich Jahresheft 15, 1997, S. 77–79

KMK (2005): Bildungsstandards des Faches Biologie für den Mittleren Schulabschluss (Jahrgangsstufe 10). München, Neuwied.

NEUHAUS, BIRGIT / SANDMANN, ANGELA / SCHUBERT, PATRICK (2008): Gesundheitsschädigung durch Feinstaub. Egg-Race zur Vitalkapazität der Lunge. UB, Heft 336, S. 24–33

ORTH, JEAN MARC / HILGERS, UWE (2006): Einführung in das Teilchenmodell durch Lernen an Stationen. Praxis der Naturwissenschaften Chemie in der Schule 55, Heft 3, S. 10–22

2.8 Mit Modellen lernen

Anke Meisert

Modelle sind Repräsentationen ausgewählter Aspekte der Realität mit einer bestimmten Darstellungsabsicht (Weitzel 2014) und dienen meist dazu, diese zu beschreiben oder zu erklären. Die Auswahl der Realitätsaspekte und die Art ihrer Modellierung sind abhängig von der jeweiligen Modellierungsabsicht. So zeigen typische Struktur-Modelle einer Zelle die Anordnung und Größenverhältnisse der größeren Zellbestandteile, aber nicht deren Mobilität und Verformbarkeit. Modelle weisen somit zu den von ihnen repräsentierten Originalen sowohl Ähnlichkeiten als auch Differenzen auf. Diese Mischung aus Ähnlichkeit und Differenz macht das große Lernpotenzial von Modellen aus: Die Ähnlichkeit zum Original bietet Anschaulichkeit und phänomennahe Zugänglichkeit; die Differenz ermöglicht die Fokussierung auf ausgewählte, vereinfacht dargestellte Eigenschaften.

Trotz dieses Lernpotenzials bergen Modelle durch ihre Modell-Original-Differenz auch Risiken, da Lernende Modelle häufig als 1:1-Kopie des Originals verstehen (Grosslight u. a. 1991; Terzer/Upmeier zu Belzen 2007). Darüber hinaus geben Modelle durch die notwendige Auswahl bestimmter Materialien (z. B. Kunststoff) und Modalitäten (z. B. 2D- oder 3D-Modelle) bei ihrer Herstellung die zugrundeliegenden Modellvorstellungen teilweise nur ungenau wieder und können auch hierdurch Fehlvorstellungen erzeugen. Ein adäquates Verständnis von Modellen erfordert daher eine genaue Analyse der jeweiligen Modell-Original-Differenzen (Meisert 2012). Diese Anforderung an die Konzeption modellbasierter Lehr-/Lernarrangements kann mit den Schritten „Modelle analogisieren und kritisieren“ eingelöst werden (siehe Abschnitt A). Ein besonderes Potenzial des Lernens mit Modellen liegt zudem darin, die eigenen Ideen der Lernenden für Modellentwicklungsprozesse fruchtbar zu machen. Da diese selbstständig entwickelten Modelle einen hypothetischen Charakter haben, ist hiermit eine Modellüberprüfung verbunden. Umsetzungsmöglichkeiten hierzu werden in Abschnitt B vorgestellt.

A Modelle analogisieren und kritisieren

Was ist das?

Das Modell-Original-Verhältnis kann durch Zuordnung der einzelnen Komponenten des Modells erschlossen werden (Leitfrage: *Welche Teile des Modells entsprechen welchen Elementen des Originals?*). Dies bezeichnet man als „analogisieren“, da die Teile des Modells denen des Originals nur im Sinne einer Repräsentation entsprechen und nicht mit ihnen identisch sind. Durch dieses Analogisieren wird deutlich, ob und wodurch welche Teile des Originals im Modell repräsentiert sind. Diese Zuordnungen bilden eine wichtige Basis, um eine sogenannte Modellkritik (MEYER 1990) vornehmen zu können, die in drei Analyseaspekte unterteilt werden kann.

Erstens werden im Rahmen der Modellkritik die Aspekte bzw. Eigenschaften des Originals benannt, die durch das Modell nicht repräsentiert werden. Hierbei geht es nicht darum, das Fehlen solcher Elemente als Defizit des Modells einzuordnen, sondern sie (als notwendigen Begleiteffekt der Fokussierung auf andere Aspekte) im Sinne eines differenzierten Modellverständnisses zu erkennen.

Zweitens werden im Rahmen der Modellkritik die vorhandenen Modellteile dahingehend reflektiert, inwieweit sie eine geeignete Repräsentation darstellen. Hierbei werden in der Regel vor allem die Einschränkungen der Modellteile bzgl. ihrer Repräsentationsfunktion beurteilt.

Drittens ist schließlich als Beurteilung des Modells dessen zentrale Leistung herauszustellen.

Wozu ist das gut?

Das Analogisieren und Kritisieren von Modellen dient dazu, einem fehlerhaften Verständnis von Modellen entgegenzuwirken und leistet damit einen wichtigen Beitrag zu adäquaten Lernergebnissen im Umgang mit Modellen: *„Modelle sind immer Modelle von etwas und werden nur dann richtig eingesetzt, wenn ein sachgerechter Transfer zur originalen Struktur, Funktion oder zum originalen Vorgang erfolgt"* (MEYER 1990, S. 4). Zudem entwickeln Lernende hierdurch ein jeweils exemplarisches Verständnis der Modell-Original-Differenz, das durch hierauf aufbauende explizite Reflexionen verallgemeinert werden kann (MEISERT 2009).

Welches sind die Voraussetzungen?

Um Schritte des Analogisierens und Kritisierens von Modellen umsetzen zu können, müssen die jeweiligen Originale verfügbar sein. Dies bedeutet auch, dass Modelle als Ersatz für Originale (z. B. Zellmodelle ohne mikroskopische Analysen) zu Verständnisproblemen führen können, da keine Analyse der Modell-Original-Differenz erfolgt. Modellkritik zur Eignung der gewählten Repräsentationen erfordert zudem die Transparenz der Modellierungsabsicht (z. B. Lagebeziehung von Strukturen), da eine differenzierte Beurteilung nur auf dieser Grundlage möglich ist.

Wie geht das?

Das Analogisieren eines Modells lässt sich in Form einer Tabelle strukturieren, die die Spalten „Modell“ und „Original“ vorsieht (siehe Materialbeispiel). Das Ausfüllen dieser Tabelle kann entweder völlig frei erfolgen oder durch Vorgabe der einzuordnenden Modellteile vorstrukturiert werden. Einführend kann auch ein Aufgabenformat genutzt werden, bei der vorgegebene Modell- und Originalelemente nur zugeordnet werden müssen.

Modell	**Original**	**Modellkritik**
Plastik-Box	Zellwand	nicht rechteckig, sondern unregelmäßige Form
Plastiktüte	Zellmembran	liegt der Zellwand durchgehend an
Luft in der Plastiktüte	Zellplasma	ist flüssig
Tischtennisball	Zellkern	ist verformbar
Tennisball in der Plastiktüte	Vakuole	Hülle ist durchsichtig; Inhalt ist flüssig
…	…	…

Das Modell zeigt trotzdem gut die Lagebeziehungen zwischen den Zellbestandteilen!

Im Fokus einer Modellkritik steht für Lernende meist die Sammlung der Aspekte, die durch das Modell nicht gezeigt werden; dies lässt sich als Aufzählung umsetzen (Leitfrage: *Welche Eigenschaften des Originals zeigt das Modell nicht?*). Die Beurteilung der vorhandenen Modellteile lässt sich folgerichtig mit der Analogisierungs-Tabelle verknüpfen (Leitfrage: *Inwieweit sind die Teile des Modells geeignet, die ausgewählten Eigenschaften des Originals sinnvoll zu verdeutlichen?*), indem beurteilende Kommentare an die jeweiligen Zeilen der Tabelle angehängt werden (siehe Materialbeispiel). Auch die abschließende Akzentuierung der wesentlichen Leistung des Modells (Leitfrage: *Was leistet das Modell?*) kann im Sinne einer strukturierten prozessbegleitenden Sicherung mit dem Vorangegangenen verknüpft werden. Die drei dargestellten Aspekte der Modellkritik müssen nicht immer vollständig bearbeitet werden; das systematische Analogisieren ist jedoch eine sinnvolle Grundlage aller drei Aspekte der Modellkritik.

B Modelle entwickeln und überprüfen

Was ist das?

Wenn Lernende erstmals Zellen mikroskopieren, nehmen sie in der Regel wahr, dass Zellen sowohl eine Abgrenzung nach außen als auch kleinere abgegrenzte Räume im Inneren aufweisen. Auf der Grundlage dieser als relevant eingestuften Merkmale entwickeln sie eine Vorstellung von Zellen, die meist erste Ansätze des Kompartimentierungskonzepts umfasst. Diese Vorstellungen, die auch als mentale Modelle (SEEL 2006) bezeichnet werden, bieten ein hohes Lernpotenzial, da sie selbstständig konstruiert, mit Vorwissen vernetzt und mit phänomenbasierten Erfahrungen verknüpft sind. Im Vergleich zum Lernen mit vorgegebenen Modellen besteht durch eine eigene Modellkonstruktion eine hohe Transparenz bzgl. der Modell-Original-Differenz. Zudem ist Modellentwicklung mit einer vielschichtigen Lerneraktivierung und einem hohem Selbstwirksamkeitserleben verbunden.

Um das Potenzial mentaler Modelle für das Lernen nutzen zu können, müssen diese für andere zugänglich, d. h. externalisiert werden. Dies kann z. B. in Form von Zeichnungen oder dreidimensionalen Objekten erfolgen, die als Bezugspunkt für Klärungs- und Aushandlungsprozesse fungieren. Die Funktion, die diese Modelle in Lernprozessen erfüllen können, ist vielfältig. Beim forschend-entwickelnden Lernen dienen sie v. a. der Hypothesenbildung.

Hypothetische Modelle erfordern eine datenbasierte Überprüfung ihrer Gültigkeit. Hierzu werden aus den Modellen Vorhersagen (FLEIGE u. a. 2012 sprechen hier von „Hypothesen") abgeleitet und mit passenden Daten verglichen. So kann z. B. aus einem 2D-Modell lichtmikroskopisch analysierter Zellen abgeleitet werden, dass Zellbestandteile von einer kontinuierlichen Membran umgeben sind, um diese Aussage dann mithilfe elektronenmikroskopischer Untersuchungen zu überprüfen.

Wozu ist das gut?

Modellentwicklung ermöglicht eigenständige Wissenskonstruktion und nutzt das lernförderliche Potenzial von Modellen als zugängliche Repräsentationsform. Durch die Bedeutung von Modellen für die wissenschaftliche Praxis (GIERE 2004; CLEMENT/REA-RAMINEZ 2008) bietet das Entwickeln, Überprüfen und Revidieren von Modellen wichtige Impulse für ein adäquates Nature of Science-Verständnis (PENNER u. a. 1997).

Welches sind die Voraussetzungen?

Wesentlich für die Entwicklung eines Modells ist die Transparenz der oben beschriebenen Modellierungsabsicht, d. h. der Frage, was das Modell leisten soll. Hierbei ist insbesondere zu beachten, dass Lernende mit dem Begriff „Modell" in der Regel nur eine Nachahmungsidee verbinden (GROSSLIGHT u. a. 1991). Aufgabenstellungen zur Modellentwicklung müssen demzufolge die Funktion des zu erstellenden Modells genau akzentuieren. Darüber hinaus stellen die vielfältigen Möglichkeiten der Modellierung (2D- oder 3D-Darstellung u. ä.) häufig eine Überforderung dar, sodass entsprechende Anregungen (z. B. Materialauswahl) hilfreich sein können.

Wie geht das?

Modellentwicklung als Instrument der Auswertung

Eine der wohl geläufigsten Formen der Modellentwicklung ist das Anfertigen mikroskopischer Zeichnungen. Durch das Zeichnen erstellen Lernende ein 2D-Modell (z. B. *Erstelle die mikroskopische Zeichnung einer Zelle, die die Lage des grünen Farbstoffs verdeutlicht.*) und verdeutlichen, welche Strukturen ihnen relevant erscheinen. Das Vergleichen ausgewählter Zeichnungen bietet die Möglichkeit, in eine differenzierte Diskussion einzutreten mit dem Ziel, ein Konsens-Modell anzustreben. *(Vergleicht die Zeichnungen! Welche Ähnlichkeiten oder Unterschiede sind zu erkennen? Welche Zeichnung zeigt die größte Übereinstimmung mit den anderen Zeichnungen? Inwieweit sind in dieser Zeichnung dennoch Ergänzungen vorzunehmen?)* Insbesondere bei aufwändigeren Modellentwicklungen (z. B. 3D-Zellmodelle) bieten sich umfangreichere Diskussionen zur Beurteilung der Modelle an, da hier ein hohes Potenzial für Argumentationen liegt (vgl. Kap. 4.9). Diese Beurteilungen können z. B. durch das Instrument der Zielscheibe auch auf zuvor entwickelte Kriterien ausgerichtet werden (z. B. Verdeutlichung wesentlicher Strukturen, Größenverhältnisse, Anschaulichkeit o. ä.).

Modellentwicklung als Instrument der Hypothesenbildung

Insbesondere für eine modellbasierte Hypothesenbildung ist zu beachten, dass die Vielfalt der Modellierungsmöglichkeiten nicht zu einer Überforderung wird. Eine mögliche Entlastung stellt die Weiterentwicklung von Modellen dar, bei der durch ein bereits vorhandenes Modell ein Orientierungsrahmen für die weitere Modellierung vorliegt (vgl. MEISERT 2014). Dies ist z. B. bei der oben beschriebenen Einführung der Chloroplasten möglich, indem die Skizze einer nicht-grünen Zelle als Vorlage genutzt wird, um alternative Verortungen des grüne Blattfarbstoffs einzuzeichnen. Eine weitere Möglichkeit zur Minimierung von Überforderung bei der Entwicklung hypothetischer Modelle besteht darin, eine bestimmte Art der Modellierung vorzugeben. Bei 3D-Modellen kann dies durch eine Materialauswahl erreicht werden. Eine entsprechend entlastete 2D-Modellentwicklung kann zur Substratspezifität von Enzymen z. B. dadurch initiiert werden, dass zwei schematische Abbildungen des Substrats als Edukt und Produkt vorgegeben werden, sodass die Lernenden ein hypothetisches

Modell zur Struktur des Enzyms ergänzen können (siehe Materialbeispiel, Abb. 2.9A). Eine solche Vorlage bietet erstens Orientierung bzgl. der Darstellungsweise (z. B. einfache 2D-Zeichnung), stellt zweitens Bezüge zu relevanten Phänomenaspekten her (hier: Struktur der Edukte und Produkte) und erleichtert drittens den Vergleich der Modelle über die einheitliche Vorlage. Dieser Vergleich der Modelle bietet die Möglichkeit, entsprechende Argumentationen zur Plausibilität der Modelle bzgl. der zugrundeliegenden Problemlösung zu initiieren (s. o.).

Datenbasierte Modellüberprüfung
Modelle, die eine in sich plausible Phänomenerklärung oder -beschreibung liefern, erfordern eine weitere Überprüfung ihrer Gültigkeit. Diese Notwendigkeit wird insbesondere angesichts alternativer und jeweils in sich plausibler Modelle deutlich.

Ein bekanntes Beispiel hierfür sind die Modelle konservativer, semikonservativer und disperser DNA-Replikation. Um darüber entscheiden zu können, ob eines der konkurrierenden Modelle als (vorläufig) gültig eingestuft werden kann, bedarf es einer Überprüfung anhand passender Daten. Diese können mit Vorhersagen, die aus dem Modell abgeleitet sind, verglichen werden.

Ein weiteres Beispiel ist die Substratspezifität von Enzymen. Hier können Lernende ihre entwickelten Modelle z. B. fiktiv mit einem neuen Substrat kombinieren und entsprechende Vorhersagen über den Abbau dieses Substrats ableiten (siehe Materialbeispiel Abb. 2.9B). Reale Daten zum Abbau dieses neuen Substrats lassen dann Rückschlüsse zu, ob das Modell als (vorläufig) bestätigt eingestuft werden kann.

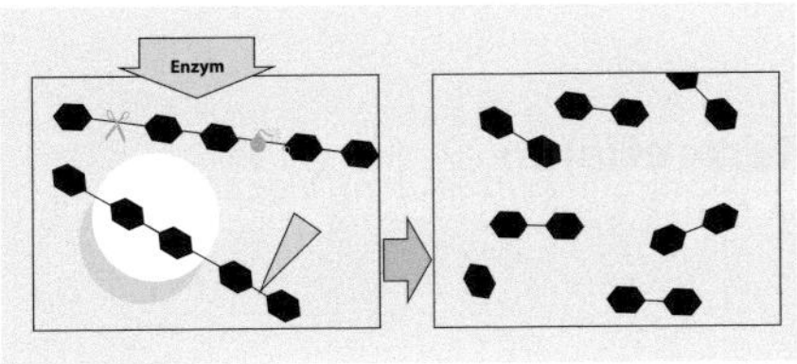

Abb. 2.9A:
Materialbeispiel zur Modellentwicklung und entsprechende Lösungsbeispiele (schwarz = Vorlage; grau = typische Modelle, die Lernende hierzu entwickeln)

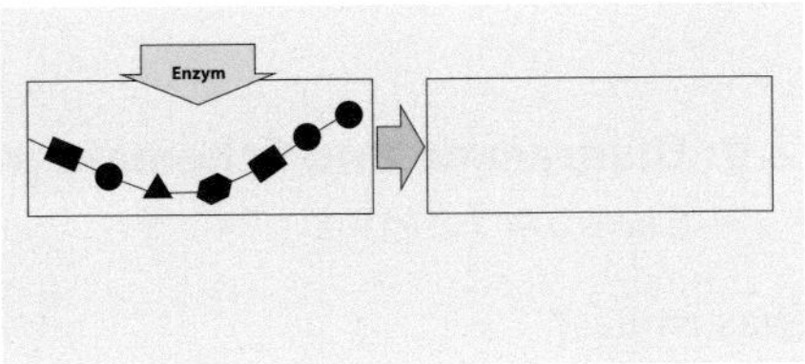

Abb. 2.9B:
Materialbeispiel zur Initiierung modellbasierter Vorhersagen

Literatur

CLEMENT, JOHN J. / REA-RAMIREZ, MARY A. (EDS.) (2008): Model Based Learning and Instruction in Science. Dordrecht

FLEIGE, JENNIFFER / SEEGERS, ANKE / UPMEIER ZU BELZEN, ANNETTE / KRÜGER, DIRK (2012): Modellkompetenz im Biologieunterricht Klasse 7–10. Donauwörth

GIERE, RONALD N. (2004): How models are used to represent reality. In: Philosophy of Science, 71, S. 742–752

GROSSLIGHT, LORRAINE / UNGER, CHRISTOPHER / JAY, EILEEN / SMITH, CAROLL L. (1991): Understanding models and their use in science: Conceptions of middle and high school students and experts. Journal of Research in Science Teaching, 28(9), S. 799–822

MEISERT, ANKE (2009): Modelle in der Biologie. Wie lässt sich im Unterricht ein Verständnis für ihre Bedeutung fördern? In: MNU, 62, S. 424–430

MEISERT, ANKE (2012): Modelle und Modellarbeit. In: WEITZEL, HOLGER / SCHAAL, STEFFEN (Hrsg.): Biologieunterricht planen. Berlin, S. 105–117

MEISERT, ANKE (2014): Dominosteine neu aufgestellt. I: Unterricht Biologie 37, Heft 397/398, S. 47–55

MEYER, HUBERTUS (1990): Modelle. In: Unterricht Biologie, 160, S. 4–10

PASSMORE, CYNTHIA / GOUVEA, JULIA S. / GIERE, RONALD (2014): Models in science and in learning science: Focussing scientific practise on science-making. In: MATTHEWS, MICHEL R. (ed.): International handbook of research in history, philosophy and science teaching. Dordrecht, S. 1171–1202

PENNER, DAVID E. / GILES, NANCY / LEHRER, RICHARD / SCHAUBLE, LEONA (1997). Building functional models: Designing an elbow. In: Journal of Research in Science Teaching, 34, S. 125–143

SEEL, NORBERT M. (2006): Mental Models in Learning Situations. In: HELD, CARSTEN / KNAUFF, MARKUS / VOSGERAU, GOTTFRIED (eds.): Mental Models and the Mind, Amsterdam, S. 85–107

TERZER, EVA / UPMEIER ZU BELZEN, ANNETTE (2007): Naturwissenschaftliche Erkenntnisgewinnung durch Modelle. Modellverständnis als Grundlage für Modellkompetenz. In: Berichte des Institutes für Didaktik der Biologie der Westfälischen Wilhelms-Universität Münster, IDB, 16, S. 33–56

WEITZEL, HOLGER (2014): Modelle im Biologieunterricht. Unterricht Biologie 37, 397/398, 2–11

2.9 Diagramme und Schemata interpretieren

CLAUDIA NERDEL

Was ist das?

Diagramme und Schemata sind bildliche Repräsentationen und weisen im Gegensatz zu realistischen Darstellungen wie Fotografien nur eine geringe Ähnlichkeit zum dargestellten Gegenstand auf (SCHNOTZ 2001). Daher müssen die für die Interpretation nötigen Konventionen geklärt und im Kontext des Biologieunterrichts geübt werden.

Wozu ist das gut?

Die visuelle Lesefähigkeit, mit der u. a. die Fähigkeiten zur Interpretation von Grafiken angesprochen wird, stellt im Medienzeitalter eine Schlüsselkompetenz dar (FELBRICH 2005). Insbesondere die Naturwissenschaften und ihre Unterrichtsfächer machen sich abstrakte, grafische Repräsentationen zu Nutze, um Phänomene und

Zusammenhänge verschiedener Größen darzustellen und zu erklären. Sie sind damit ein Bestandteil der Fachsprache, mit der sich die Wissenschaftler untereinander austauschen (z. B. YORE/HAND 2010). Auch die internationalen Bildungsstudien stellen den sachgerechten Umgang mit Diagrammen und Schemata als wichtigen Bestandteil der naturwissenschaftlichen Kompetenz heraus. So wurden bei PISA zur Messung der Lesekompetenz Aufgaben gestellt, die Informationsentnahme aus Diagrammen und die Interpretation von Graphen verlangten (ARTELT 2001). Auch im Unterricht sind Diagramme und Schemata allgegenwärtig: Biologie-, Geographie- und Deutschlehrkräfte schätzten, dass in ca. der Hälfte ihres Unterrichts und in einem Drittel ihrer Hausaufgaben auf die Verwendung von solchen Grafiken zurückgegriffen wird (SCHROEDER u. a. 2011).

Welches sind die Voraussetzungen?

Die Interpretation von Diagrammen und Schemata wird durch die Kenntnis der Konventionen, die der Darstellung zugrunde liegen, beeinflusst. Bei Diagrammen ist daher die Anwendung von Kenntnissen zu Achsendiagrammen aus dem Mathematikunterricht erforderlich. Viele Schüler haben Schwierigkeiten, die relevanten Variablen zu benennen, eine dargestellte Relation zu erkennen oder die Steigung eines Graphen im biologischen Kontext zu interpretieren. Außerdem sollten die thematischen Bezüge geklärt werden, die häufig in Form von ergänzendem Text präsentiert werden. Das Herstellen von Bezügen zwischen textlichen und grafischen Informationen stellt für Schüler ebenfalls eine große Herausforderung dar.

Wie geht das?

Vorgestellt wird die Interpretation von Diagrammen, weil sie wegen ihrer weitestgehend festgelegten Darstellung über verschiedene Themenbereiche der Biologie vergleichbar sind. Der Fokus liegt auf Achsendiagrammen, bei denen wenigstens eine der beiden Variablen kontinuierlich ist (Säulen-, Balken-, bzw. Liniendiagramme), mit ihnen werden quantitative Zusammenhänge dargestellt. Sie gehören zu den häufigsten Darstellungen von Daten in den Naturwissenschaften sowie in Schulbüchern. Bei der Interpretation von Diagrammen kann man folgendermaßen vorgehen (LACHMAYER u. a. 2007):

1. *Identifizierung des Diagrammrahmens:* Bei der Identifizierung verschafft man sich einen Überblick, worum es in dem Diagramm inhaltlich geht und welche Relation(en) dargestellt sind.
   a) Klärung der Variablen: Auf welcher Achse sind welche Größen eingetragen, was ist die abhängige bzw. unabhängige Variable? I. d. R. wird auf der Abszisse die unab-

hängige, auf der Ordinate die abhängige Variable abgetragen; dennoch sollte die Abhängigkeit der Variablen bezogen auf das konkrete Beispiel diskutiert werden, um eine unreflektierte Routine bei der Achsenbelegung zu vermeiden (Beispiel: „Die Zeit ist immer auf der x-Achse").

b) Wie sind die Achsen skaliert, welche Einheit haben die Variablen?
c) Bei mehreren Datenreihen: Gibt es eine Legende, mit der man die verschiedenen Messreihen unterscheiden kann oder sind die Graphen direkt beschriftet? Was stellen die Graphen dar, wie verlaufen sie?

Durch die Identifizierung ist es möglich, vorab Aussagen über den dargestellten Zusammenhang zu machen, ohne konkrete Daten aus dem Diagramm abzulesen und/ oder zu vergleichen. Dies erfolgt im zweiten Schritt.

2. *Ablesen von Werten und Trends*

a) Ablesen von einzelnen Werten aus dem Diagramm; beantwortet wird z. B. die Frage nach konkreten Funktionswerten zu einem vorgegeben Wert der unabhängigen Variable.
b) Vergleich einzelner Werte einer Datenreihe im Längsschnitt bzw. mehrerer Datenreihen im Querschnitt; Ablesen eines Trends in einer Datenreihe; beantwortet wird z. B. die Frage, welchen Unterschied zwei Funktionswerte aufweisen oder wie sich der Kurvenverlauf entwickelt.
c) Vergleich der Unterschiede zwischen je zwei Werten einer Datenreihe oder Vergleichen mehrerer Trends
d) Lesen über die Daten hinaus: Prognosen über eine weitere Entwicklung auf der Basis des bestehenden Datensatzes erstellen, ggf. unter Einbeziehung weiterer Quellen oder des Vorwissens

Was aus einem Diagramm abgelesen werden soll, hängt von der Aufgabenstellung ab. Die vier vorgestellten Kategorien des Ablesens werden nicht bei jeder Aufgabe gefordert und lassen sich nicht eindeutig in ihrer Schwierigkeit reihen. In der Regel sind Diagramme mit mehreren Graphen oder sekundären Achsen komplexer und stellen größere Anforderungen an den Leser.

Identifizierung beim Säulendiagramm: Im Beispiel 1 (Abb. 2.10) wird der prozentuale Anteil verschiedener Nährstoffe an der Gesamtnährstoffmenge bei unterschiedlichen Sportlertypen dargestellt. Dieser unterscheidet sich je nach ausgeübtem Sport. Die Nährstoffe stellen somit Kategorien der unabhängigen Variable dar, die Sportlertypen bilden eine Datenreihe. *Ablesen:* Es können einzelne Werte innerhalb einer Datenreihe abgelesen und miteinander verglichen werden, z. B. ist der Anteil der Kohlenhydrate bei Ausdauer- und Kraftsportlern am höchsten, der Eiweißverzehr am geringsten (wie bei den Nichtsportlern auch). Dagegen ist der Anteil von Fett bei Nichtsportlern am höchsten. Vergleicht man die Anteile der Nährstoffe über die Datenreihen im Querschnitt, fällt wiederum der hohe Wert für Fett bei Nichtsportlern auf, er ist auch für alle Sportlertypen der höchste. Kraftsportler haben gemäß der Daten den größten Eiweißbedarf.

Beispiele:

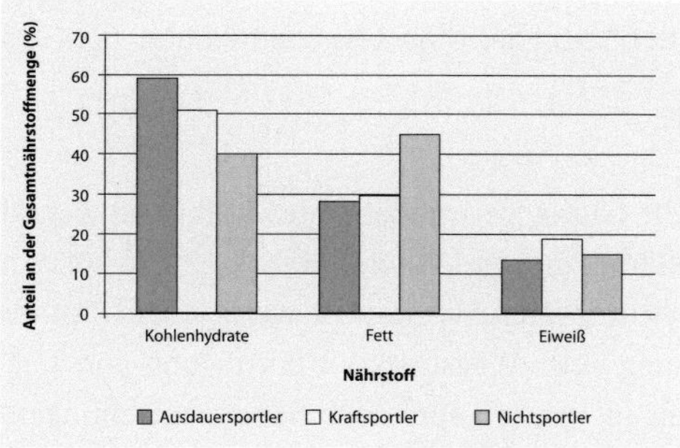

Abb. 2.10:
Beispiel 1: Anteil von Nährstoffen an der Gesamtnährstoffmenge bei unterschiedlich sportlichen Menschen, Säulendiagramm

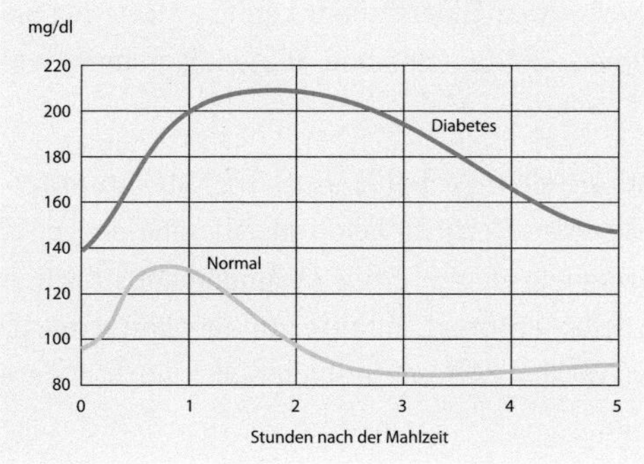

Abb. 2.11:
Beispiel 2: Veränderung des Blutzuckerspiegels nach Einnahme von 100g Glukose bei Patienten mit und ohne Diabetes, Liniendidagramm

Identifizierung beim Liniendidagramm: In Beispiel 2 (Abb. 2.11) ist die Veränderung des Blutzuckerspiegels nach Einnahme von 100 g Glukose bei zwei unterschiedlichen Patienten dargestellt. Unter Berücksichtigung der Normwerte für den Blutzuckerspiegel (100 mg/ml) und des Insulinregelkreises zeigt das Diagramm die Graphen für einen Gesunden und für einen an Diabetes mellitus erkrankten Patienten. Der Blutzuckerspiegel steigt im zeitlichen Verlauf beim gesunden und an Diabetes erkranken Patienten zunächst an und fällt dann wieder. *Ablesen:* Im Längsschnitt können beide Graphen unabhängig voneinander beschrieben werden. Der Blutzuckerspiegel des an Diabetes erkrankten Patienten erreicht ausgehend von 140 mg/dl nach ca. 90 min mit 210 mg/dl sein Maximum und fällt nach 150 min in den nächsten 2,5 Stunden nicht ganz auf seinen Ausgangwert zurück. Der Blutzuckerspiegel des Gesunden startet bei 98 mg/dl, steigt innerhalb von 45 min auf 130 mg/dl und erreicht nach insgesamt zwei Stunden sein Ausgangsniveau. In den darauffolgenden drei Stunden wird weiterer Zucker abgebaut, der Blutzuckerspiegel sinkt unter den Normalwert, anschließend stellt sich das Ausgangsniveau langsam wieder ein. Vergleicht man die Datenreihen im Querschnitt, sind folgende Werte bzw. Wertebereiche auffällig: a) ein unterschiedliches Ausgangsniveau, b) unter schiedliche große und zeitlich verschobene Maxima mit Plateaus, c) unterschiedlicher Kurvenverlauf bei der Rückkehr zum Ausgangsniveau. In allen Werten liegt der Graph des Diabetespatienten über dem des Gesunden.

Bemerkungen

Schemata werden im Biologieunterricht häufig verwendet, ihre Zeichensätze sind jedoch weniger festgesetzt und daher stärker interpretationsbedürftig. Pfeile können in demselben Schema für unterschiedliche Zwecke verwendet werden, z. B. Anhebung eines Energieniveaus, Beschreibung einer Wegstrecke, Übertragung von Teilchen x auf Teilchen y usw. Darüber hinaus gibt es aber auch Schemazeichnungen, deren Konstruktionsprinzipien man wie bei den Diagrammen kennen muss, um sie richtig deuten zu können. Hierzu gehören z. B. Stammbäume, Blütendiagramme und die Code-Sonne.

Tipp: Diagramme interpretieren und erstellen (s. Teil II, Kap 3.5.) stellen unterschiedliche Fähigkeiten dar, die im Biologieunterricht beide gleichermaßen geübt werden sollten (LACHMAYER 2008). Geeignete Daten für die Diagrammkonstruktion können im Rahmen von Experimenten selbst erhoben, mithilfe von Tabellen strukturiert und mit Diagrammen ausgewertet werden. Alternativ bieten sich auch andere Datenquellen durch Internetrecherche an.

Literatur

ARTELT, CORDULA / BAUMERT JÜRGEN / KLIEME ECKHARD / NEUBRAND, MICHAEL / PRENZEL MANFRED / SCHIEFELE, ULRICH u. a. (2001). PISA 2000: Zusammenfassung zentraler Befunde. Berlin: Max-Planck-Institut für Bildungsforschung.

FELBRICH, ANJA (2005). Kontrastierungen als effektive Lerngelegenheiten zur Vermittlung von Wissen über Repräsentationsformen am Beispiel des Graphen einer linearen Funktion. Technische Universität Berlin.

LACHMAYER, SIMONE (2008). Entwicklung und Überprüfung eines Strukturmodells der Diagrammkompetenz für den Biologieunterricht. Kiel: Christian-Albrechts-Universität zu Kiel. http://eldiss.uni-kiel.de/macau/receive/dissertation_diss_00003041

LACHMAYER, SIMONE / NERDEL, CLAUDIA / PRECHTL, HELMUT (2007). Modellierung kognitiver Fähigkeiten beim Umgang mit Diagrammen im naturwissenschaftlichen Unterricht. Zeitschrift für Didaktik der Naturwissenschaften, 13, S. 161–180.

SCHNOTZ, WOLFGANG (2001). Wissenserwerb mit Multimedia. Unterrichtswissenschaft, 29, S. 292–318.

SCHROEDER, SASCHA / RICHTER, TOBIAS / MCELVANY, NELE / HACHFELD, AXINJA / BAUMERT, JÜRGEN / SCHNOTZ, WOLFGANG / HORZ, HOLGER / ULRICH, MARK (2011): Teachers' beliefs, instructional behaviors, and students' engagement in learning from texts with instructional pictures. Learning and Instruction, 21(3), S. 403–415.

YORE, LARRY D. / HAND, BRIAN (2010). Epilogue: Plotting a research agenda for multiple representations, multiple modality, and multimodal representational competency. Research in Science Education, 40 (1), S. 93–101.

2.10 Befragungen: Interview und Expertenbefragung

INGMAR STELZIG

Was ist das?

Die Umfrage ist eine mehr oder weniger standardisierte Befragung einer zufälligen oder repräsentativen Gruppe. Das Interview richtet sich mit seinen Fragen an Einzelpersonen. Deren Auswahl kann wiederum zufällig sein oder sich auf eine bestimmte Eigenschaft bzw. Aufgabe dieser Person beziehen.

Die Expertenbefragung ist eine besondere Form des Interviews, bei der ein Thema oder ein Problem aus der Sicht eines Fachmanns beleuchtet werden soll.

Wozu ist das gut?

Die Befragung ist im sozialwissenschaftlichen Bereich das am häufigsten verwendete Instrument der Datenerhebung, um ein Meinungsbild zu erfassen. Für den Biologieunterricht stellt der Einsatz von Befragungen häufig eine Nahtstelle zu fächerübergreifenden Ansätzen, Bewertungen oder ethischen Aspekten von Biologie dar. Als thematische Beispiele sind „gesunde Ernährung", „tägliche Bewegung" und „Stress" zu nennen. Auch komplexere Themen wie der „Einsatz von Stammzellen" oder „Folgen der globalen Erwärmung" eignen sich für eine Befragung.

Werden im Unterricht spezielle und authentische Informationen zu einem bestimmten Thema benötigt, kann eine Expertenbefragung durchgeführt werden. Zum Beispiel kann im Rahmen des Themas „Haustiere" eine Befragung mit einem Hundezüchter und zum Thema „Evolution" eine Befragung mit einem Paläontologen durchgeführt werden.

Welches sind die Voraussetzungen?

Die Methode der Befragung ist prinzipiell für alle Jahrgänge der Sekundarstufe zu empfehlen. Die jeweilige Fragestellung sowie die einzelnen Fragen sollten der Jahrgangsstufe angemessen sein. Bei der Entwicklung der Fragen sollte darauf geachtet werden, dass Schüler, die andere Personen interviewen, in der Lage sind, Fragen und Antworten des Befragten zu verstehen und auf sie einzugehen. Die Lehrkraft begleitet selbstverständlich die Befragung (Aufsichtspflicht).

Wie geht das?

Phase	Inhalt	Wer/ Sozialform
1. Vorbereiten	■ Was ist das Ziel der Befragung? ■ Wer wird befragt? ■ Wo wird befragt? ■ Fragebogen oder Interviewleitfaden? ■ Fragen zum Thema erstellen. ■ Fragen auswählen und gemeinsam formulieren. ■ Dokumentation des Interviews absprechen, z. B. audiovisuelle Aufzeichnung. Bei Expertenbefragung: ■ Wie findet man einen Experten?	Lehrer/ Klasse/ Gruppen
2. Durchführen	■ Vereinbaren, wer in der Gruppe fragt und wer Notizen macht. Alternativ kann das Gespräch mit Genehmigung des Interviewten aufgezeichnet werden. ■ Passanten müssen ihre Bereitschaft für das Gespräch erklären. ■ Höflichkeit ist oberstes Gebot! ■ Wenn der Befragte zu lange spricht, höflich mit Zwischenfrage unterbrechen. ■ Wenn Antworten nicht richtig verstanden werden, nachfragen. ■ Sich am Schluss für das Gespräch bedanken.	Klasse/ Gruppen
3. Auswerten	■ Gemeinsam Materialien sichten, geeignetes Material auswählen und nach Themen sortieren. ■ Aufgaben für die Darstellung der Ergebnisse verteilen.	Gruppen
4. Dokumentieren	■ Beispiele: Plakate mit Ergebnissen anfertigen, Reportage für die Schülerzeitung schreiben.	Klasse/ Gruppen

Beispiel: Leitfrageninterview

Das Aufwerfen einer Fragestellung im didaktischen Sinne ist ein alltäglicher Vorgang im Biologieunterricht. Zusätzlich zu den pädagogisch-psychologischen Erkenntnissen zum Lernprozess fließen bei der Methode des Interviews auch Aspekte des Ablaufs von natur- und geisteswissenschaftlichen Forschungsprozessen in den Unterricht ein. So erhält das Interview durch die Bearbeitung von Fragestellungen („Forscherfragen") eine Berechtigung im naturwissenschaftlichen Unterricht. Eine Einbindung von Interviews in den Unterricht findet also stets unter einer bestimmten Fragestellung statt und hat neben fachlichen Zielen auch kommunikative und bewertende Kompetenzen zum Ziel.

Fragen zu stellen, um Informationen zu erhalten, erscheint besonders leicht. Eine sorgfältige Vorbereitung ist hierzu jedoch notwendig. Wichtig ist auch die Einhaltung von Höflichkeitsformen.

„Guten Tag. Wir sind Schüler der Klasse 9 der Gesamtschule. Wir behandeln im Biologieunterricht gerade das Thema Stress. Wir haben uns gefragt, was man eigentlich unter Stress versteht. Unsere Lehrerin hat uns gebeten, Passanten dazu zu befragen. Dürfen wir Ihnen einige Fragen hierzu stellen?"

Bei „Ja":	Bei „Nein":
„Herzlichen Dank."	„Entschuldigen Sie bitte, dass wir Sie aufgehalten haben. Wir wünschen Ihnen noch einen schönen Tag." (Ende)

Ist der Passant zum Interview bereit, kann er gefragt werden, ob er auch einige Fragen zu seiner Person (Geschlecht, Alter, Beruf, Wohnort) beantworten möchte.

Alter:	– unter 20 Jahre	– bis 30 Jahre	– über 30 Jahre
Geschlecht:	– männlich	– weiblich	

„Wir bitten Sie, die folgenden Fragen zu beantworten. Ihre Antworten werden selbstverständlich anonym behandelt."

1. Definieren Sie kurz den Begriff Stress.
2. Nennen Sie wenigstens 3 Situationen, die für Sie Stress bedeuten.
3. Welche der Situationen ist für Sie besonders stressig?
4. Fühlen Sie sich oft oder selten gestresst?
5. Was tun Sie gegen Stress?
6. Woran merken Sie, dass Sie gestresst sind?

Am Ende des Interviews bedanken sich die Schüler.

„Herzlichen Dank für die Beantwortung der Fragen. Sie haben uns sehr geholfen."

Schüler sollten mindestens zu zweit das Interview bzw. die Umfrage durchführen. Dabei müssen sie sich und das Vorhaben zunächst vorstellen und den Passanten bitten, ihm einige Fragen stellen zu dürfen.

Jedes Interview wird auf einem Protokollblatt festgehalten. Entweder werden die Antworten des Passanten vom Protokollführer in Stichpunkten mitgeschrieben oder vorgegebene Antworten werden angekreuzt („Multiple choice"). Die Begrüßung und die Schlussformel sind auf dem Protokollbogen vermerkt und können so auch nicht vergessen werden. Selbst wenn die Schüler diese Teile vorlesen und das etwas unbeholfen wirken mag, so besteht die Gewähr, dass die höfliche Form gewahrt bleibt.

Bemerkungen:

Wichtig ist, das Interview zuvor mit Klassenkameraden zu üben und die Schüler auf mögliche Konfliktsituationen hinzuweisen. Selbst der Passant, der z. B. keine Antwort geben will, ist freundlich und höflich zu behandeln. Schüler tun sich zunächst schwer, Passanten auf der Straße anzusprechen. Diese Situation mag für viele ungewohnt und auch unangenehm sein. Das erste gelungene Gespräch und die erste positive Rückmeldung stellen dann aber ein umso größeres Erfolgserlebnis dar.

Die Auswertung der Interviews erfolgt im Unterricht. Antworten von Passanten können mit der Literatur zu diesem Thema verglichen werden. Ist die Anzahl der Protokolle sehr hoch, kann der Computer bei der Aufarbeitung und Darstellung der Daten helfen. Das Ergebnis kann als Poster präsentiert und im Klassenraum oder der Schülerzeitung veröffentlicht werden.

Durchführung eines Experteninterviews:

Bei einem Experteninterview können ein oder mehrere Experten befragt werden. Ziel dabei ist, Informationen und Bewertungen zu einem Thema einzuholen, die nicht einfach nachlesbar und komplex sind. Als Experten für biologische Themen kommen Vertreter ganz verschiedener Berufsgruppen in Betracht, z. B. Hebammen, Gärtner, Ärzte, Tierzüchter und Wissenschaftler. Als Beispiel sei hier eine Befragung zur Stammzellforschung genannt. Hier könnten die Schüler auch mehrere Wissenschaftler befragen: einen Stammzellforscher, einen Theologen und einen Philosophen.

Bei der Kontaktaufnahme mit einem Experten sollte unbedingt darauf hingewiesen werden, dass kein Vortrag, sondern eine Expertenbefragung gewünscht ist.

Zur Vorbereitung führt die Lehrkraft zunächst in die Thematik ein. Schüler bereiten Fragen in Einzel-, Partner- oder Gruppenarbeit vor. Anschließend können die Fragen nach Themengebieten zusammengefasst und visualisiert werden. Die Rollen für das Interview müssen festgelegt werden: Wer stellt welche Fragen, wer macht Notizen, wer bedient das Aufnahmegerät und wer fotografiert?

Beim Interview erfolgt zunächst eine Vorstellung und Begrüßung des Experten. Die Antworten des Experten sollten möglichst kurz sein und Rückfragen zugelassen werden. Spricht der Gesprächspartner zu lange, kann er mit einer Zwischenfrage höflich unterbrochen werden. Schließlich erfolgt eine Zusammenfassung der wichtigsten Aspekte durch die Lehrkraft.

2.11 5-Schritt-Lesemethode

ULRIKE SPÖRHASE

Was ist das?

Es ist eine aus 5 Schritten bestehende einfach zu handhabende Lesestrategiemethode (vgl. 2.12). Sie eignet sich gut, um Sachtexte zu erschließen und kommt aus der Deutschdidaktik (BIERMANN/SCHURF 2000).

Wozu ist das gut?

PISA 2006 formuliert die Fähigkeiten und Fertigkeiten, die eine naturwissenschaftliche Grundbildung umfasst (PRENZEL u. a. 2007). Als eine wichtige Fähigkeit wird hier genannt, sich neues Wissen anzueignen. In vielen Fällen erfolgt die Aneignung von neuem Wissen über Sachtexte oder Aufgaben zur Erkenntnisgewinnung. Damit nimmt das Textverständnis auch im Biologieunterricht eine Schlüsselstellung ein (vgl. Landesinstitut für Schule und Medien Berlin-Brandenburg 2011).

Lesestrategien erleichtern und verbessern das Textverständnis, strukturieren den Arbeitsvorgang für Schüler und fördern das selbstständige Lernen.

Welches sind die Voraussetzungen?

Bei der Einführung sollten die Schüler eine Checkliste erhalten (s. Abb. 2.12). Sie dient ihnen als Leitfaden für jede Textbearbeitung und sollte immer parat sein, bis die Methode erlernt ist.

Wie geht das?

Die Methode setzt sich aus fünf Schritten zusammen. Liegt die Checkliste vor, ist keine weitere Vorbereitung nötig und der jeweilige Text kann bearbeitet werden.

1. Schritt: Überblick bringt Durchblick

Hier geht es darum, sich einen Überblick zu verschaffen. Dies gelingt, indem man herausfindet, um welche Art von Text es sich handelt, alle Überschriften und fett oder kursiv gesetzten Wörter liest, sich alle Absätze kurz anschaut und, wenn vorhanden, auf Begriffe in Randspalten oder andere Hervorhebungen achtet.

2. Schritt: Fragen machen schlau
Hier geht es darum, herauszufinden, was an dem Text interessiert und worum es eigentlich geht. Hierzu werden Fragen zu den Überschriften und Hervorhebungen gestellt. Nicht verstandene Begriffe werden nachgeschlagen und geklärt.

1. Schritt: Überblick bringt Durchblick
- Überfliege den Text und verschaffe dir einen Überblick.
- Bestimme, um welche Art von Text es sich handelt (z. B. Sachtext, Versuchsbeobachtung, Versuchsanleitung, Versuchsprotokoll usw.)
- Lies alle Überschriften und fett oder kursiv (schräg) gedruckten Wörter.
- Schaue dir alle Absätze kurz an.
- Achte auf Hervorhebungen.

2. Schritt: Fragen machen schlau
- Finde heraus, was dich interessiert und worum es geht.
- Stelle Fragen zu Überschriften und Hervorhebungen.

3. Schritt: Gründliches Lesen bringt den Durchblick
- Nimm einen Bleistift zur Hand und lies den Text Satz für Satz sehr gründlich.
- Teile den Text in Sinnabschnitte.
- Unterstreiche wichtige Begriffe, markiere unbekannte Wörter und unverstandene Textstellen.
- Hebe Textstellen, die auf W-Fragen Antwort geben, dadurch hervor, dass du das Fragewort an den Rand schreibst. (W-Fragen sind z. B. wer, was, wo, wie, warum?)

4. Schritt: Aufschreiben, was man weiß
- Fasse das Wesentliche schriftlich zusammen. Die W-Fragen können dir dabei helfen.
- Notiere, was du nicht verstanden hast, und kläre es anschließend.

5. Schritt: Abschließendes Lesen
- Lies den gesamten Text noch einmal durch.
- Überprüfe, ob du alles richtig verstanden hast.
- Ergänze deine Aufzeichnungen, falls nötig.

Abb. 2.12: Texte verstehen mit der 5-Schritt-Lesemethode

3. Schritt: Gründliches Lesen bringt den Durchblick
Jetzt wird mit dem Bleistift in der Hand Satz für Satz gelesen. Dabei wird der Text in Sinnabschnitte unterteilt, wichtige Begriffe und unbekannte Wörter werden unter-

strichen und unverstandene Textstellen markiert. Textstellen, die auf W-Fragen antworten, werden hervorgehoben.

4. Schritt: Aufschreiben, was man weiß
Das Wesentliche des Textes wird in wenigen Sätzen zusammengefasst. Hierbei können die W-Fragen helfen. Anschließend klärt man Verständnisschwierigkeiten.

5. Schritt: Abschließendes Lesen
Jetzt wird der Text noch einmal im Zusammenhang gelesen. Dabei wird überprüft, ob alle wichtigen Informationen verstanden wurden. Ggf. werden weitere Aspekte aufgeschrieben oder die bisherigen Notizen korrigiert.

Bemerkungen:

Setzen Sie die Methode konsequent und langfristig ein.

Literatur

Biermann, Heinrich / Schurf, Bernd (Hrsg.) (2000): Deutschbuch. Sprach- und Lesebuch. Grundausgabe. Berlin

Landesinstitut für Schule und Medien Berlin-Brandenburg (Hrsg.) (2011): Lesen in den Naturwissenschaften. Das ProLesen-Länderprojekt Berlin und Brandenburg. Berlin

Prenzel, Manfred / Schöps, Katrin / Rönnebeck, Silke / Senkbeil, Martin / Walter, Oliver / Carstensen, Claus / Hammann, Marcus (2007): Naturwissenschaftliche Kompetenz im internationalen Vergleich. In: Prenzel, Manfred / Artelt, Cordula / Blum, Werner / Hammann, Marcus / Klieme, Eckhard / Pekrun, Reinhard (Hrsg.): PISA 2006. Münster, S. 63–105

2.12 Texte rekonstruieren

Ulrike Spörhase

Was ist das?

Die Schüler rekonstruieren einen Sachtext aus einzelnen Bausteinen in Partnerarbeit oder Gruppenarbeit.

Wozu ist das gut?

Die Methode fördert eine intensive Auseinandersetzung mit Inhalt und Aufbau eines Textes. Beides muss verstanden werden, um wieder ein sinnvolles Ganzes entstehen zu lassen.

Die Methode ist ein Beispiel für eine Leseverzögerungsaufgabe und hat ihren Ursprung in der Deutsch- und Fremdsprachendidaktik. Der Leseprozess wird entschleunigt. Die Verlangsamung soll eine Intensivierung des Leseprozesses provozieren und ein automatisiertes Lesen bzw. ein unreflektiertes Konsumieren des Textes verhindern (LINDENHAHN 1981, zitiert nach PICARD 2005).

Je nach Textsorte werden Kompetenzen der Bereiche Fachwissen, Erkenntnisgewinnung, Kommunikation und Bewertung gefördert. Zugleich können die Schüler an guten Beispielen lernen, wie man biologische Texte verfasst. Nahezu alle Textsorten des Biologieunterrichts sind geeignet, wie z. B. Beschreibungen von komplexen Zusammenhängen, Berichte über Entdeckungen in der Biologie, Protokolle, Versuchsplanungen, Tierbeschreibungen, aber auch Infokarten und Steckbriefe.

Welches sind die Voraussetzungen?

Der ausgewählte Text sollte gut geschrieben sein – ein Vorbild sozusagen –, sich gut in Sinneinheiten unterteilen lassen und für die Lerngruppe (Klasse 5–13) adäquat sein.

Wie geht das?

Phase	Inhalt	Wer/ Sozialform
1. Vorbereiten	■ Einen gut geschriebenen Sachtext aussuchen. ■ Den Text in einzelne Abschnitte zerteilen, wobei jeder Abschnitt mit einem vollständigen Satz anfängt. ■ Textmaterial für jede Gruppe vervielfältigen, zerschneiden und in Briefumschläge legen. ■ Textbausteine auf Overheadfolie kopieren.	Lehrer
2. Durchführen	■ Alle Textbausteine des Textes für jede Gruppe in einem Briefumschlag zur Verfügung stellen. ■ Die Schüler rekonstruieren den Text in Gruppen.	Klasse/ Gruppen
3. Auswerten	■ Einzelne Gruppen stellen ihre Ergebnisse mithilfe der Textbausteine auf Overheadfolie vor. ■ Sinnvolle und nicht sinnvolle Arrangements im Plenum diskutieren und bewerten. Die Lehrkraft hält sich zurück und gibt Fragen immer wieder an die Klasse zurück. ■ Die Lerngruppe einigt sich auf richtige Lösungen (je nach Textstruktur können mehrere Lösungen richtig sein).	Klasse

Weiterarbeit

Im Text festgestellte Schwächen werden ggf. überarbeitet. Der Text dient als Schreibvorlage für ein eigenes Produkt. So kann die fachgemäße Schreibkompetenz gefördert werden.

Dies bietet sich an für z. B. das Erstellen von Steckbriefen, Infokarten, Tier- und Pflanzenbeschreibungen und -beobachtungen, Protokollen und die Darstellung komplexer Zusammenhänge.

Tipps:

- Beginnen Sie mit kurzen Texten.
- Als Hilfe kann ein Schlüsselwort pro Absatz unterstrichen werden.

Literatur

PICARD, FREDERIKE (2005): Lesekompetenzförderung im Biologieunterricht. Notwendigkeiten und Möglichkeiten. Münster

2.13 Rollenspiel

HOLGER WEITZEL

Was ist das?

In Rollenspielen werden Lerninhalte in szenischer Weise aufgearbeitet. Die Spieler schlüpfen in Rollen und verkörpern die damit verbundenen Eigenschaften. Die daraus resultierenden Handlungsmöglichkeiten werden im Spiel erfahren und können anschließend reflektiert werden (SCHALLER 2006).

Wozu ist das gut?

Die Methode eignet sich im Biologieunterricht vor allem zur kognitiven, emotionalen und gleichzeitig körperbezogenen Auseinandersetzung mit komplexen theoretischen Konzepten. Auch bioethische Probleme lassen sich im Rollenspiel durchdenken.

Das Rollenspiel als simulatives Unterrichtsverfahren kann traditionellen Biologieunterricht sinnvoll ergänzen, da:

- es durch die handelnde Veranschaulichung von Unterrichtsgegenständen motiviert,
- es durch die szenische Darstellung den Ereignischarakter von Unterricht steigert,
- es in der Rolle die Identifikation mit fremden, zunächst unverständlichen Inhalten und/oder Einstellungen und daraus resultierenden Handlungsweisen ermöglicht.
- es körperbezogene Erfahrungen ermöglicht, die im traditionellen Unterricht nicht realisierbar sind, die aber das Lernen erleichtern.

Je nach Rollenspiel lassen sich Kompetenzen der Bereiche Fachwissen, Erkenntnisgewinnung, Kommunikation und Bewertung fördern.

Welches sind die Voraussetzungen?

Die Methode ist für alle Schulstufen und Schularten geeignet. In Abhängigkeit vom Thema werden Requisiten wie Tücher, Bälle, Seile und anderes mehr benötigt (WULFF u.a. 2012).

Wie geht das?

Jedes Rollenspiel setzt sich aus drei Phasen zusammen: Vorbereitung, Spiel und Auswertung. Es sollte je eine Stunde für die Vorbereitung und eine Stunde für Spiel und Auswertung eingeplant werden. Komplexere Aufgabenstellungen erfordern mehr Zeit.

Phase	Inhalt	Wer/ Sozialform
Vorbereiten	■ Rollenbeschreibungen anfertigen. ■ Materialien und Requisiten für die Rollen zusammenstellen. ■ Rollen verteilen (können Schüler je nach Erfahrung untereinander durchführen). ■ Vereinbarungen treffen: Zeichen zum Beginn und für Unterbrechungen des Rollenspiels. ■ Aufgaben der Schüler klären, die gerade nicht spielen. ■ Rollenhandlung erarbeiten.	Lehrer Einzel-, Partnerarbeit
Spiel	■ Zeitrahmen klären (einige Minuten bis zu einer halben Stunde) ■ Spiel	Vortrag/ Rollenspiel
Auswerten	Die Auswertung kann je nach Ziel einen oder mehrere der folgenden Gesichtspunkte ansprechen: ■ Spielablauf, Verhalten der Spieler in ihrer Rolle, Interaktionen zwischen Spielern rückmelden. ■ Ergebnisse des Spiels zusammenfassen. ■ Ergebnisse auf Realsituationen übertragen oder Ergebnisse in anderen Zusammenhängen anwenden.	Klasse

Variationen:

- Ethische Fragestellungen kann man mit unterschiedlicher Zielsetzung durchspielen
  1. Entscheidungsspiel (s. Beispiel 2):
     Am Ende des Spiels muss eine Entscheidung getroffen werden. Variante: Gerichtsprozess, Debatte.
  2. Simulationsspiel: Folgen unterschiedlicher Verhaltensweisen im Hinblick auf eine Frage werden durchgespielt. Unterschiedliche Ergebnisse werden diskutiert.
- Der Spielablauf kann mehrfach unterbrochen werden (Achtung! Unterbrechungssignal vereinbaren). Zu den Unterbrechungszeiten kann bei doppelbesetzten Rollen ein anderer Schüler die Rolle eines Spielers übernehmen. Je nach Auslegung der Rolle ergeben sich dabei Varianten im Spiel, die für die Reflexion fruchtbar gemacht werden können.
- Rollentexte in Ich-Form: Rollenbeschreibungen können in der Ich-Form angefertigt werden. Durch das Sprechen der Rollen in der Ich-Form erhöht sich die Identifikation mit einer Rolle.

Rollenspiele lassen sich mit zahlreichen anderen Methoden kombinieren, z. B. Lernstraße, Lernen an Stationen, Gruppenpuzzle, Schreibkonferenz, Web-Quest.

Tipps:

- Komplexe Rollenspiele sollten auf Video aufgezeichnet werden, sodass sie zu einem späteren Zeitpunkt ausgewertet werden können.
- Kurze Rollenbeschreibungen erleichtern den Einstieg in die Methode.
- Schüler können mit ein wenig Erfahrung erfolgreich selbst kleine Rollenspiele entwickeln.
- Geeignete Themen für mögliche ethische Fragestellungen sind z. B.: Doping, Gentechnik und die damit verbundenen Untersuchungs- und Therapieansätze (z. B. PID, Stammzelltherapie), Gesundheits- und Sexualerziehung (z. B. Drogenkonsum, gesunde Ernährung, Verhütung), Rassismus, Umwelterziehung (z. B. Genehmigung von Jagd- oder Fischereirechten, Ansiedlung von Wildtieren).

Beispiele:

Beispiel 1: Veranschaulichung eines abstrakten Sachverhaltes (Mitose)

Das Beispiel ist so angelegt, dass alle Schüler einer Klasse mitspielen können. Vor dem Spiel erarbeiten die Schüler ihre Rollen anhand von Skizzen und kurzen Texten zur

Mitose. Sie erproben Ausschnitte in rollengleichen Kleingruppen. Im Spiel sollte bei jedem „Einfrieren" der Rollenspieler die Richtigkeit der dargestellten Handlung diskutiert werden. Die Lehrerin sollte in die Diskussion nur eingreifen, wenn die Schüler allein zu keinem Ergebnis kommen.

Wenn genügend Zeit vorhanden ist, kann jeder Schüler zwei Rollen übernehmen, sodass sich bei einer Wiederholung des Rollenspiels die Rollen wechseln lassen. Wiederholungen der Rollenspiele sind sinnvoll, da sie die Lernergebnisse festigen. Die Fragen und Aufgaben am Schluss können je nach Stärke der Lerngruppe variiert werden.

Rollen:
Zweimal 8 bis 10 Schüler für die doppelte Kernmembran, 4 Schüler für 4 Chromatiden, 4 Schüler für 4 Centriolen, 4 Schüler als Spindelfasern.

Beispiel für den Einstieg in eine Rollenbeschreibung:
Deine Aufgabe im folgenden Rollenspiel ist es, ein Chromatid darzustellen, das eine Mitose durchläuft. Jedes Chromosom setzt sich aus 2 Chromatiden zusammen, die an einer Stelle (dem Centromer) miteinander verbunden sind. Was mit einem Chromatid im Verlauf der Mitose passiert, erfährst du aus dem Material auf deinem Tisch. (Dort liegt eine kurze grafische Übersicht über den Mitoseprozess, begleitet von zugehörigen Textbausteinen.)

1. Berate dich mit den drei anderen Chromatiden, was mit euch in den Phasen der Mitose geschieht.
2. Bereitet euch darauf vor, die Abläufe im Rollenspiel darzustellen.

Aufgabe:
Wir spielen den Ablauf der Mitose im Klassenraum nach und beginnen dabei mit der Prophase.

- Szene 1 (Prophase): Alle Schauspieler stellen sich so auf, wie es einer Skizze oder Beschreibung zur Kernteilung zu entnehmen ist.
- Szene 2 (Metaphase): Eure Aufgabe ist es nun, die Vorgänge, die ablaufen, nachzuspielen, bis unser Szenenbild der Abbildung der Metaphase entspricht.
- Szene 3 (Anaphase): Wir spielen weiter, bis wir den Zustand der Anaphase erreichen und frieren ein.
- Szene 4 (Telophase): Und noch einmal spielen wir weiter, bis der Zustand der Telophase erreicht ist. Auch jetzt frieren wir wieder ein.

Fragen:
- Was hat im Rollenspiel gut geklappt, wo gab es Schwierigkeiten?
- Wieso haben wir 4 Spieler für ein Chromosomenpaar ausgewählt?
- Was passiert während der Mitose mit dem Chromosomenpaar, der Kernmembran usw.?
- Beschreibt in eigenen Worten den Ablauf und das Ergebnis der Mitose.
- Warum kann nicht unmittelbar im Anschluss an die Telophase eine erneute Kernteilung stattfinden?

Beispiel 2: Präimplantationsdiagnostik (PID)

Mögliche Rollen:
Schwangere (Bianca), die eine PID durchführen lassen möchte, der untersuchende Arzt, Moralphilosoph, Eltern der Mutter, Biancas Partner, Biancas Freundin, bei Interesse Theologe

Zur Vorbereitung auf das Thema sollte von der Lehrerin Material bereitgestellt werden (z. B. HÖSSLE/REITSCHERT 2006). Sinnvoll erscheint hier zudem eine Internetrecherche. Der Zeitaufwand ist entsprechend hoch. Die einzelnen Rollen sollten jeweils von mehreren Personen übernommen werden. Mögliches Rollenverhalten kann in der Gruppe diskutiert werden. Als szenische Umsetzung erscheinen hier Dialoge zwischen Bianca und einer der anderen Personen geeignet. Am Ende sollte eine Entscheidung für oder gegen den Schwangerschaftsabbruch stehen.

Fragen:
- Wie hast du dich in der Rolle von Bianca, des Arztes usw. gefühlt?
- Wie denkst du über die Argumentation deiner Rolle?
- Warum hat Bianca gerade so gehandelt?
- Wodurch wurde ihre Entscheidung in diese Richtung gelenkt?
- Welche Erfahrungen lassen sich aus eurer Sicht aus dem Spiel gewinnen?
- Welche Unterschiede bestehen zwischen dem Spiel und der realen Situation?

Literatur

HINZ, ARNOLD (2005): Sexualerziehung. Verhaltenstrainings zur Prävention von Aids, Teenagerschwangerschaften und sexuell übertragbaren Krankheiten. Schulmagazin 5 bis 10, 73, Heft 6, S. 53–56

HÖSSLE, CORINNA / REITSCHERT, KATJA (2006): Pränatale Diagnostik auf dem Prüfstand. PdN – Biologie in der Schule 55, Heft 5, S. 19–27.

HOPF, MARTIN / HERAN-DÖRR, EVA / WIESNER, HARTMUT (2005): Aktivierende Unterrichtsmethoden – ein Überblick. Praxis der Naturwissenschaften – Physik in der Schule 54, Heft 8, S. 2–5

Pabst-Weinschenk, Marita (2007): Logical-Rollenspiele. Wie das logische Schlussfolgern geübt werden kann. Deutschmagazin, 4, Heft 4, S. 9–14

Schaller, Roger (2006): Das große Rollenspiel-Buch. Grundtechniken, Anwendungsformen, Praxisbeispiele. Beltz

Stäudel, Lutz (2012) Projektunterricht und Rollenspiel. 40 Jahre kritische Unterrichtspraxis. Naturwissenschaften im Unterricht. Chemie 23, Heft 127, S. 10–14.

Wulff, Christa (Hrsg.) (2012) Gespielte Biologie. Unterricht Biologie 36, Heft 376.

2.14 Kurzvortrag

Ulrike Spörhase

Was ist das?

Ein Kurzvortrag ist eine zuvor gut geplante und strukturierte Methode, um Informationen in Kürze zu vermitteln, d. h. konzentriert, zeitökonomisch und möglichst anschaulich. Der Vortrag setzt sich deutlich durch einen Anfang und einen Schluss vom Unterrichtsgespräch ab und dauert meist 5 bis 7 Minuten, maximal 10 Minuten. Man kann ihn als eine kommunikative Serviceleistung für die Lerngruppe auffassen, weil der Vortragende (Lehrer oder Schüler) spezifisch für die Lerngruppe und den Lernprozess Informationen zusammengestellt und aufbereitet hat. Kurzvorträge bedienen sich dabei des Prinzips der sektoralen Reduktion, bei der Wissen auf einen ganz spezifischen Wissensbereich (Sektor) begrenzt wird. Damit setzt sich der Kurzvortrag deutlich von einer Präsentation ab.

Wozu ist das gut?

Die mit dem Kurzvortrag verbundene didaktische Absicht ist immer der benötigte Informationsaspekt für den weiteren Lernprozess. Er berücksichtigt die Lernvoraussetzungen der Gruppe, stellt einen fachlichen Zusammenhang adressatengerecht dar und erklärt dabei komplizierte Dinge auf einfache Weise. Meist sind die benötigten Informationen nicht so einfach verfügbar und können leichter durch Sprache als durch einen geschriebenen Text übermittelt werden.

Der Kurzvortrag kann z. B.:

- ein Problem zum Beginn eines Themas präzisieren,
- nötige Informationen zur Weiterarbeit bereitstellen. Hier kann es sich um Wiederholungen (z. B. Begriffsdefinitionen) oder neue Informationen (z. B. die Erklärung von Methoden wie REM oder EEG) handeln, die keinen großen Stellenwert im Unterricht einnehmen sollen.
- Hintergrundinformationen geben, z. B. zur Einführung von biologischen Fachbegriffen oder Entdeckungen,

- Zusammenhänge von bisher Gelerntem mit dem aktuellen Thema herstellen und vertiefen, z. B. Erläuterung des Basiskonzeptes System,
- das Wichtige des bisher Gelernten als Wiederholung zusammenstellen,
- aktuelle Ereignisse zum augenblicklichen Thema in Beziehung setzen, z. B. den Einsatz und die Relevanz von genetischen Fingerabdrücken in der Kriminalistik,
- aktuelle Forschungsergebnisse präsentieren, die so für Schüler nicht verfügbar sind,
- die Biografie von berühmten Biologen, ihre wissenschaftliche Vorgehensweise, ihre persönlichen Zweifel und vieles mehr präsentieren und dabei die Person lebendig darstellen.

Neben dem Informationsaspekt sind zwei weitere Aspekte von Bedeutung:
- Das Zuhören und Mitschreiben während eines Kurzvortrages schult die Konzentration und das sprachliche Aufnahmevermögen.
- Ein guter Lehrervortrag dient den Schülern als Modell für eigene Vorträge.

Welches sind die Voraussetzungen?
Die Methode ist in allen Klassenstufen einsetzbar. Sie kann in den unteren Klassenstufen gezielt als Hinführung zur Präsentation genutzt werden.

Wie geht das?
Bei der Planung der Unterrichtsreihe sollte der Bedarf für prägnante Information im Unterrichtsverlauf ermittelt werden. Dann ist genug Zeit, um den Vortrag gründlich vorzubereiten und ihn durch einen Schüler erstellen und halten zu lassen. Wichtig ist eine klare Strukturierung des Vortrags. Eine Gliederung, die den Zuhörern zu Beginn des Vortrags präsentiert wird, ist sehr hilfreich.

Beispiele:
- Beispiel für neue Erkenntnisse: Wie schlafen wir ein? Wie vollzieht sich die Evolution der Buntbarsche?
- Beispiel für berühmte Personen: Gregor Mendel

Bemerkungen: Oft kann die benötigte Information auch durch einen Text anstelle eines Kurzvortrages geliefert oder zusätzlich nach dem Vortrag ausgeteilt werden. Ein wichtiges Entscheidungskriterium für einen Text ist hier, ob die Information immer wieder benötigt wird, wie es z. B. bei Definitionen von Begriffen und Erklärungen von Methoden sein kann. Kombinieren Sie in solchen Fällen den Kurzvortrag mit kurzen Textinformationen.

Tipp: Versuchen Sie immer mal wieder selbst, einen perfekten Kurzvortrag zu halten, der ein vorbildliches Modell für die Lerner darstellt. Verdeutlichen Sie den Schülern, dass Ihr Vortrag eine spezielle Serviceleistung für sie darstellt. Setzen Sie dabei Ihre Körpersprache gezielt ein. Halten Sie Blickkontakt mit den Lernern, unterstreichen Sie Ihre Aussagen durch ihre Gestik und Mimik und lenken Sie ihre Aufmerksamkeit gezielt auf Ihre Sprechweise. Wichtige Aspekte sind in Abb. 2.13 zusammengestellt.

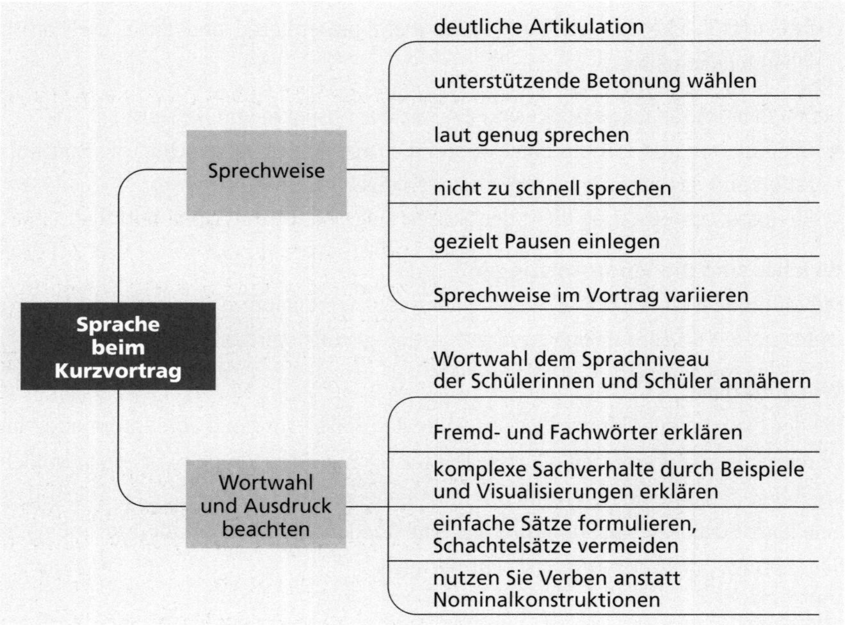

Abb. 2.13: Wichtige Aspekte zur Sprache beim Kurzvortrag (Mindmap)

2.15 Mysterys

NORBERT PÜTZ UND JULIA MÜLHAUSEN

Was ist das?

Die Mystery-Methode ist eine von zehn kooperativen Lernformen, die im Unterrichtsansatz „Thinking Through Geography" (LEAT 1998) beschrieben werden. Im Englischen bezieht sich der Begriff „mystery" auf einen Kriminalroman – ganz allgemein aber meint er ein Rätsel, das es zu lösen gilt. Fakten und Indizien werden gesammelt, Querverbindungen werden aufgestellt und man kommt der Lösung des Rätsels näher. Intention der Mystery-Methode ist es, das vernetzte Denken zu fördern. Vorschläge zum Einsatz der Methode im Biologieunterricht haben MÜLHAUSEN/PÜTZ (2013), DUBBERT (2013) und MUDDER/PÜTZ (2017) vorgelegt. In diesem Kapitel wird die Mystery-Methode am Beispiel „Was hat Chlorophyll damit zu tun, wie Herr Müller sein Geld verdient?" erläutert.

Wozu ist das gut?

Die Bildungsstandards als Beschluss der KMK (2005) definieren als Ziel die Fähigkeit zum verantwortlichen Handeln bei den Schülern. Hier kann einerseits auf das Lösen naturwissenschaftlicher Probleme und die evolutionäre Erkenntnistheorie (VOLLMER 1987) verwiesen werden. Im Sinne einer wissenschaftsorientierten Erarbeitung wirft das Phänomen ein Problem auf, Hypothesen werden aufgestellt, Untersuchungen, Vergleiche oder Experimente werden geplant, durchgeführt und ausgewertet (PÜTZ 2010).

Andererseits gilt es, im Biologieunterricht Themen zu bearbeiten, die verantwortliches Handeln auf der Basis naturwissenschaftlicher Kenntnisse ermöglichen sollen, bei denen aber eine deduktiv-wissenschaftsorientierte Erarbeitung abstrakt ist. Das sind eher gesellschaftliche Probleme, deren Lösung aber naturwissenschaftliches Verständnis verlangen. „Wie gefährlich ist die Vogelgrippe?" „Schaden Kopfhörer und laute Musik meinen Ohren?" „Was ist falsch an Chips und Eistee?" Hier ist die Fähigkeit zum verantwortlichen Handeln eher im Sinne Poppers zu verstehen: „Alles Leben ist Problemlösen" (POPPER 2010). Derartige Fragen und Probleme lösen wir in aller Regel nicht durch Hypothesen, sondern wir sammeln Einzelinformationen, aktivieren unser Vorwissen, trennen Wichtiges von Unwichtigem. Wir ordnen die Informationsfragmente, stellen Verbindungen auf und ziehen Schlussfolgerungen, um das Problem zu verstehen oder zu lösen. Das „In-Beziehung-bringen" und das „Vernetzen-von-Einzelinformationen" sind wesentliche individuelle Fähigkeiten in unserer Informationsgesellschaft und können wirkungsvoll mit Mysterys geübt werden.

Die Mystery-Methode basiert dabei auf der gemäßigt konstruktivistischen Lerntheorie und folgt den Leitlinien von REIMANN-ROTHMEIER/MANDL (2006) zum problemlösenden Denken. So wird beispielsweise die Motivation der Schüler durch ein authentisches Problem mit Alltagsbezug gefördert, und die Informationen werden aus verschiedenen Perspektiven und Kontexten geboten. Das Lernen im Transferbereich wird gefördert, indem die Zusammenhänge der Text- bzw. Informationsfragmente durch Auslegen und Verschieben der Kärtchen visualisiert werden (vgl. PÜTZ 2013).

Besonders interessant ist die Methode schließlich im Hinblick auf Lesekompetenz. Anstatt komplexe Inhalte in einem längeren Text zu erarbeiten, lassen sich diese durch die „portionierte“ Darreichung auf Kärtchen leichter erschließen.

Welches sind die Voraussetzungen?

Mysterys lassen sich problemlos im Unterricht einfügen. Die Nutzung als Einstieg eignet sich besonders gut, weil das Mystery gleich zu Beginn den Anwendungsaspekt der neuen Unterrichtsreihe deutlich werden lässt. In manchen Fällen – so in unserem Beispielsmystery – kann das Mystery als „advance organizer“ einen Überblick bieten, auf den man immer wieder zurückgreifen kann, wenn man im Unterricht tiefer in die Materie eintaucht. Prinzipiell aber kann man Mysterys in jeder Phase einer Unterrichtseinheit einsetzen, so etwa auch zur Sicherung (siehe WESTRÖM u. a. 2013: „Was hat Jens' Honigbrot mit der Tankfüllung seines Vaters gemeinsam?“). Bei einem Mystery arbeiten die Schüler in Dreier- oder Vierergruppen, hier bedarf es also der Vorbereitung des Materials vor allem der Informationskärtchen durch die Lehrperson.

Wie geht das?

Phase	Inhalt	Wer/ Sozialform
1. Einstieg und Instruktion	■ Leitaussage bzw. -frage als Impuls ■ Was könnte dieser Satz bedeuten? ■ Schüler formulieren Vermutungen ■ Lehrer gibt Instruktionen und stellt Arbeitsmaterial und Arbeitsauftrag bereit.	Plenumsunterricht
2. Erarbeitung	■ Schüler erarbeiten durch Auslegen der Kärtchen ein Lege-Konstrukt des Mysterys (siehe Abb. 2.14) und lösen die Leitaussage bzw. -frage ■ Gegebenenfalls Vertiefung durch Erweiterungskärtchen	Partner- oder Gruppenarbeit
3. Reflexion	Lege-Konstrukte der Gruppen werden vorgestellt. Gemeinsame Aussage auf Leitaussage bzw. -frage wird formuliert	Plenumsunterricht

1. Leitaussage bzw. frage

Die Leitausage bzw. -frage ist ein wichtiger Teil des Mysterys. Sie verbindet entweder zwei scheinbar widersprüchliche Aussagen oder ist in sich rätselhaft: „Marianne schläft gut und Britta malt mit den Füßen" oder „Dank Florians Krankheit kann Oma Gerda geholfen werden" (beide Leitaussagen aus MÜLHAUSEN/PÜTZ 2013). Typische Mystery-Aussagen greifen Alltagskontexte und -fragen auf. Sie sind kognitiv aktivierend, weil sie verwirren und zum Nachdenken auffordern. Die Schüler äußern Vermutungen, die aber in aller Regel mit fundierten Hypothesen nichts zu tun haben, sondern eher Phantasieprodukte sind, denn die Leitaussagen, geben oft keine Basis für fachlich-fundierte Hypothesen. Werden die Mystery-Leitfragen sachorientierter formuliert, so werden auch die Vermutungen konkreter. Schüler der neunten Klasse kommen vielleicht bei der Aussage „Charles vermutet und erfährt nie, dass er recht hat" (MÜLHAUSEN 2013) auf Darwin. Schüler einer zehnten Gymnasialklasse vermuteten bei der Leitfrage unseres Beispielsmysterys „Was hat Chlorophyll damit zu tun, wie Herr Müller sein Geld verdient", dass dies etwas mit Photosynthese zu tun hat. Erste bislang unveröffentlichte Interviewstudien verdeutlichen, dass – unabhängig von der Sachorientierung der Leitaussage – der Rätselcharakter der Methode ein wesentlicher Grund dafür ist, dass die Gruppen motiviert und konzentriert an den Mysterys arbeiten (PÜTZ u. a. 2015).

2. Lege-Konstrukte der Mysterys

In der Erarbeitungsphase, die etwa 30 Minuten dauert, bekommen die Schülergruppen einen Briefumschlag mit ca. 25 ungeordneten Kärtchen. Die Schüler entnehmen einzeln die Kärtchen aus dem Umschlag und lesen sie einander vor. Danach wird das Kärtchen auf ein DIN-A2-Blatt abgelegt. Auf den Kärtchen stehen Einzelinformationen, die zur Beantwortung der Leitaussage oder -frage notwendig sind. Es gibt aber auch Kärtchen, deren biologische Informationen zum Kontext passen, die aber zur Beantwortung nicht unbedingt notwendig sind. Die Schüler ordnen die Kärtchen auf dem DIN-A2-Blatt und bringen dadurch die Informationen der Protagonisten und des biologischen Themas in Verbindung zueinander und vernetzen diese. Die Handlungsstränge in Mysterys sind häufig plakativ. Dies hilft den Schülern, die Verbindungen zu finden und ist sehr motivationssteigernd. Die Kärtchen werden immer wieder verschoben und neu sortiert, bis ein für alle Gruppenmitglieder befriedigendes Lege-Konstrukt des Mysterys vorliegt. Die Kärtchen werden dann auf dem DIN-A2-Blatt fixiert und die Beziehungen durch Pfeile oder Beschriftung kenntlich gemacht (siehe Abb. 2.14).

Im Falle unseres Beispielmysterys ist Herr Müller ein Landwirt aus Deutschland, der Mais anbaut für eine Firma, die Traubenzucker vertreibt. Ein zweiter Protagonist, der im Mystery auftaucht, ist Jan, der beim Sport auf die energiesteigernde Wirkung von Traubenzucker vertraut. Die übrigen Kärtchen verdeutlichen die Umwandlung von Lichtenergie in chemische Energie, also die Vorgänge bei der Photosynthese.

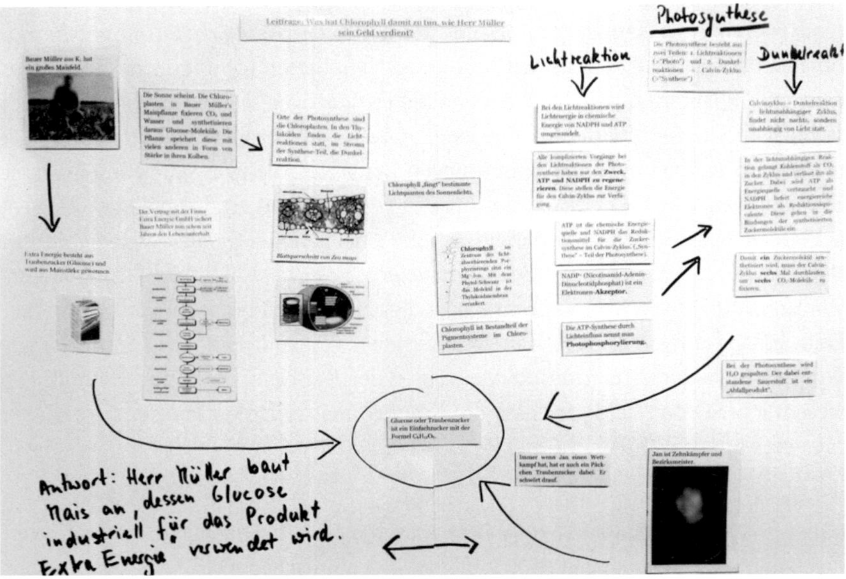

Foto: Norbert Pütz

Abb. 2.14: Lege-Konstrukt zum Thema Photosynthese, erstellt von Schülern einer 10. Gymnasialklasse. Man erkennt, dass die Schüler die beiden Protagonisten als Aufhänger benutzen und so die Vorgänge der Photosynthese in einen utilitaristischen Alltagszusammenhang bringen.

Einer Differenzierung in der Klasse wird durch 5–10 Erweiterungskärtchen Rechnung getragen, die jeder Gruppe in einem Zusatzumschlag angeboten werden. Diese Zusatzkärtchen enthalten weitere vertiefende Informationen zu Teilaspekten und können im Lege-Konstrukt integriert werden.

3. Reflexion

Nach der Erarbeitungsphase werden die Lege-Konstrukte der Gruppen präsentiert, beispielsweise durch einen Galeriegang (siehe Kapitel 4.6 in diesem Buch). Dies ist einerseits wichtig, da Schüler ein starkes Interesse daran haben, dass ihre Arbeit wahrgenommen wird. Wesentlich ist dabei aber vor allem die Erkenntnis für die Schüler, dass es eine „richtige" Anordnung der Kärtchen nicht gibt. Jede Gruppe ordnet die Kärtchen anders an – dennoch aber gibt es eine eindeutige Antwort auf die Leitaussage. Die Lege-Konstrukte eignen sich auch gut, um fotografiert zu werden. Dann kann darauf später auf sie als advance organizers zurückgegriffen werden.

4. Ziele einer Mystery-Stunde
Das operationalisierte Ziel einer Stunde mit einem Mystery kann inhaltlich formuliert werden: „Die Schüler nennen die grundsätzlichen Vorgänge bei der Photosynthese" (a. a. O.). Ein solches Ziel passt in die inhaltliche Dimension curricularer Vorgaben. In Grunde geht es aber in erster Linie nicht um eine inhaltliche Dimension, sondern um das Vernetzen von Wissensfragmenten zur Lösung eines Problems. Das operationalisierbare Ziel müsste dann diesen Aspekt in den Fokus rücken: „Die Schüler erstellen ein Lege-Konstrukt zur Leitaussage des Photosynthese-Mysterys" (a. a. O.), oder „Die Schüler kombinieren Informationsfragmente zur Photosynthese zu einer geordneten Einheit".

Was ist meine Aufgabe als Lehrer?
Beim Mystery gibt es eine klare Aussage zur Lösung der Leitaussage oder -frage. Aber bei der Anfertigung der Lege-Konstrukte gibt es kein „richtig oder falsch". Die Schüler verknüpfen individuell Einzelinformationen zur Lösung eines Rätsels. Die individuelle „Verarbeitung" der Informationen bedeutet in aller Regel auch, dass die Lege-Konstrukte in einer Lerngruppe sehr unterschiedlich gestaltet sind. Die Erfahrungen zeigen, dass der Umgang mit einem Mystery den Schülern meist schnell und leicht gelingt. Hilfreich kann aber auch die Einführung der Mystery-Methode als Plenumsarbeit sein. Hier ist das Einführungs-Mystery von MÜLHAUSEN (2013) zu empfehlen.

Während der Erarbeitungsphase ist der Lehrer eher Berater und Beobachter. Treten Probleme auf, muss der Lehrer Hilfestellungen geben (MÜLHAUSEN/PÜTZ 2013). Werden beispielsweise einzelne Kärtchen nicht verstanden, dann sollte der Lehrer in den Gruppen gezielt Fragen nach dem Inhalt stellen. Schwierigkeiten macht es Gruppen immer wieder auch, die Kärtchen zu ordnen und zu gruppieren. Hier muss der Lehrer gezielt nach Querbeziehungen, der Sachlogik oder der Zeitabfolge fragen.

Da ein Mystery ein Problem konturiert und durch „In-Beziehung-Bringen" und „Vernetzen" zu einer Lösung führt, ist zu vermuten, dass die Tätigkeiten beim Mystery – und das war auch der Ansatz von LEAT (1998) – nachhaltig die Problemlöse-Kompetenz und damit die Handlungsfähigkeit der Schüler fördert. Das bedeutet für den Lehrer, dass er die inhaltliche Dimension, die ja Grundlage jedes biologischen Mysterys ist, ggfs. vertiefend erarbeiten und festigen muss.

Literatur

Dubbert, Kathrin (2013): Mystery: Sorge um die Eisbären. UB 387/388, S. 26–33

KMK (2005): Beschlüsse der Kultusministerkonferenz. Bildungsstandards im Fach Biologie für den Mittleren Schulabschluss. Beschluss vom 16. 12. 2004. München

Leat, David (1998): Thinking Through Geography. Cambridge

Mudder, Lisa / Pütz, Norbert (2017): … und die Supermarktregale werden leer sein. Ein Mystery zum Bienensterben. Schulmagazin 5–10 1/2017, S. 35–39.

Mülhausen, Julia (2013). Thema Igel und naturnaher Garten. „Bei Müllers ist es ordentlich und Meiers haben Gäste." In: Mülhausen, Julia / Pütz, Norbert (Hrsg.). Mysterys – 9 rätselhafte Fälle für den Biologieunterricht. Materialien Sek I. Aulis, S. 56–64

Mülhausen, Julia (2013). Thema Evolution. „Charles vermutet und erfährt nie, dass er Recht hat." In: Mülhausen, Julia / Pütz, Norbert (Hrsg.). Mysterys – 9 rätselhafte Fälle für den Biologieunterricht. Materialien Sek I. Aulis, S. 85–92

Mülhausen, Julia / Pütz, Norbert (2013): Mysterys – 9 rätselhafte Fälle für den Biologieunterricht. Materialien Sek I. Aulis

Popper, Karl (2010): Alles Leben ist Problemlösen. München

Pütz, Norbert (2013): Warum sollten in der Biologie Mysterys durchgeführt werden. In: Mülhausen, Julia / Pütz, Norbert (Hrsg.): Mysterys – 9 rätselhafte Fälle für den Biologieunterricht. Materialien Sek I. Aulis, S. 9–10

Pütz, Norbert (2010): Der geregelte Unterrichtskreislauf im Biologieunterricht. In: Enzberg, Carl / Wittkowske, Steffen (Hrsg.), Fachdidaktiken als praktische Wissenschaften. Bad Heilbrunn, S. 171–182

Pütz, Norbert / Mülhausen, Julia / Behrens, Petra (2015): Spannend, packend, mysteriös – das Mystery. MNU 68, S. 114–117

Reinmann-Rothmeier, Gabi / Mandl, Heinz (2006): Unterrichten und Lernumgebungen gestalten. In: Krapp, Andreas / Weidenmann, Bernd (Hrsg.), Pädagogische Psychologie Weinheim, S. 613–658

SM NRW (2011): Kernlehrplan Biologie. Schulministerium Nordrhein-Westfalen. Frechen

Vollmer, Gerhard (1987): Evolutionäre Erkenntnistheorie. Stuttgart

Weström, Alina / Mülhausen, Julia / Pütz, Norbert (2013): Thema Raps wird vielfältig genutzt. „Was hat Jens' Honigbrot mit der Tankfüllung seines Vaters gemeinsam". In: Mülhausen, Julia / Pütz, Norbert (Hrsg.): Mysterys – 9 rätselhafte Fälle für den Biologieunterricht. Materialien Sek I. Aulis, S. 17–24

3 Methoden zum Sichern, Dokumentieren, Systematisieren und Präsentieren

3.1 Wissen sammeln, ordnen und strukturieren

CHRISTINE FRICKE

Was ist das?

Die Methoden zum Sammeln, Ordnen und Strukturieren von Wissen sind zahlreich und haben unterschiedliche Funktionen. Gemeinsam ist ihnen der Ausgang von einem Thema oder einem Initialwort.

Schwerpunkt „Sammeln“: Die Methoden dienen dazu, …

- bei den Schülern Gedanken und Assoziationen zu einem Stichwort hervorzurufen und zu dokumentieren (s. ABC-Brainstorming),
- Fragen zu einem Inhalt zu ermitteln,
- Vorwissen und Vorstellungen zu einem Thema zu erheben,
- Ideen für eine Problemlösung zu sammeln.

Aus der Perspektive der Schüler geht es zunächst um ein erstes Bewusstmachen der eigenen Gedanken, um später den persönlichen Lernzuwachs feststellen zu können. Beim Lehrer liegt der Fokus darauf, das Vorwissen und die Fragen der Schüler zu erheben, um die Unterrichtsplanung darauf abstimmen zu können.

Schwerpunkt „Ordnen und Strukturieren“: Hierbei geht es darum, …

- Gedanken zu sortieren (s. Cluster und Mindmapping),
- Informationen aus einem Text zu strukturieren (s. Mindmapping, Concept-Map, Teil II, 1.11),
- Informationen aus unterschiedlichen Quellen zu sammeln und zu ordnen (s. Mindmapping).

Eine strikte Trennung von Methoden zum Sammeln und Methoden zum Ordnen und Strukturieren ist nicht immer möglich; die Übergänge sind fließend.

Im Folgenden werden drei einfache und im Biologie-Unterricht häufig eingesetzte Methoden genauer beschrieben: das ABC-Brainstorming, das Clustern und das Mindmapping.

A ABC-Brainstorming

Was ist das?

Bei diesem individuellen Brainstorming zu einem Thema werden die Assoziationen der Schüler durch die Buchstaben des Alphabetes angeregt.

Das Sammeln sollte unbedingt ohne Wertung geschehen. Denn besonders zum Finden kreativer Ideen können sich verrückte und zunächst unsinnig erscheinende Einfälle als hilfreich und wertvoll erweisen.

ABC-BRAINSTORMING

IDEEN zum Thema PUBERTÄT

A __________
B Busen, Bart __________
C __________
D __________
E __________
F Freunde __________
G Geschlechtsorgane __________
H Hunger auf Süßes __________
I __________
J Jugendliche, Jungen __________
K Kinder kriegen? Körper verändert sich __________
L __________
M Mädchen, Menstruation __________
N __________
O __________
P Penis, Pimmel __________
Q __________
R Regel __________
S Stress mit Eltern, Sex, Stimmbruch, Samen __________
T Tage, Tampons __________
U __________
V verliebt sein __________
W __________
Z __________

Wozu ist das gut?

Zu Beginn einer Unterrichtsreihe wird innerhalb weniger Minuten das Vorwissen der Schüler zu einem Thema aktiviert und gesammelt, um es in die weitere Planung einzubeziehen.

Welches sind die Voraussetzungen?

Es ist lediglich ein entsprechendes Arbeitsblatt als Vorlage oder eine von den Schülern selbst erstellte ABC-Liste nötig. Die Methode ist in allen Jahrgängen einsetzbar. Die Schüler benötigen die Fähigkeit, ihre Gedanken auf ein prägnantes Stichwort zu reduzieren, anstatt ganze Sätze zu schreiben.

Wie geht das?

- Jeder Schüler erstellt oder erhält eine ABC-Liste.
- Zu dem vom Lehrer genannten Thema notieren sich die Schüler stichwortartig alle spontanen Ideen beim jeweiligen Buchstaben.
- Mehrere Stichworte pro Buchstabe sind möglich und sogar erwünscht.
- Sollte der Ideenfluss versiegen, kann die Liste systematisch der Reihe nach abgearbeitet werden.

Beispiel:

Die ABC-Liste bezieht sich auf das Thema Pubertät.

B Cluster

Was ist das?

Cluster (engl. Bündel, Schwarm, Haufen) ist eine spezielle Brainstorming-Methode. Gedankliche Assoziationen zu einem Impuls (Stichwort, Bild ...) werden von den Schülern schriftlich notiert. Dabei sind zunächst keine bestimmten (logischen oder hierarchischen) Ordnungskriterien zu beachten. Die Schüler können ihren Gedanken freien Lauf lassen und auf spielerische Weise das Cluster in alle Richtungen fortsetzen.

Wozu ist das gut?

Die Methode ist besonders geeignet zum Sammeln von verschiedenen Ideen zu einem Stichwort oder von Vorwissen zu einem Thema. Durch die wenigen Vorgaben fördert es die Kreativität. Alles, was einem einfällt, ist gut und kann abgebildet werden.

Welches sind die Voraussetzungen?

Ein Cluster ist in allen Jahrgängen einsetzbar. Es ist lediglich Papier nötig sowie Ruhe, um den eigenen Gedanken ungestört freien Lauf lassen zu können.

Wie geht das?

- Jeder Schüler hat ein leeres Blatt Papier vor sich.
- Das Thema wird in der Mitte des Blattes als Stichwort in einen Kreis geschrieben.
- Alle Einfälle zum Initialwort werden ebenfalls in Kreisen rund um das Stichwort notiert. Räumliche Nähe oder Verbindungslinien können inhaltliche Zusammenhänge sichtbar machen.
- Man kann in dem Cluster nach Bedarf hin- und herspringen und es in alle Richtungen fortsetzen.

Weiterarbeit:

- Erste Assoziationen können im Nachhinein strukturiert werden, z. B. mithilfe von Mindmaps (s. unten) oder Concept-Maps (s. Teil II, 1.11)
- Das individuelle Brainstorming kann durch einen Austausch in Partner- oder Kleingruppen erweitert werden.
- Fasst man die Ergebnisse aller Schüler oder Schülergruppen zusammen, werden Häufungen von Ideen oder Gedanken besonders gut sichtbar.
- Man kann das Cluster im Verlauf der Unterrichtsreihe schrittweise ergänzen.
- Oder das Cluster wird am Ende einer Unterrichtsreihe (durch weitere Begriffe und Verbindungslinien) vervollständigt.

Beispiel:

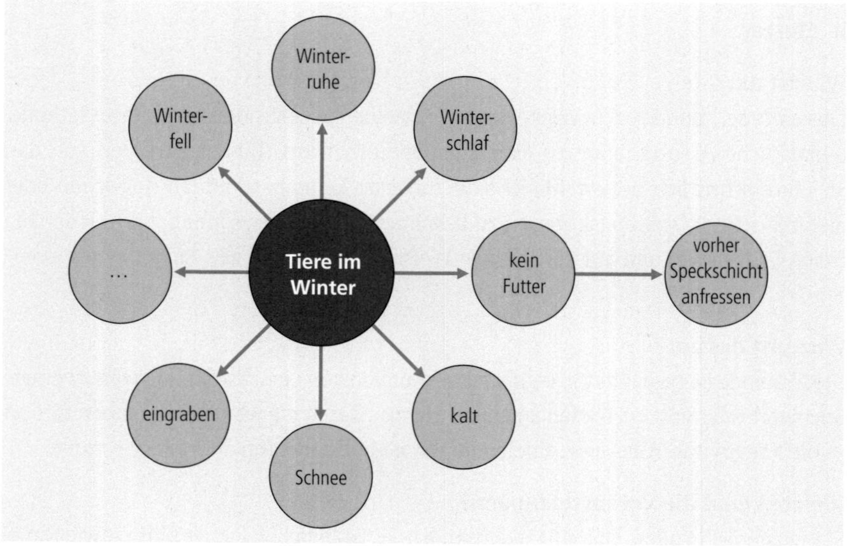

Abb. 3.1: Cluster zum Thema Tiere im Winter (6. Klasse)

C Mindmapping

Was ist das?

Eine Mindmap ist eine Gedanken-Landkarte, in der zahlreiche, spontan kommende Gedanken, Ideen oder Informationen zu einem Thema zunächst stichwortartig gesammelt und beim Notieren gleichzeitig geordnet und strukturiert werden.

Dabei wird der Inhalt bzw. das Thema in Kategorien gegliedert, die als Hauptäste von einem Mittelpunkt abzweigen. Jedes neue Stichwort wird einem dieser Oberbegriffe zugeordnet und jeweils als Nebenast angefügt. Somit lässt sich eine hierarchische Strukturierung erzielen.

Durch die besondere Darstellungsform ist eine Mindmap nach allen Seiten hin offen und kann jederzeit in alle Richtungen ergänzt werden, ohne dabei inhaltliche Zusammenhänge oder die gesamte Systematik aus dem Blick zu verlieren (Buzan/Buzan 1997).

Wozu ist das gut?

Die Methode eignet sich für ein individuelles Brainstorming, z. B. zum Sammeln von Vorkenntnissen zu einer Thematik.

Sie dient aber vor allem dem Ordnen von Informationen und ist sehr hilfreich, um Sachtexte in visualisierter Form zu strukturieren und zusammenzufassen. Zwischenüberschriften oder fett gedruckte Begriffe aus den jeweiligen Texten können dabei als Oberbegriffe für die Hauptäste herangezogen werden.

Schließlich kann sie für Arbeiten eingesetzt werden, in deren Verlauf neue Gedanken oder Aspekte hinzukommen oder Informationen aus verschiedenen Quellen zusammengetragen und geordnet werden müssen (kumulatives Vorgehen).

Welches sind die Voraussetzungen?

Mindmaps sind in allen Jahrgängen der Sekundarstufe einsetzbar. Eine gewisse hierarchische und logische Struktur des Themas sollte vorher geklärt sein, um Oberbegriffe für die Hauptäste festzulegen und die zugehörigen Nebeninformationen als Nebenäste anhängen zu können. Beispiel für den Steckbrief eines Tieres: Vorkommen/Lebensraum, Aussehen, Ernährung, Fortpflanzung, Feinde/Gefährdung, Sonstiges.

Ältere Schüler (Klassen 9/10) können das allein leisten. Schüler der Klassen 5/6 brauchen dafür jedoch noch Hilfestellung in Form einer Vorgabe oder durch ein vorbereitendes Unterrichtsgespräch.

Wie geht das?

Schritte zum Erlernen der Mindmap-Technik:

- Verwende ein unliniertes DIN-A4-Blatt oder größer und lege es quer.
- Schreibe das Thema in die Mitte des Blattes und rahme es ein oder male stattdessen ein aussagekräftiges passendes Bild.
- Überlege dir Oberbegriffe zu deinem Thema. Zeichne für jeden Oberbegriff einen Hauptast, der vom Thema in der Mitte abzweigt. Verwende für jeden Hauptast (Oberbegriff) eine andere Farbe. Beschrifte die Hauptäste mit Großbuchstaben. Verwende jeweils nur ein Schlüsselwort (keine ganzen Sätze).
- Füge deine Ideen oder Informationen zu den Oberbegriffen als Nebenäste (Unterbegriffe) an den passenden Hauptast. Schreibe in Druckbuchstaben. Verwende die gleiche Farbe, sodass die Zusammengehörigkeit der Ideen sichtbar ist.
- Nun kannst du alle deine Ideen und Gedanken oder ergänzende Informationen an der passenden Stelle als Nebenäste anfügen (und in der Mindmap hin- und herspringen).
- Zusätzliche Bilder und Symbole machen deine Mindmap anschaulich.
- Um abschließend eine Reihenfolge in deine Ideensammlung zu bringen, kannst du die Äste nummerieren.

Beispiel:

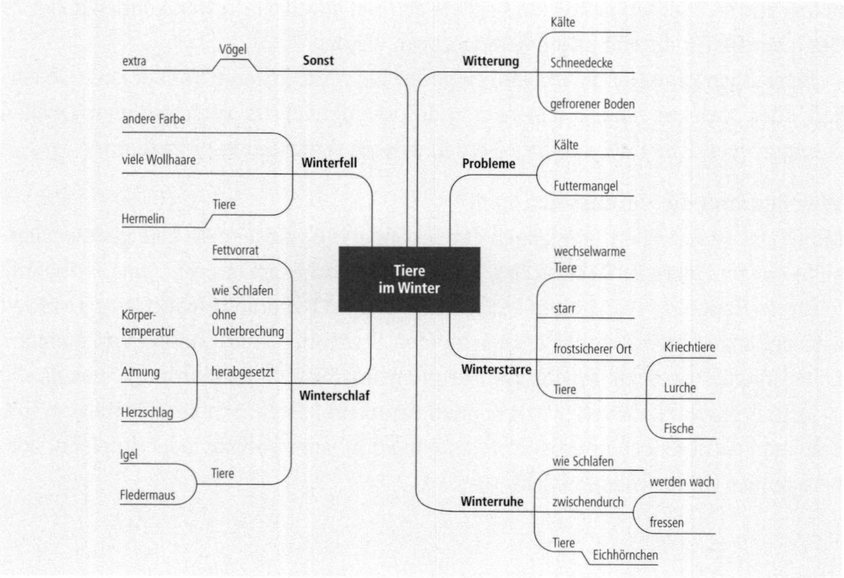

Abb. 3.2: Mindmap zum Thema Tiere im Winter (6. Klasse)

Weiterarbeit:
Eine Mindmap repräsentiert Gedanken (oder Texte) auf einer DIN-A4-Seite als anschauliches Bild. Sie kann daher auch gut als Zusammenfassung eines Themas, als Hilfe zum Lernen für eine Leistungsüberprüfung oder aber auch als Stichwortzettel für eine Präsentation genutzt werden.

Bemerkungen:
Inzwischen gibt es auch zahlreiche Computerprogramme, die die Erstellung von Mindmaps am PC ermöglichen.

Literatur

BUZAN, TONY / BUZAN, BARRY (1997): Das Mindmap-Buch. Landsberg am Lech

3.2 Beschreiben und schreiben

INGMAR STELZIG

Was ist das?
Eine Beschreibung ist eine möglichst objektive Darstellung eines Sachverhaltes. Sie erfordert eine sorgfältige Vorbereitung mit einer genauen Benennung und Strukturierung der einzelnen Aspekte des Sachverhaltes. Dazu gehört eine anschließende Verschriftlichung einschließlich einer Überarbeitung des Textes.

Wozu ist das gut?
Das Beschreiben im Biologieunterricht ist untrennbar mit den fachgemäßen Arbeitsweisen wie Beobachten, Untersuchen und Experimentieren verknüpft (KÖHLER/MEISERT 2012). Durch das genaue Beschreiben lernen die Schüler, genau zu betrachten und zu beobachten sowie die Richtigkeit ihrer Sinneseindrücke zu überprüfen und die Befunde mit anderen zu diskutieren. Das Überprüfen wird durch eine Verschriftlichung der Beobachtung besonders gefördert. Dies schärft die Sinne und schult die Trennung von Betrachten, Beobachten und Deuten (vgl. Teil II 2.1, 2.2).

Beim Betrachten ruhender Objekte geht es vor allem um das Erkennen und Beschreiben der Gestalt eines Lebewesens oder seiner Teile. Der Schüler setzt sich mit der Form und dem Aussehen auseinander. Er lernt, Wesentliches zu erfassen und zu beschreiben und Unwesentliches wegzulassen. Beim Beschreiben von Vorgängen und Abläufen ist zudem der räumliche und/oder zeitliche Aspekt wichtig.

Beim Beschreiben oder Darstellen von Beobachtungen muss fachlich exakt zwischen Beobachtung und Interpretation (Deutung) unterschieden werden. Die Beobachtung und die Deutung entsprechen verschiedenen geistigen Tätigkeiten. Im Hinblick auf eine Schulung des Wahrnehmungs-, Denk- und Urteilsvermögens sollte zumindest in mittleren und höheren Jahrgangsstufen auf diese Unterscheidung geachtet werden.

Welches sind die Voraussetzungen?

Zu berücksichtigen ist die ggf. unterschiedliche Fähigkeit der Schüler, biologische Phänomene oder Sachverhalte zu versprachlichen. Hierbei ist weniger der Einsatz einer Fachsprache gefordert als vielmehr die Fähigkeit, ein Objekt möglichst genau zu beschreiben. Insbesondere bei der Einführung in die Beschreibung bietet sich daher ein fächerübergreifender Unterricht mit dem Fach Deutsch an.

Wie geht das?

Einer Beschreibung geht in der Regel eine Beobachtung voraus, welche ihrerseits Ruhe, Ausdauer und eine gewisse Sensibilität erfordert. Hierzu gibt es für einen biologischen Kontext eine Fülle von Möglichkeiten in der freien Natur, im Zoo oder im Klassenraum.

Beschreibungen von Objekten, Sachverhalten und Abläufen stellen eine Vorstufe von Sachtexten dar, wobei der Übergang je nach Ausführung und innerer Gliederung fließend ist.

Werden im Unterricht Sachtexte verfasst, so empfiehlt sich für die anfängliche Ideensammlung, Konzeptbildung (sog. Schreibgerüst) und Gliederung die Arbeit in Kleingruppen. Die Ausformulierung selbst erfolgt sinnvollerweise in Einzelarbeit, wobei Weitschweifigkeit und Unverbindlichkeit beim Schreiben vermieden werden sollten. Gedankliche und argumentative Stringenz und Klarheit der getroffenen Aussagen sind als Ziele hervorzuheben. Wichtige Merkmale eines guten Sachtextes sind eine klare Struktur, Übersichtlichkeit (Absätze!) und Aussagekräftigkeit.

Schreib-Tipps für eine Tierbeschreibung

1. Beschreibe das Tier in allen Einzelheiten und so genau wie möglich. Verwende dazu treffende Adjektive und Nomen sowie passende und richtige Fachausdrücke (z. B. die langen nach unten gebogenen Krallen).
2. Beschreibe systematisch, halte eine gewisse Reihenfolge der zu beschreibenden Einzelheiten ein (z. B. von oben nach unten).
3. Bleibe sachlich. Persönliche Meinungen, Erfahrungen und Erlebnisse darfst du nicht hinzufügen.
4. Da du das Tier im Jetztzustand beschreibst, verwendest du Verben in der Zeitform Gegenwart (Erzählzeit = Präsens).
5. Textgestaltung: Achte auf wechselnde Satzanfänge und vermeide Wiederholungen.

Vertausche die Satzglieder, so klingt ein Text abwechslungsreicher. Verbinde kurze Sätze; dadurch kannst du langweilige Wiederholungen vermeiden.

6. Überprüfe die Qualität deiner Sätze und deines Textes durch wiederholtes halblautes Vorlesen.

Eine geeignete Übung für das eigenständige Verfassen von Sachtexten ist das Beschreiben von Ablaufplänen, Schaubildern und Diagrammen. Aber auch das Verfassen von Texten nach Stichworten und Gliederungspunkten bietet sich an. Insgesamt wird das „planvolle" Vorbereiten und Abfassen eigener Texte geübt. Dies stellt eine wichtige Grundlage für das Schreiben von Versuchsprotokollen dar.

Literatur

Köhler, Karlheinz / Meisert, Anke (2012): Welche Erkenntnismethoden sind für den Biologieunterricht relevant? In: Spörhase, Ulrike (Hrsg.): Biologie-Didaktik. Praxishandbuch für die Sekundarstufe I und II. Berlin, S. 130–151

3.3 Zeichnen

Ulrike Spörhase

Was ist das?

Das Zeichnen ist eine fachgemäße Arbeitsweise, mit der biologische Objekte, Strukturen oder Abläufe als gezeichnetes Bild dokumentiert werden. Zeichnen fördert dabei das Lernen insgesamt, indem es z. B. die Aktivität der Schüler fördert, die Präsentation biologischer Inhalte ermöglicht, wissenschaftliche Argumente unterstützt, die Kommunikation über Inhalte fördert und als Lernstrategie eingesetzt werden kann (Ainsworth u. a. 2011).

Für die Unterrichtspraxis erscheint es sinnvoll, originalgetreue Zeichnungen von Freihandzeichnungen zu unterscheiden. Für die Anfertigung originalgetreuer Zeichnungen werden Hilfsmittel benötigt. So können z. B. von Originalfotos biologische Strukturen direkt abgezeichnet werden (Abb. 3.4, 3.5). Auch durch einfaches Pausen lassen sich biologische Objekte und Strukturen in Teilen originalgetreu abbilden (Abb. 3.6).

Freihandzeichnungen werden, wie der Name sagt, aus freier Hand ohne weitere Hilfsmittel erstellt. Sie bilden das Objekt nicht originalgetreu ab, sondern dokumentieren wichtige Merkmale von Objekten oder Abläufen. Wichtige Objektmerkmale sind z. B. in einem mikroskopischen Präparat die Form, Anzahl, Lage und Beziehung der Zellen und Gewebe zueinander.

Freihandzeichnungen unterscheiden sich in ihrem Abstraktionsgrad. Werden Eigenschaften eines ganz bestimmten Objektes freihand zeichnerisch dokumentiert, spricht man von einer Skizze (z. B. dieser einen Zwiebelzelle, die gerade im Mikroskop betrachtet wird). Geht es darum, das Typische in Form und Struktur aller Zwiebelzellen darzustellen, handelt es sich um eine schematische Abbildung. Schematische Abbildungen eignen sich gut, um biologische Objekte dreidimensional darzustellen. Aufgrund der Rahmenbedingungen werden im Unterricht vor allem Skizzen und schematische Abbildungen hergestellt.

Wozu ist das gut?

Das Zeichnen dient insbesondere der Kompetenzentwicklung in den Bereichen Erkenntnisgewinnung und Fachwissen sowie der Dokumentation von Wissen und Wissenszusammenhängen, das in biologischen Objekten enthalten ist. Die Methode wird seit vielen Jahren im Biologieunterricht eingesetzt (z.B. BURGSTALLER (o. J.), MERGENTHALER 1970, BAUER 1976). Durch das Betrachten einer Struktur oder das Beobachten eines Vorgangs setzen sich die Schüler lange mit einem Präparat auseinander und dokumentieren die gewonnenen Erkenntnisse zeichnerisch (vgl. Teil II, 2.1, 2.3). Dabei wird die Aufmerksamkeit gezielt gelenkt: Erkannte Strukturen und ihre Charakteristika werden zunächst in eine subjektive Vorstellung und dann in ein gezeichnetes Bild umgesetzt. Die Richtigkeit der gewonnen Vorstellung und das daraus entstandene Bild können direkt am Original überprüft und ggf. korrigiert werden. Auf diese Weise tritt der Lerner über längere Zeit mit dem zu Lernenden in Beziehung und verändert seine Vorstellungen. Er entdeckt immer mehr, lernt Wesentliches von Unwesentlichem zu unterscheiden und überprüft immer wieder seine Vorstellung von dem Objekt anhand des Objekts.

Dabei schult der Lerner seine Sinne und dokumentiert das gewonnene Fachwissen zeichnerisch (zur Bedeutung von Lernervorstellungen vgl. 1.1, HOLTHUSEN 2004, WEITZEL 2012).

Darüber hinaus kann Zeichnen das Lernen im Unterricht insgesamt fördern. Es dient der Veranschaulichung, fördert das Textverständnis und das Nachdenken über biologische Sachverhalte. Aber das ist noch nicht alles: Durch Zeichnen lässt sich die individuelle Kompetenzentwicklung in heterogenen Lerngruppen gezielt fördern. Das Zeichnen kann auch bei Lernerfolgskontrollen eingesetzt werden.

Die bildliche Veranschaulichung ist insbesondere durch die Vielfalt und Komplexität biologischer Sachverhalte und Strukturen für das Lernen bedeutsam. Sie fördert vor allem durch das Nachdenken über die Richtigkeit der gezeichneten Strukturen die Entwicklung von fachwissenschaftlich korrekten Vorstellungen. Dies zeigt sich auch durch das in unserer Sprache gespeicherte Erfahrungswissen, z. B. durch die Redensart „Ein Bild sagt mehr als tausend Worte". Diese Redensart verdeutlicht das Erfahrungswissen der Menschen, dass bildhafte Darstellungen eine kompakte und aussagekräftige Dokumentation von Wissen vermitteln, insbesondere über Objekte, Strukturen, ihre Beziehungen zueinander und ihre Anordnung im dreidimensionalen Raum. Zudem wird die Perspektive, aus der das Objekt betrachtet und gezeichnet wird, dem Betrachter leichter erschließbar als in einem Fließtext.

Die Dokumentation von Wissen durch Originalabbildungen, Skizzen und Schemata nimmt in der Biologie einen hohen Stellenwert ein. Originalarbeiten ohne Abbildungen gibt es in der Biologie selten. Dementsprechend wird in Schulbüchern biologisches Wissen in einem großen Ausmaß über Abbildungen transportiert. Das Anfertigen von Abbildungen und das Nachdenken über ihre Aussagekraft (vgl. 1.5 Metakognition) schult Lerner, Abbildungen zu lesen und zu bewerten (SPÖRHASE-EICHMANN 2006).

In der Tatsache, dass Wissens- und Erkenntnisvermittlung im Biologieunterricht vielfach an Abbildungen gebunden sind, liegt auch eine Möglichkeit, das Denken in Bildern zu fördern. Schüler mit Defiziten in den Bereichen der Lese- und Schreibkompetenz lassen sich gezielt durch den Einsatz und die eigene Erstellung von Abbildungen fördern, um Fach- und Erkenntniswissen zu dokumentieren.

Welches sind die Voraussetzungen?

Wichtig beim Zeichnen ist, dass Schüler den Wert dieser Methode für ihren Erkenntnisgewinn und zur Dokumentation ihres Wissens und Könnens erfahren. Dies setzt eine Einführung in das Zeichnen von biologischen Skizzen und Schemata voraus (HONOMICHL u. a. 1982). Zum Zeichnen werden weiche Bleistifte unterschiedlicher Strichstärke, weißes Papier (DIN-A4/2) und gute Radiergummi oder Radierstifte benötigt. Darüber hinaus können Feinliner eingesetzt werden. Prinzipiell ist die Methode des Zeichnens in vielen Bereichen und allen Klassenstufen einsetzbar.

Wie geht das?

Schaut man in die Klassenzimmer und beobachtet, wie Lehrer die Methode des Zeichnens z. B. zur Dokumentation von mikroskopischen Präparaten einsetzen, so vermitteln sie vielfach den Schülern das Gefühl, sie sollten eine originalgetreue Zeichnung vom Präparat anfertigen. Talentierte Zeichner unter den Schülern können hier zur Höchstform auflaufen. Die überwiegende Mehrheit der Schüler ist aber von ihrem Resultat frustriert. Das von ihnen Gezeichnete entspricht nicht dem mikroskopischen Bild und wirkt im Gegensatz zum Präparat unästhetisch. Was Lehrer von ihren Schülern verlangen, bringen selbst als Wissenschaftler tätige Biologen nur fertig, wenn sie

Hilfsmittel verwenden und mehr Zeit veranschlagen. In der oben angeführten Zeichenaufgabe sind also zugleich eine Überforderung (bei der Erstellung einer originalgetreuen Abbildung ohne Hilfsmittel) und eine Unterforderung enthalten. Aufgrund der zeichnerischen Probleme kommt die inhaltliche Auseinandersetzung mit dem Präparat nämlich vielfach zu kurz. Schließlich soll ja alles gezeichnet werden, was gesehen wird, und das geht nicht. Also warum sehen, erkennen und begreifen, was nicht gezeichnet werden kann?

Auswege aus dem Dilemma führen zu Zeichnungen, die für die Schüler selbst eine sinnstiftende Dokumentation darstellen. Zudem sollten Zeichnungen die Schüler im Betrachten und Beobachten schulen und einen Kompetenzzuwachs erfahren lassen. Darüber hinaus sollten Schüler Freude beim Betrachten und Beobachten von biologischen Objekten erleben.

Dies hat Konsequenzen für den Einsatz des Zeichnens und die Auswahl der Zeichenart im Biologieunterricht. Die Konsequenzen könnten in folgende Leitlinien für die unterrichtliche Umsetzung münden:

- Originalgetreue Abbildungen können Schüler nicht ohne Hilfsmittel erstellen (s. Abb. 3.3, 3.4).
- Schüler müssen in Freihandzeichnungen wie Skizze und Schema eingeführt werden.
- Es muss genau vorgegeben werden was, wie genau und wie groß gezeichnet werden soll.
- Die Zeichenaufgabe sollte von den meisten Schülern erfolgreich und zu ihrer Zufriedenheit gelöst werden können.
- Zeichnen muss immer wieder geübt werden.
- Sinn und Aussagekraft von angefertigten Zeichnungen sollten gemeinsam besprochen werden. Hierzu müssen die Zeichnungen z. B. als Kopie oder Overheadfolie bereitgestellt werden.

Wichtige methodische Zugänge zur Unterstützung der Schüler beim Zeichnen sind:

- Das Vormachen durch den Lehrer, ausgehend von der Skizze hin zum Schema an der Tafel. Hierbei können der Prozess der Erstellung, die Aussagekraft und die Sinnhaftigkeit der gezeichneten Strukturen (z. B. einer Pflanzenzelle) durch lautes Nachdenken den Schülern transparent gemacht werden (vgl. JUNGBAUER/HERTLEIN 1996).
- Das Anfertigen einer Freihandzeichnung mit Zeichenhilfen: Die Schüler bekommen z. B. eine Teilzeichnung mit Objektumrissen, verschiedene Details müssen dann von ihnen eingezeichnet werden (Abb. 3.5).

Die zeichnerische Dokumentation von komplexen biologischen Objekten und Strukturen durch Schüler bedarf demnach einer spezifischen didaktischen Konstruktion in Bezug auf die konkreten Lehrziele.

Beispiel 1: Den Aufbau eines Kiefernblattes untersuchen

In diesem Beispiel geht es darum, den Aufbau eines Nadelblattes mikroskopisch zu untersuchen, seinen Aufbau so zu erschließen und die Ergebnisse zeichnerisch zu dokumentieren.

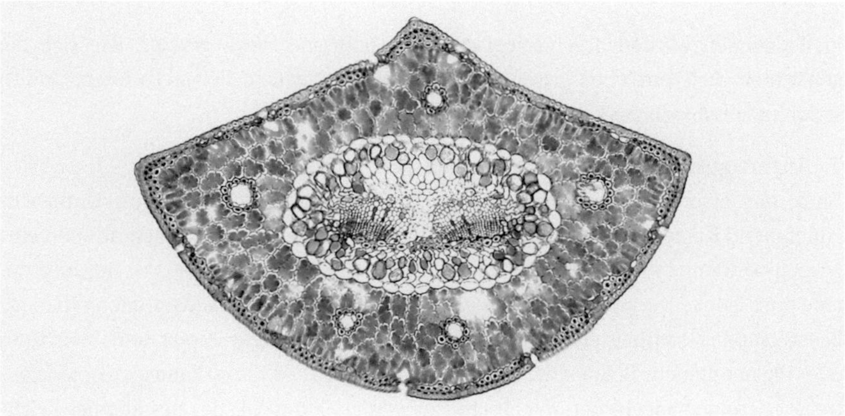

Foto: Ulrike Spörhase

Abb. 3.3: Blattquerschnitt durch eine Kiefernnadel (Pinus spec.) Originalabbildung, Vergrößerung wie in Abb. 3.4

Die Nadelblätter der Kiefer *(Pinus spec.)* zeichnen sich durch die folgenden Merkmale aus: Blattober- und Unterseite sind gleichartig gestaltet (Abb. 3.3). Schließzellen findet man auf beiden Blattseiten. An die außen liegende Epidermis grenzt nach innen eine Hypodermis, die aus sklerenchymatischen Zellen (Zellen des Festigungsgewebes) besteht. Nach innen folgt dann das Assimilationsparenchym (Gewebe mit Chloroplasten), das Harzkanäle einschließt. Die Endodermis trennt das Assimilationsparenchym vom Zentralzylinder ab. Der Zentralzylinder enthält ein chloroplastenfreies Transfusionsgewebe und das Leitgewebe (Leitbündel). Das Leitgewebe besteht aus Pholem (leitet Assimilate) und Xylem (leitet Wasser und Mineralien). In Teilen ist es von sklerenchymatischen Zellen umgeben.

Die Schüler können die verschiedenen Gewebe allein durch Untersuchung erkennen. Dann kann man sich über die Eigenschaften der Gewebe im Plenum austauschen. Im Anschluss bedarf es weiterer Informationen vom Lehrer zur Funktion und Bezeichnung der Gewebe.

Die unten aufgeführten Unterrichtsbeispiele haben das folgende allgemeine Lehrziel gemeinsam:

Die Schüler sollen:

- eine Kiefernnadel mikroskopieren, genau betrachten und den Aufbau der Nadel zeichnerisch dokumentieren.
- unterschiedliche Zellformen und Gewebe (z. B. Leitgewebe, Festigungsgewebe, Epidermis, Endodermis, Schließzellen) identifizieren, diese z. B. mit bereitgestellten Abbildungen vergleichen und deren Bedeutung mit ihrem Nachbarn diskutieren.

Im Folgenden werden drei verschiedene methodische Wege gezeigt, wie sich die genannten Ziele erreichen lassen. Natürlich sind mit jedem Beispiel weitere und in Teilen unterschiedliche Lehrziele verbunden.

1. Anfertigung einer originalgetreuen Zeichnung

Dank der erschwinglich gewordenen digitalen Fotografie können im Unterricht zunehmend Kameras und Mikroskope zur Erstellung von Fotodokumentationen eingesetzt werden (weiteres Beispiel in WEITZEL 2013). Darüber hinaus ist das Internet eine gute Quelle für mikroskopische Aufnahmen. Von den Fotos wird dann ein möglichst großer Ausdruck erstellt. Mithilfe von transparentem Papier und Bleistiften oder Pigmentliner (z. B. Staedtler mit Stiftspitzen in 0,01–0,7 mm) kann eine originalgetreue Zeichnung angefertigt und beschriftet werden. Ein mögliches Resultat der Zeichnung eines Querschnittes von Kiefernnadeln nach dieser Methode zeigt Abb. 3.4.

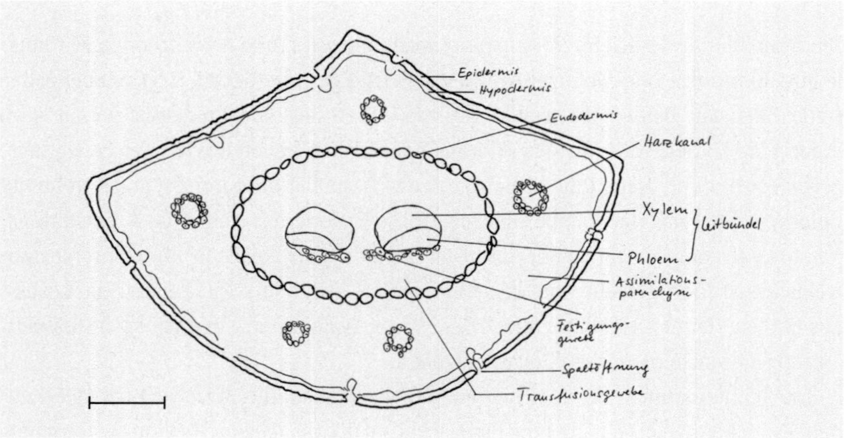

Abb. 3.4: Originalzeichnung des Blattquerschnittes aus Abb. 3.3, Kiefernnadel (Pinus spec.), Skalierung 200 µm

2. Vervollständigung der Zeichnung aus freier Hand

Die in Abb. 3.5 dargestellte Zeichnung zeigt den Umriss und Teile des Querschnittes der Kiefernnadel aus Abb. 3.4. Durch die vorzunehmenden Ergänzungen wird zudem das Lehrziel verfolgt, dass die Schüler durch intensives Vergleichen typische Gestalt- und Strukturmerkmale verschiedener Zellen und Gewebe erkennen und dokumentieren. Darüber hinaus stellen sie Beziehungen zur Gestalt des Gesamtquerschnittes her. Dies soll durch Übersichts- und Detailaufnahmen gefördert werden. Dieses Vorgehen kann natürlich auch bei schematischen Zeichnungen angewendet werden.

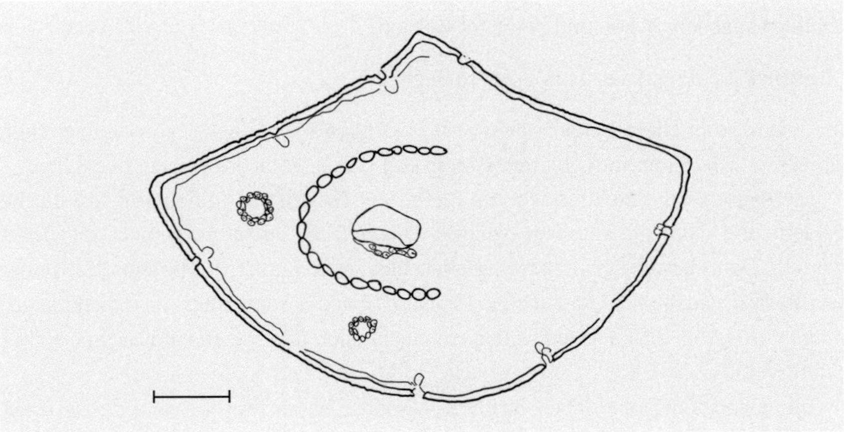

Abb. 3.5: Zeichnung eines Blattquerschnittes der Kiefernnadel (Pinus spec.), Skalierung 200 µm

Aufgabe: Zeichne die fehlenden Gewebe in die rechte Seite der Zeichnung ein.

3. Erstellung einer schematischen Abbildung vom Aufbau einer Kiefernnadel

Eine Schemazeichnung vom Nadelblatt zeigt alle typischen Gewebe und ihre typische Anordnung im Blatt. Mit anderen Worten: Schemazeichnungen dokumentieren Wissen in einer generalisierten Form. Eine schematische Abbildung einer Kiefernnadel kann deshalb nur dann gezeichnet werden, wenn sich der Lerner viele Querschnitte von Kiefernnadeln angesehen und immer wieder die gleichen Strukturmerkmale gefunden hat.

Es bietet sich also an, im Anschluss an die Zeichnung und Besprechung originalgetreuer oder Freihandzeichnungen ein Schema anfertigen zu lassen. Dies hilft den Schülern, den typischen Aufbau des Blattes zu erfassen und auf jeden beliebigen

Querschnitt einer Kiefernnadel zu übertragen. Die Beziehung zwischen Original und Schema kann auch auf die Weise verdeutlicht werden, dass ein vorliegendes Schema mit der angefertigten Originalzeichnung verglichen wird.

Beide Vorgehensweisen fördern die Lesbarkeit von Schemazeichnungen bei den Schülern, da sie erfahren, wie ein Schema erstellt wird. Die Schüler begreifen dann auch, dass jeder einzelne Querschnitt der Kiefernnadel etwas anders aussieht. Das Wissen um die Qualität von Schemazeichnungen unterstützt Schüler dabei, die unterschiedlichen Abstraktionsgrade der Schemazeichnungen zu verstehen. Zur Vertiefung können verschiedene Schemazeichnungen zu einem biologischen Objekt, z. B. der Kiefernnadel, verglichen und bewertet werden.

Beispiel 2: Eine Pause von Blättern herstellen

Im makroskopischen Bereich lassen sich Originalzeichnungen von biologischen Objekten (z. B. Baumrinde, Blätter, Federn) oft durch einfaches Pausen herstellen.

Die Pause wird erstellt, indem die Blätter mit Tesafilm auf eine harte Oberfläche geklebt und dann mit dünnem, weißem Papier (z. B. Butterbrotpapier) abgedeckt werden. Dann bewegt man einen weichen Blei- oder Buntstift (Härtegrad 2B) oder weiche Wachsmalkreide mit leichtem Druck so über das Papier, dass das Objekt abgebildet wird (Abb. 3.6). Pausen sind leicht zu erstellen und setzen kein zeichnerisches Talent voraus.

Die gepausten biologischen Strukturen sollten beschriftet werden, da sie sonst später von den Schülern nicht mehr zugeordnet werden können.

Tipp: Für Schüler kann es viel motivierender sein, als Dokumentationsmethode die digitale Fotografie anstatt Zeichnungen einzusetzen. Insbesondere das Beschriften selbst hergestellter Fotos dient der Dokumentation und dem Erkenntnisgewinn.

Sie können Ihre zeichnerischen Fähigkeiten und die Ihrer Schüler dadurch schulen, dass Sie schematische Zeichnungen von biologischen Abläufen, Vorgängen, Zusammenhängen und Objekten in Ihr Tafelbild einbauen. Die Sammlungen zu Tafelzeichnungen können hier helfen (vgl. BAUER 1976, JUNGBAUER/HERTLEIN 1996, 2005a, b).

Abb. 3.6: Pause von Laubblättern, erstellt mit Wachsmalkreide, Ulme (unten links, Ulmus spec.), Weißdorn (unten rechts, Crataegus spec.), Spitzahorn (oben, Acer platanoides), angefertigt von Katharina Otteni

Was ist meine Aufgabe als Lehrer?

Bestimmen Sie gründlich Ihre Lehrziele, die Sie durch das Zeichnen erreichen wollen. Formulieren Sie Zeichenaufgaben, die Schüler zu ihrer Zufriedenstellung erledigen können, unterstützen Sie Ihre Schüler bei der eigenen Anfertigung von Zeichnungen und zeichnen Sie so oft wie möglich selbst.

Literatur

AINSWORTH, SHAAROM / PRAIN, VAUGHAN / TYTLER (2011): Drawing to Learn in Science. SCIENCE 333, S. 1096–1097

BAUER, ERNST W. (1976): Zeichnen auf Tafel und Folie: Humanbiologie. Berlin

BURGSTALLER, SEPP (o. J.): Das Zeichnen im tierkundlichen Unterricht. Wien

HOLTHUSEN, KERSTIN (2004): Konzepte zur Nachhaltigkeit: Analyse von Schülervorstellungen zum Thema Nachhaltigkeit am Beispiel Wald durch Zeichnen im Biologieunterricht. Hamburg

HONOMICHL, KLAUS / RISLER, HELMUT / RUPPRECHT, RAINER (1982): Wissenschaftliches Zeichnen in der Biologie und verwandten Disziplinen. Stuttgart

JUNGBAUER, WOLFGANG / HERTLEIN, UDO (1996): Kommentierte Tafelbilder Biologie, Band 1, Menschenkunde. Köln

JUNGBAUER, WOLFGANG / HERTLEIN, UDO (2005a): Kommentierte Tafelbilder Biologie, Band 2, Ökologie. Köln

JUNGBAUER, WOLFGANG / HERTLEIN, UDO (2005b): Kommentierte Tafelbilder Biologie, Band 3, Pflanzenkunde. Köln

MERGENTHALER, WALTER (1970):. Biologische Skizzenblätter; ein Hilfsmittel für das Zeichnen im Biologieunterricht. Stuttgart-Vaitingen

SPÖRHASE-EICHMANN, ULRIKE (2006): Fotos lesen – Leben verstehen!? In: HOLZBRECHER, A. / OOMEN-WELKE, I. / SCHMOLLING, J. (Hrsg.), Foto + Text. Handbuch für die Bildungsarbeit. Wiesbaden, S. 247–255

WEITZEL, H. (2012): Welche Bedeutungen haben vorunterrichtliche Vorstellungen für das Lernen? In: SPÖRHASE, ULRIKE (Hrsg.): Biologie-Didaktik. Praxishandbuch für die Sekundarstufe I und II. Berlin, S. 62–81

WEITZEL, H. (2013): Zelluläre Vielfalt – Vom digitalen Abpausen zur biologischen Zeichnung. Unterricht Biologie 386, 7 S. 10–13

3.4 Steckbriefe und Infokarten

INGMAR STELZIG

Was ist das?

Ursprünglich war ein Steckbrief ein öffentliches Ersuchen zur Festnahme einer zu verhaftenden Person. Dieser Steckbrief enthält alle zur Identifikation eines Individuums nötigen Informationen. Diese Dokumentationstechnik wird im Biologieunterricht vor allem genutzt, um charakteristische Eigenschaften von Pflanzen- und Tierarten in Stichpunkten zusammenzufassen.

Meist enthält ein Steckbrief eine oder mehrere bildhafte Darstellungen, z. B. Foto, Skizze oder Zeichnung. Auf einer Infokarte werden neben isolierten Fakten auch kurz Zusammenhänge dargestellt. Bei der Erstellung von Steckbriefen und Infokarten werden ähnliche Kompetenzen geschult wie bei der Erstellung von Lernkarten.

Wozu ist das gut?

Die Methode fördert eine intensive Auseinandersetzung mit einem biologischen Gegenstand oder einem biologischen Sachverhalt. Weiterhin übt das Erstellen eines Steckbriefes das genaue Beobachten bzw. das gezielte Lesen und Markieren sowie das Herausfiltern der wichtigsten Informationen. Vorgegebene Leitfragen können die Suche nach „Schlüsselwörtern" erleichtern. Das Verfassen eines Steckbriefes oder einer Infokarte fördert die fachgemäße Schreibkompetenz. Schließlich entwickeln Schüler über die Darstellung des Steckbriefes einfache Visualisierungsideen. Infokarten haben mehr Gestaltungspotenzial und lassen sich gezielt zur Wiederholung und inhaltlichen Aufarbeitung einsetzen.

Welches sind die Voraussetzungen?

Das zu beschreibende Objekt sollte sich möglichst eindeutig beschreiben lassen. Sprachliche Voraussetzungen zur adäquaten Beschreibung müssen ebenfalls gegeben sein. Wird von einer Textgrundlage ausgegangen, sollte sich diese gut in Sinneinheiten gliedern lassen und für die jeweilige Lerngruppe passend sein.

Wie geht das?

Phase	Inhalt	Wer/ Sozialform
1. Vorbereiten	Informationen bereitstellen oder sammeln. Diskussion darüber, welche Informationen für einen Steckbrief zusammengestellt werden sollen, ggf. Zeigen von verschiedenen Steckbriefen.	Lehrer/ Klasse
2. Durchführen	Einen aussagekräftigen Steckbrief erstellen.	Klasse
3. Präsentieren, ggf. Überarbeiten	Fertige Produkte im Plenum vorstellen, diskutieren und ggf. überarbeiten.	Gruppe

Beispiel: Infokarte

Infokarte

Name: Feuerwanze

Ordnung: Wanzen

Familie: Feuerwanzen

Wiss. Name: *Pyrrhocoris apterus*

Notizen:

____

____

____

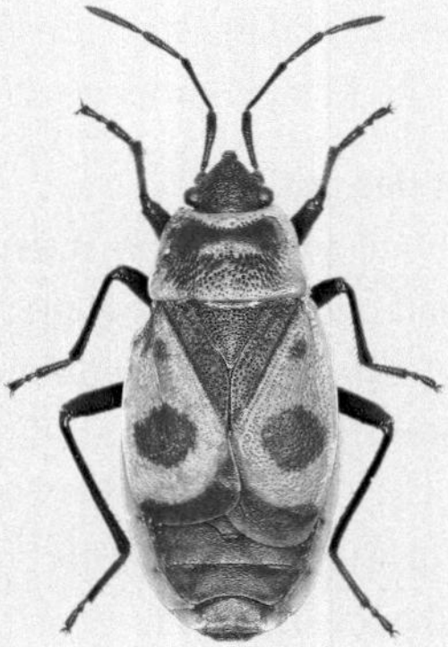

Foto: Fotolia / gstalker

Abb. 3.7: Feuerwanze

Allgemeines:
Feuerwanzen kommen in Siedlungsgebieten oft in großen Mengen vor. Sie richten an Pflanzen jedoch keine Schäden an.

Kennzeichen:
Auffällig rot gefärbt mit schwarzem Kopf und Schildchen. Halsschild mit schwarzem Mittelfleck. Der Körper ist flach und länglich oval.

Länge:
9 bis 13 mm

Lebensraum:
Wohngebiete mit Linden

Entwicklung:
Die Paarung erfolgt von April bis Mai. Die Weibchen legen 50 bis 60 Eier unter altes Laub. Die Larve ist wie die Wanze rot-schwarz gefärbt. Eine Generation pro Jahr, die erwachsenen Wanzen überwintern.

Ernährung:
Saugt an abgefallenen Samen, vor allem von Linden, und an anderen Insekten.

Verbreitung:
Mittel- und Südeuropa, Asien

Beispiel: Steckbrief in Stichwörtern

Steckbrief in Stichwörtern

Klasse:	Säugetiere
Ordnung:	Paarhufer
Familie:	Hirsche
Deutscher Name:	Rentier, Ren
Lateinischer Artname:	*Rangifer tarandus*
Größe:	Länge bis 2 Meter, Höhe bis 1,20 Meter
Gewicht:	Renhirsche um 100 kg, Renkühe um 75 kg
Fortpflanzung:	Brunftzeit im Herbst
Lebensweise:	Rudel bildend; Kühe, Kälber und Jungtiere in größeren Verbänden; Renhirsche einzeln oder in kleinen Gruppen
Nahrung:	Gräser, Zweige, Pilze; im Winter vor allem Blätter von Zwergbirken und Flechten
Lebensraum:	Tundra, Waldtundra und arktische Gebirgsgegenden der Nordhalbkugel, in Nordamerika Karibu genannt
Besondere Kennzeichen:	Geweih asymmetrisch, Farbe im Winter weißlich-graubraun, im Sommer dunkelbraun mit weißem Hals
Besonderheiten:	Geweih bei beiden Geschlechtern

Foto: Fotolia / ysbrandcosijn

Beispiel: Steckbrief mit zusammenhängendem Text

Der Natternkopf

Der Natternkopf mit dem lateinischen Namen *Echium vulgare* gehört zur Familie der Rauhblattgewächse. Man findet ihn vor allem an sonnigen Bahn- und Industrieflächen sowie auf Mauerkronen und Trockenrasen. Er ist eine borstig behaarte Trockenpflanze. Die Wurzeln reichen bis in 2,5 m Tiefe in die Erde. Die Blüten besitzen weit herausragende Narben und Staubbeutel, die an einen Schlangenkopf erinnern (Name!).
Die Farbe der Blüten wechselt von Rosa nach Blau. Bienen und andere Bestäuber lernen, dass nur rosafarbende Blüten nektarreich sind. Der Natternkopf verbreitet sich durch Tiere, die an den borstigen Pflanzen hängenbleiben und die Klettfrüchte mitreißen.

Foto: Shutterstock / Manfred Ruckszio

3.5 Diagramme erstellen

Christine Fricke

Was ist das?

Diagramme geben Daten aus Messungen, Umfragen oder auch sprachliche Informationen aus Texten als grafische Darstellung wieder. Sie zeigen dabei Beziehungen zwischen den Informationen bzw. die Abhängigkeit der Größen voneinander (Köhler 2004).

Je nach Informationsgehalt, Darstellungsform und Zweck unterscheidet man verschiedene Arten von Diagrammen. Die folgenden Diagramme werden am häufigsten im Unterricht eingesetzt:

- **Säulen-, Streifen- oder Balkendiagramme** stellen auf zwei Achsen die Häufigkeit verschiedener Daten dar. Sie ermöglichen gut den Vergleich der Werte miteinander (z. B. Kalorienverbrauch bei verschiedenen Tätigkeiten).
- **Kreisdiagramme** (Tortendiagramme) geben wieder, wie die einzelnen Häufigkeiten verteilt sind und in welchem Verhältnis sie jeweils zum Ganzen stehen (z. B. Anteil der Fußgänger, Radfahrer, Busnutzer ... von allen Kindern der Klasse).
- **Kurvendiagramme** veranschaulichen auf zwei Achsen die Veränderung eines Wertes, also eine Entwicklung oder einen Verlauf (z. B. Zahl der Drogentoten im Verlauf mehrerer Jahre).
- **Flussdiagramme** stellen chronologische Abläufe in ihrer schrittweisen Reihenfolge dar. Bei Bedarf können sie sich verzweigen (z. B. Wirkung von Nikotin und/oder Tabakteer im Körper, Lauf des Abwassers durch ein Klärwerk).
- Ein **Baumdiagramm** (oder Strukturbaum) lässt sich immer dann einsetzen, wenn es gilt, verschiedene Ober- und Unterkategorien eines Inhaltes mit deren logische Ebenen und Hierarchie abzubilden (z. B. Systematik der Wirbeltiere).

Weitere Diagramm-Typen sind z. B. Punkt-, Flächen-, Netz-, Pfeil- und 3-D-Diagramme (vgl. Köhler 2004, S. 157).

Wozu ist das gut?

Diagramme dienen dazu, Informationen in komprimierter Form anschaulich zu dokumentieren und zu präsentieren und/oder Daten auszuwerten. Als kompakte Darstellung eines Sachverhaltes ist ein Diagramm auf bestimmte ausgewählte Aspekte fokussiert. Beim Erstellen von Diagrammen erfahren die Schüler die Sinnhaftigkeit von Diagrammen als Dokumentations- und Auswertungsinstrumente. Gleichzeitig üben sie das Lesen und Interpretieren der Diagramme. Das eigene Erstellen von Diagrammen geht jedoch über das Lesen und Interpretieren von Diagrammen deutlich hinaus.

Um ein Diagramm erstellen zu können, müssen die Schüler erstens die Versuchsfrage oder die Aufgabe genau verstanden haben und/oder zweitens einer Fragestellung eine individuelle Bedeutung beigemessen haben. Nur so können sie sich für eine geeignete Darstellungsform entscheiden.

Welches sind die Voraussetzungen?

Es müssen Daten vorliegen, aus denen ein Diagramm erstellt werden soll. Diese können aus Sachtexten entnommen oder selbst gesammelt werden, z. B. durch Beobachtungen, Messungen, Untersuchungen, Experimente und Umfragen.

Außerdem benötigen die Schüler „zeichnerisches Handwerkszeug" für die Anfertigung von Diagrammen. Sie müssen mit Lineal/Geodreieck/Zirkel arbeiten, z. B. ein Achsenkreuz erstellen und parallele Linien zeichnen.

Schließlich ist „mathematisches Handwerkszeug" nötig, besonders die Kenntnis von verschiedenen Größen und deren Umrechnung. Für die Anfertigung von Kreisdiagrammen sind Winkelmessung, Dreisatz- und Prozentrechnung wichtige Voraussetzungen (im Mathematik-Unterricht in der Regel ab Klasse 6/7).

Beispiel:

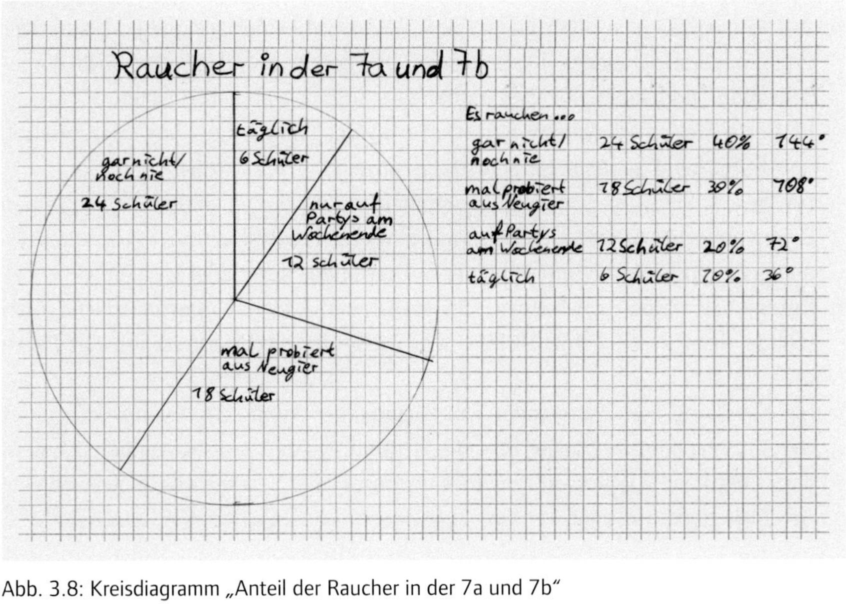

Abb. 3.8: Kreisdiagramm „Anteil der Raucher in der 7a und 7b"

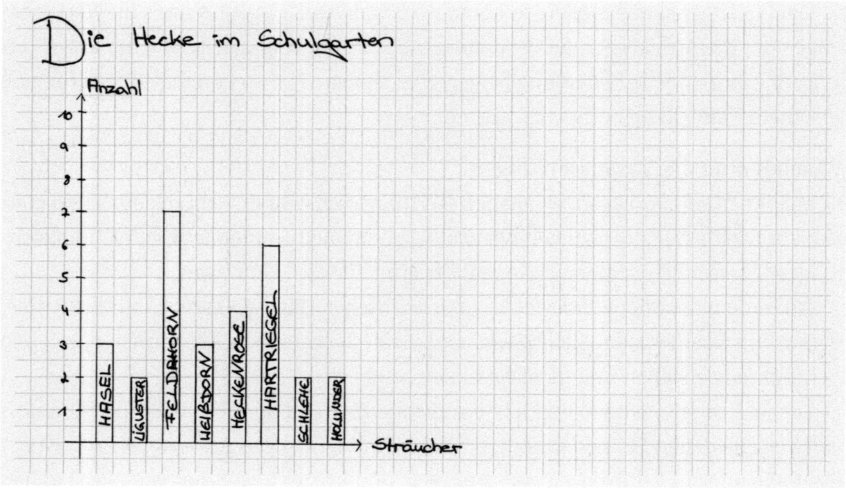

Abb. 3.9: Säulendiagramm „Die Hecke im Schulgarten"

Bemerkungen:

- Am schwierigsten ist erfahrungsgemäß die Auswahl eines geeigneten Diagrammtyps. Jüngeren Schülern sollte man einen Diagrammtyp und ggf. eine Skala vorgeben. Ältere und geübte Schüler können dies auch selbstständig leisten.
  Im Vorfeld ist eine bewusste Reflexion bei jeder Betrachtung und Interpretation von grafischen Darstellungen unbedingt hilfreich (s. Teil II, 2.9).
  Um den Schülern die Eignung, Eigenschaften und Problematiken der einzelnen Diagrammtypen zu verdeutlichen, kann ein und derselbe Datensatz (von verschiedenen Gruppen) durch unterschiedliche Diagramme abgebildet werden.
- Kurvendiagramme in verschiedenen Maßstäben können unterschiedliche Ausschläge der Kurven verdeutlichen, was wiederum die Interpretation der Daten beeinflusst.
- Die Erstellung von Baum- oder Flussdiagrammen kann schrittweise vorbereitet werden: Man gibt das Raster bzw. die Struktur vor und lässt es von den Schülern nach Lesen eines Textes, Hören eines Vortrages oder Sehen eines Filmes wie eine Art Lückentext ausfüllen.

Literatur

KÖHLER, KARLHEINZ (2004): Welche fachgemäßen Arbeitsweisen werden im Biologieunterricht eingesetzt? In: SPÖRHASE-EICHMANN, ULRIKE / RUPPERT, WOLFGANG (Hrsg.): Biologie-Didaktik. Praxishandbuch für die Sekundarstufe I und II. Berlin, S. 146–159

3.6 Concept Cartoons

Holger Weitzel

Was ist das?

Concept Cartoons sind kurze Bildgeschichten, in denen in Sprechblasen mehrere Aussagen zu einem biologischen Phänomen ausgehend von einer Alltagssituation präsentiert werden (Abb. 3.10). Die Aussagen stellen geläufige und plausible alternative Erklärungen für das Phänomen dar, wobei in einer der Sprechblasen stets die wissenschaftliche Sichtweise enthalten ist. Zusätzlich ist eine leere Sprechblase gegeben, um hervorzuheben, dass weitere Aussagen möglich sind und die Schüler dadurch zu ermutigen, nach alternativen Erklärungen zu suchen.

Wozu ist das gut?

Concept Cartoons dienen dazu, auf der Grundlage von Alltagssituationen Schülervorstellungen zu erheben, die Schüler zum Nachdenken über biologische Phänomene herauszufordern, ihre Zusammenarbeit zu fördern, ihren Lernprozess zu unterstützen und den Schülern unterrichtsbegleitend Rückmeldung zu ihren Lernergebnissen zu geben (formatives Assessment). Concept Cartoons verbinden auf einfache Weise die Phase der Erhebung von Vorstellungen und die Erzeugung kognitiver Konflikte,

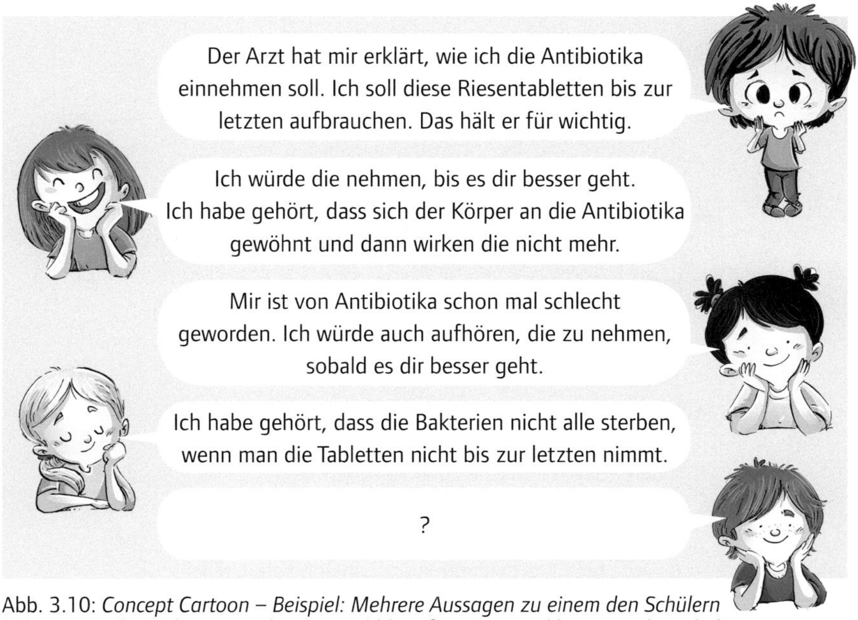

Illustrationen: Fotolia / cirodelia

Abb. 3.10: *Concept Cartoon – Beispiel: Mehrere Aussagen zu einem den Schülern bekannten Alltagsphänomen; leere Sprechblase für weitere Erklärungen der Schüler* indem sie unterschiedliche, aber plausible Aussagen zu einem Phänomen präsentieren. Für leistungsfähigere Schüler stellen Concept Cartoons zudem Lerngelegenheiten zur vertieften Beschäftigung mit biologischen Phänomenen dar, da sie sich argumentativ mit Vorstellungen auseinandersetzen müssen, über die sie zuvor meist noch nicht nachgedacht haben, selbst wenn sie das zugrundeliegende biologische Konzept verstanden haben. Des Weiteren dienen Concept Cartoons zur Förderung der Argumentationsfähigkeit der Schüler, indem sie z. B. im geschützten Raum der Kleingruppe auf ein wissenschaftliches Phänomen bezogene Diskussionen ermöglichen, ohne den Zwang, an fachsprachliche Konventionen gebunden zu sein. Nicht zuletzt verlieren Concept Cartoons auch bei mehrmaliger Anwendung nicht ihren motivierenden Charakter.

Welches sind die Voraussetzungen?

Die Methode kann für alle Schularten und Klassenstufen empfohlen werden. Besonders schwächere Schüler mit geringen Sprachkenntnissen profitieren von der Kombination aus bildlicher Darstellung und wenig Text.

Wie geht das?

Phase	Inhalt	Wer/ Sozialform
1. Durchführung	Concept Cartoon zur Erhebung von Schülervorstellungen und zur Erzeugung von kognitiven Konflikten:	
	■ Präsentieren Sie das Concept Cartoon und gehen Sie die Frage sowie die Antworten gemeinsam mit der Klasse durch.	Klassenunterricht
	■ Fragen Sie nach weiteren Vorschlägen, die nicht auf dem Cartoon enthalten sind und tragen Sie diese ggf. in die leere Sprechblase ein (weitere Blasen können ergänzt werden).	
	■ Weiteres Vorgehen z. B. im Think-Pair-Share-Verfahren (s. Teil II, 4.1)	
	■ Fordern Sie die Schüler auf, sich für eine Aussage zu entscheiden, die in ihren Augen korrekt ist, und Argumente für ihre Entscheidung zu sammeln.	Einzelarbeit
	■ Bilden Sie Kleingruppen mit Schülern, die unterschiedliche Aussagen unterstützen und fordern Sie die Schüler auf, ihre Entscheidungen vor den anderen in der Gruppe zu begründen.	Gruppenarbeit

2. Auswertung	Sammeln Sie im UG Argumente der Schüler für die unterschiedlichen Aussagen. Je nach Thema arbeiten Sie im UG die Schwierigkeiten heraus. Aufbauend auf den genannten Schwierigkeiten kann der Unterricht weiter geplant werden.	Klassenunterricht

Tipp: Die Auswahl plausibler Alternativen für die Sprechblasen wird erleichtert, wenn Sie sich an Quellen orientieren, die typische Schülervorstellungen zu einem Thema benennen (z. B. HAMMANN/ASSHOFF 2013, KATTMANN 2015). Die geringe Textmenge der Cartoons erlaubt es, im Biologieunterricht auch englischsprachige Cartoons einzusetzen, die in größerer Zahl frei verfügbar und per WWW-Recherche zu verschiedenen biologischen Themen leicht auffindbar sind (Stichworte z. B. „concept cartoon biology").

Literatur

CHIN, CHRISTINE / TEOU, LAY-YEN (2009): Using Concept Cartoons in Formative Assessment: Scaffolding students' argumentation. International Journal of Science Education, 31, Heft 10, S. 1307–1332

HAMMANN, MARCUS / ASSHOFF, ROMAN (2013): Schülervorstellungen im Biologieunterricht: Ursachen für Lernschwierigkeiten. Seelze

KATTMANN, ULRICH (2015). Schüler besser verstehen: Alltagsvorstellungen im Biologieunterricht. Köln

NAYLOR, STUART / KEOGH, BRENDA (2013). Concept Cartoons: What have we learnt? Journal of Turkish Science Education, 10, Heft 1, 3–11

3.7 Protokoll

SIMONE ZÜRCHER UND ULRIKE SPÖRHASE

Was ist das?

Das wissenschaftliche Protokoll ist eine fachgemäße Arbeitsweise. Es dokumentiert den Ablauf und die gewonnenen Ergebnisse von Betrachtungen, Beobachtungen, Untersuchungen und Experimenten einschließlich ihrer kritischen Beurteilungen und Deutungen. Da Protokolle den Ablauf des jeweiligen Erkenntnisprozesses dokumentieren, werden sie nach den wesentlichen Aspekten der eingesetzten Erkenntnisgewinnung gegliedert (s. Abb. 3.11, vgl. Teil II, 2.2–2.5). Protokolle setzen sich neben Texten aus Originalzeichnungen, -fotos, -videos sowie schematischen Abbildungen, Tabellen, Diagrammen oder Computeranimationen zusammen (vgl. GROPENGIESSER u. a. 2013).

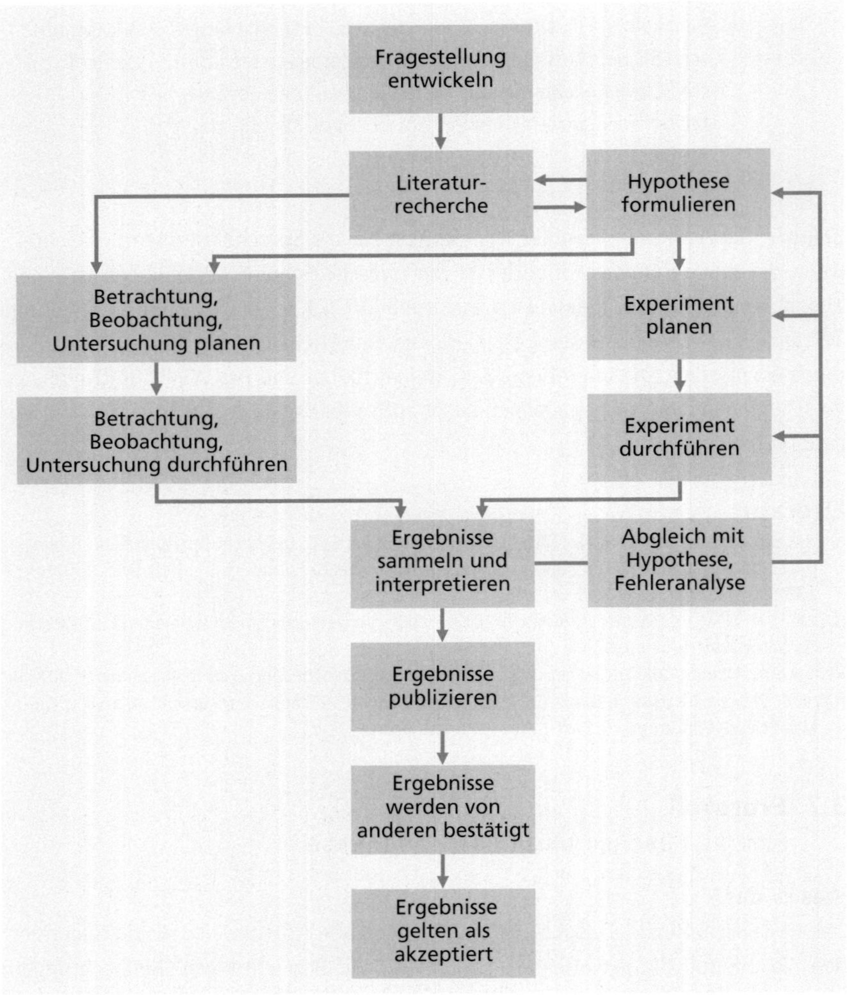

Abb. 3.11: Erkenntnisgewinnung in der Biologie (verändert nach: Zaman, 2003)

Wozu ist das gut?

In der Schule – wie in der Wissenschaft – ist es Ziel des Protokollierens, die Ergebnisse zu fixieren und den Erkenntnisprozess transparent und nachvollziehbar darzustellen, sodass dieser durch andere wiederholt und überprüft werden kann. Das Protokollieren dient damit sowohl der Gewinnung als auch der Sicherung wissenschaftlicher Forschungsergebnisse. Protokollieren ist ein reflexiver Prozess: Das gezielt Wahrgenommene des Erkenntnisprozesses wird in Sprache übersetzt und anschließend wieder an der Wahrnehmung gemessen und ggf. korrigiert. Zudem ist der Prozess der Erkenntnisgewinnung selbst reflexiv. So werden beispielsweise Forschungsfragen durch die Auseinandersetzung mit Alltagserfahrungen und den Literaturdaten formuliert, die jeweilige Wahrnehmung durch zielgerichtete Betrachtungen und Beobachtungen geschult, die Ergebnisse verschriftlicht, mit Literaturdaten verglichen und zur Grundlage für neue Forschungsfragen herangezogen. Das Protokollieren schult daher Sach-, Lern-, Denk- und Sprachkompetenzen sowie instrumentelle Kompetenzen.

Welches sind die Voraussetzungen?

Da das Protokoll das Ergebnis eines komplexen Erkenntnisprozesses ist, sollten die Schüler in das Protokollieren sukzessiv eingeführt und bei diesem unterstützt werden. Dies kann dadurch geschehen, dass wichtige Aspekte im Erkenntnisprozess zunächst mündlich kommuniziert und stichwortartig festgehalten werden. So liegen bereits wichtige Aspekte einzelner Protokollteile vor und die Schüler können aus diesen ein sachgemäßes Protokoll erstellen. Wichtig ist, dass die Schüler die jeweiligen Gliederungsaspekte des Protokolls als sinnvoll erachten. Eine Reflexion über den jeweiligen Wert des Protokolls kann dies fördern.

Wie geht das?

Das Protokoll hat das Ziel, den Weg und die Ergebnisse der Erkenntnisgewinnung zu dokumentieren und ggf. zu diskutieren. Dementsprechend ergeben sich für ein Protokoll je nach Erkenntnisgewinnung die nachstehenden Gliederungspunkte.

1. Fragen und Vorhersagen/Hypothesen formulieren und begründen.
   - Fragestellung oder Forscherfrage zu einem biologischen Phänomen formulieren oder in Einführungsphasen als Aufgabe vorgeben.
   - Eine Vorhersage über das zu erklärende Phänomen eines Experimentes treffen.
2. Vorhersagen sachlich begründen.
3. Erkenntnisgewinnung planen und durchführen.
   - Die Betrachtung, Beobachtung, Untersuchung oder das Experiment planen.
   - Das dafür verwendete Material nennen.
   - Auf mögliche Sicherheitsrisiken hinweisen.
   - Die genaue Durchführung dokumentieren.
4. Die Ergebnisse beobachten, dokumentieren und auswerten.
5. Die Ergebnisse deuten bzw. diskutieren
   - Ergebnisse mit der Vorhersage vergleichen.
   - Ergebnisse interpretieren und diskutieren.
   - Aus Unklarheiten neue Forscherfragen formulieren.

Erfahrungsgemäß ist es sinnvoll, den Schülern anfangs ein vorgefertigtes Musterprotokoll mit den Hauptmerkmalen zur Verfügung zu stellen und die Güte angefertigter Protokolle zu diskutieren. Hierzu lassen sich anonymisierte Protokolle z. B. zum durchgeführten Experiment überarbeiten.

Beispiel:

Versuchsprotokoll

Thema: ____________________

Datum: ____________________ Name/Klasse: ____________________

Experimentiermaterial:

____

____

Sicherheitsmaßnahmen:

____

____

Hypothese (Vermutung) mit Begründung:

____

____

Planung des Experiments (ggf. mit Skizze):

____

____

Beobachtung:

____

____

____

Auswertung/Schlussfolgerung:

____

____

____

Abb. 3.12: Beispiel einer Protokollvorlage

Literatur

Gropengiesser, Harald / Harms / Kattmann, Ulrich (Hrsg.) (2013): Fachdidaktik Biologie. Köln

Zaman, Vigar (2003): Life sciences for the Non-scientist. New Jersey/London/Singapore/Hong Kong

3.8 Schreibkonferenz

HOLGER WEITZEL

Was ist das?

Bei einer Schreibkonferenz werden ausgehend von einer alltags- oder fachbezogenen Aufgabenstellung Texte individuell oder in Kleingruppen erstellt, diskutiert und überarbeitet. Diskussions- und Überarbeitungsprozesse können mehrfach durchlaufen werden. Am Ende steht eine „Veröffentlichung" des Textes. Da für die Abfassung des Textes Informationen verarbeitet werden müssen, sollte die Textproduktion mit texterschließenden Methoden wie der „5-Schritt-Lesemethode" (s. Teil II, 2.11) oder „Wissen sammeln" (s. Teil II, 3.1) kombiniert werden.

Wozu ist das gut?

Ein wichtiges Ziel des Biologieunterrichts ist die Förderung der Kompetenz zur fachlich angemessenen Kommunikation von biologischem Wissen. Für Schüler ist dieses Ziel insbesondere aufgrund der reichhaltigen Fachsprache eine erhebliche Hürde, da die vielen zu erlernenden Wörter oft komplexe theoretische Konzepte umfassen (z. B. Nahrungsnetz, Aktionspotenzial). Erfolgreiche Wissenskommunikation unter der Verwendung von Fachsprache muss daher erlernt werden. Dazu können Methoden aus dem Sprachunterricht wie die Schreibkonferenz dienen. Als Zielgruppe für die darin produzierten Texte eignen sich Schüler anderer Klassen, Eltern, interessierte Öffentlichkeit usw. Möglich für die Textproduktion sind Versuchsplanungen und -protokolle, Steckbriefe von Lebewesen oder andere Textsorten, wie sie Schülern aus einschlägigen Zeitschriften für Jugendliche bekannt sind.

Welches sind die Voraussetzungen?

Das Schreiben von Texten erfordert Zeit und Übung. Um auch jüngeren Schülern bereits den Zugang zu Schreibkonferenzen zu ermöglichen, bietet sich ein gestufter Einstieg in den Schreibprozess an. Am Beginn der Arbeit steht die Gegenüberstellung eines fertigen und des zugehörigen Originaltextes. Die Lehrperson kann an diesem Beispiel Kriterien für einen gelungenen Text mit den Schülern herausarbeiten. Im zweiten Schritt werden Teiltexte gegeben, in denen gezielt Lücken eingebaut sind, die von den Schülern sinnvoll ergänzt werden. Beispielsweise können für das Verständnis notwendige Informationen weggelassen werden oder Begründungen können fehlen, unvollständig oder falsch sein. Diese werden dann in der Konferenz vervollständigt. Erst am Ende beginnen die Schüler, eigene Texte zu verfassen. In dieser Phase kann nach Leistungsfähigkeit differenziert werden, z. B. indem die Schüler unterschiedliche Vokabeln oder auch grammatische Konstrukte („Satzbausteine") zur Unterstützung für die Textgestaltung erhalten. Die Arbeit mit fehlerhaften fremden Texten zu Beginn birgt zudem den Vorteil, dass die Schüler nicht mit ihren eigenen Fehlern konfrontiert und dadurch potenziell demotiviert werden.

Phase	Inhalt	Wer/ Sozialform
Vorbereiten	■ Checkliste für Diskussion in Kleingruppe anfertigen. ■ Ggf. Überarbeitungsregeln an vorgegebenen Texten einüben (Extrastunde einplanen).	Lehrer Kleingruppen Klassenunterricht
Durchführen 1. Schreiben	■ Jeder Schüler schreibt, ergänzt, bearbeitet seinen Text. ■ Den Rohtext zweizeilig verfassen, damit jeweils eine Korrekturzeile verbleibt.	Einzelarbeit, L. unterstützt ggf. durch Vokabelhilfen oder Satzbausteine
2. Peer-Feedback	■ Jedes Gruppenmitglied gibt seine Rückmeldungen zum Text unter Verwendung der zuvor vereinbarten Überarbeitungsregeln (s. Variationen). ■ Zur Beurteilung des Gesamteindrucks helfen anfangs Checklisten (führen aber zu formalisierter Rückmeldung).	Gruppenarbeit
3. Überarbeiten	■ Text wird vom Schüler auf Grundlage der Kommentare überarbeitet.	Einzelarbeit
4. Ggf. erneuter Bearbeitungszyklus	■ Wie 2. Peer-Feedback	Gruppenarbeit
5. Reinschrift	■ Überarbeiteten Text ordentlich abschreiben oder abtippen und „veröffentlichen". ■ Die Art der Veröffentlichung unterscheidet sich je nach Themenstellung. Sie reicht vom Themenbuch über die Wandzeitung bis zur Freigabe zur Benotung durch den Lehrer.	Einzelarbeit

Variationen

Für Peer-Feedback eignen sich folgende Methoden:

A Textlupe: Die Textlupe ermöglicht die intensive Auseinandersetzung mit einem Text. Jeder Gruppenteilnehmer gibt mithilfe von Überarbeitungskriterien wie „UWES Regeln" (Umstellen, Weglassen, Ergänzen und Ersetzen) dem Autor eine Rückmeldung, die dieser zur Überarbeitung nutzen kann. Diese Arbeit ist zeitaufwändig, sodass die Diskussion von zwei bis drei Texten eine Unterrichtsstunde dauert.

B Über-den-Rand-Schreiben: Der Text wird als Kopie auf Packpapier oder großes Tonpapier (mindestens DIN A3) geklebt und auf den Gruppentisch gelegt. Jede überarbeitungswürdige Stelle wird mit einer Nummer markiert. Auf dem Pack- oder Tonpapier schreibt der Schüler zu der von ihm nummerierten Stelle einen Vorschlag für die Überarbeitung.

C Fragelawine: Alle Gruppenmitglieder schreiben eine oder mehrere Fragen zum Text auf, die sie dem Autor zur Überarbeitung überreichen.

D Feedback: Jedes Gruppenmitglied schreibt einen Satz, einen Kommentar oder eine Idee zum Text auf. Alle Rückmeldungen werden vorgelesen und anschließend diskutiert. Feedback kann auch mit folgender Checkliste gegeben werden:

Gesamteindruck	Was gefällt dir besonders gut? An welchen Stellen wünschst du dir eine Überarbeitung? Warum gerade an diesen Stellen?
Inhalt	Hast du eine Überschrift formuliert, die sich auf die Kernaussage des Textes bezieht? Hast du alle wesentlichen Inhalte in deinen Text aufgenommen? Hast du alle Inhalte so gut erklärt, dass dein Leser sie verstehen kann? Hast du inhaltliche Dopplungen vermieden?
Aufbau	Ist der Text sinnvoll gegliedert oder sollte die Reihenfolge der Textbausteine verändert werden, um dem Leser das Lesen zu erleichtern?
Formulierungen	Hast du kurze und verständliche Sätze geschrieben? Hast du Fachwörter für deine Leser erklärt?

Literatur

Schäfer, Joachim / Sevegnani, Friederike (2013): Schreibkonferenzen organisieren und moderieren. In: Abraham, Ulf / Knopf, Julia (Hrsg.): Deutsch – Didaktik für die Grundschule. Berlin, S. 79–88

3.9 Forschertagebuch

MARTIN OTTENI

Was ist das?

Lerner wenden sich einem Phänomen, einem Problem oder einer Fragestellung zu und gelangen durch selbstgesteuerte Erarbeitung zu einer Lösung oder zu einem tieferen Verständnis der Sachverhalte. Das Vorgehen wird dabei schrittweise und en détail in einem eigens dafür angelegten Heft, dem Forschertagebuch, festgehalten und reflektiert. Das Forschertagebuch ist bezüglich der Dokumentation des Erkenntnis- und Lernweges mit dem Lerntagebuch vergleichbar (WILDT 2005).

Wozu ist das gut?

Das Forschertagebuch stellt eine Möglichkeit dar, den eigenen Weg des Lernprozesses nachzuvollziehen. Dabei spiegelt es die Entwicklung des Lehr-Lern-Verhaltens zu einer selbstgesteuerten Erarbeitung von Wissen wider (SPINATH 2005, GLÄSER-ZIKUDA 2007a, b).

Mit einer möglichst selbst gewählten Aufgaben- oder Problemstellung kann der Lerner eigene Problemlösestrategien entwickeln und sich somit gedanklich damit auseinandersetzen. Das Forschertagebuch nutzt die Praxis und Erfahrung von Wissenschaftlern, die in einem Laborbuch ihre Beobachtungen, Hypothesen, Untersuchungen, Experimente und Ergebnisse sowie ihre Überlegungen protokollieren.

Untersuchungen deuten darauf hin, dass selbstgesteuertes Lernen das Interesse an naturwissenschaftlichen Themenstellungen fördert und wesentlich zum Kompetenzaufbau beiträgt (PISA 2007). Werden beispielsweise bei eigenständig geplanten und durchgeführten naturwissenschaftlichen Experimenten eigene Schlüsse und Interpretationen gezogen, so fördert dies das Hauptziel – die Steigerung der naturwissenschaftlichen Kompetenz.

Mithilfe der individuellen Darstellung der Gedanken, Fragen, Vorgehensweisen, Ergebnisse und Interpretationen kann der Lerner seinen gegangenen Weg nachvollziehen und wird sich seines Lernzuwachses bewusst.

Welches sind die Voraussetzungen?

Zur Entwicklung von eigenen Gedanken und Vorgehensweisen ist es besonders wichtig, dass unterrichtlich sowie außerunterrichtlich genügend Zeit zur Verfügung steht. In den Köpfen der Lerner sollte eine gewisse Freude am eigenständigen kreativen Entwickeln von Ideen etabliert sein. Werden zur Erkenntnisgewinnung naturwissenschaftliche Arbeitsweisen benötigt, sollten Vorgehensweisen nebst Anwendung eingeübt sein.

Erfahrungsgemäß fällt das schriftliche Festhalten von eigenen Beobachtungen und Gedanken vielen Lernern schwer. Deshalb wäre es einerseits sinnvoll, das Verschriftlichen eigener Überlegungen im Vorfeld Schritt für Schritt zu üben, möglichst in variierendem Kontext. Andererseits könnte dies auch ein möglicher Schwerpunkt beim Erarbeiten im Rahmen des Forschertagebuchs sein.

Beim selbstgesteuerten Bearbeiten von Problemen oder Fragestellungen können trotz logischer Gedankenketten falsche Schlüsse gezogen werden (s. Beispiel). Dabei sollte bedacht werden, dass der Weg das Ziel darstellt, d. h., das Entwickeln sinnstiftender Zusammenhänge steht im Vordergrund. Das erfordert ein verändertes Fehlerverständnis (HAMANN 2003). Es wäre sinnvoll, bewertungsfreie Räume zu schaffen, in denen Lerner sich, frei von Zensuren, trauen, eigene gedankliche Schritte zu gehen.

Wie geht das?

- Ausgangspunkt: Als wesentlich gilt das Interesse des Lerners an einer bestimmten Sache, einem Phänomen oder einer weiterführenden Problemstellung. Diese kann aus dem Unterricht resultieren oder selbstgesteuert kreiert sein.
- Fragestellung: Bevor man sich an die Arbeit macht, sollte genau überlegt werden, was eigentlich herausgefunden werden soll. Dazu ist es sinnvoll, eine Fragestellung zu formulieren. Sie dient als Startpunkt des selbstgesteuerten Erforschens.
- Phase der eigenen Auseinandersetzung: Auf welche Art und Weise neue Erkenntnisse gewonnen werden, spielt keine Rolle. Ob Interviews, Internetrecherchen, Beobachtungen, Versuche, Experimente oder andere Möglichkeiten zum Zuge kommen, entscheidet allein der Lerner.
- Dokumentation: Ausgehend vom Phänomen bzw. der Fragestellung wird jeder einzelne Schritt oder Gedanke detailliert in einem dafür angelegten Forschertagebuch festgehalten. Die Form ist frei wählbar (Text, Zeichnung, ausgedruckte Ergebnisse einer Recherche oder Bildmaterial). Bedeutsam dabei ist, dass sich die eigene Vorgehensweise später nachvollziehen und reflektieren lässt.
- Auswertung und Ausblick: Die erzielten Ergebnisse werden zusammengefasst und Schlussfolgerungen gezogen. Dabei könnte darüber nachgedacht werden, welche Bedeutung die gewonnenen Erkenntnisse haben. Es wäre auch sinnvoll zu überlegen, ob sich weitere Datenerhebungen, Recherchen usw. anschließen könnten.

Beispiel: Als Einstieg in diese Methode eignen sich Vorgehensweisen von berühmten Forschern wie Johann Baptista van Helmont zu den Wachstumsfaktoren von Pflanzen (s. Abb. 3.13) oder Christiaan Eijkman, Entdecker des Vitamins B (HAGEN u. a. 1996). Ihre Untersuchungen haben Modellcharakter und machen ihr Vorgehen bei der Gewinnung von biologischen Erkenntnissen transparent. Hierbei können naturwissenschaftlich beschriebene Vorgehensweisen experimentell oder in Form einer Recherche nachvollzogen werden. Frage- und Problemstellung sowie Erkenntnisgewinn von Forschung lassen sich den Schülern besonders dann verdeutlichen, wenn ihnen die Vorgehensweise der Forscher nur in Teilen vorgestellt wird. Die Schüler haben dann selbst Gelegenheit, intensiv über die Vorgehensweise der Wissenschaftler nachzudenken, mögliche weitere Schritte zu planen sowie Schlussfolgerungen zu ziehen. An diese Form sinnstiftender, nachvollziehender Vorgehensweise lassen sich komplexere Formen anknüpfen, z. B. die Entwicklung von Experimenten oder eigenen Untersuchungen, die dem Erkenntnisgewinn dienen.

Weiterarbeit:
Ausgangspunkt beim Arbeiten mit dem Forschertagebuch könnten historische Gegebenheiten mit anstehenden Problemstellungen sein (s. o.). Wenn eine gewisse Vertrautheit mit der Methode vorhanden ist, besteht die Möglichkeit, sich vertiefend mit eigenen Fragestellungen und eigens dazu zu entwickelnden Experimenten usw. auseinanderzusetzen.

Was ist meine Aufgabe als Lehrer?
Im Vorfeld können die Lerner auf vielfältige Art und Weise angeregt werden, eigene Fragen zu bestimmten Sachverhalten zu entwickeln. Bezieht man im Unterricht das Interesse von Lernern mit ein, so lassen sich damit die Lernmotivation unterstützen (RUPPERT 2012) und Lernprozesse fördern.

Im naturwissenschaftlichen Unterricht ließe sich das selbstständige Denken vertiefend entwickeln, wenn man angeleitete Experimente sukzessive reduziert und sie zunehmend eigenständig steuern lässt. Bei der Durchführung von „eigenständigen Forschungsfragen" kann die Lehrerperson den Lernern, wenn gewünscht, beratend zur Seite stehen, um den eigenständigen Lernprozess optimal zu fördern.

Was benötigen Pflanzen für ihr Wachstum?

1. Fragestellung: Ich vermute, dass Pflanzen wie wir Menschen Substanzen aufnehmen müssen, um wachsen zu können. Um welche Stoffe handelt es sich?
2. Hypothese: Ich habe beobachtet, dass nicht gegossene Pflanzen welken und schließlich absterben. Deshalb vermute ich, dass Wasser eine Substanz sein könnte, die Pflanzen für ihr Wachstum benötigen.
3. Lösungsstrategie: Ich pflanze eine junge Pflanze in einen Topf mit Erde. Pflanze und Erde habe ich zuvor gewogen. Ich werde die Pflanze über einen längeren

Zeitraum beobachten und währenddessen nur mit Wasser gießen. Am Ende des Versuchs wiege ich wieder die Erde und die Pflanze. Wenn die Pflanze nun mehr an Gewicht zugenommen hat, als sich das Gewicht der Erde verringert hat, muss die Pflanze das Wasser für ihr Wachstum genutzt haben.

a Material: Ich verwende für meinen Versuch 100 kg Erde. Ich habe sie vor dem Wiegen im Backofen getrocknet, damit das Gewicht nicht durch in der Erde gespeichertes Wasser verfälscht wird. Außerdem habe ich mir einen Kübel, eine Plane mit Löchern und ein 2,5 kg schweres Weidenbäumchen besorgt. Die Weide werde ich nur mit destilliertem Wasser gießen. So bin ich sicher, dass mit dem Wasser keine anderen Stoffe in den Kübel gelangen.

b Durchführung: Ich habe das Bäumchen in den Kübel gepflanzt. Dann habe ich die Erde im Kübel mit der Plane bedeckt. Dadurch können keine Stoffe aus der Umgebung in den Kübel gelangen. Die Löcher in der Plane verhindern, dass sich unter dieser Schimmel bildet.

Nun lasse ich die Weide 5 Jahre wachsen und gieße sie regelmäßig mit destilliertem Wasser. Dazu entferne ich kurz die Plane. Schließlich habe ich den Baum ausgegraben, die Erde von seinen Wurzeln abgespült und ihn gewogen. Die Erde habe ich erst gewogen, nachdem sie im Backofen getrocknet hatte.

c Ergebnisse:

Mein Weidenbäumchen
im Jahr 2001 und 2005

	Pflanze in kg	**Erde in kg**
Beginn	2,50	100,00
nach 5 Jahren	76,66	99,94
Differenz	74,16	0,06

Das abgeworfene Laub habe ich in den 5 Jahren nicht gewogen. Denn es fällt trocken vom Baum und wiegt deshalb nur sehr wenig.

4. Auswertung: Das Gewicht der Pflanze hat sich um 74,16 kg vergrößert. Das Gewicht der Erde hat sich lediglich um 60 g verringert. Die Pflanze muss das Gießwasser in pflanzliche Substanz umgewandelt haben. Meine Vermutung hat sich also bestätigt.

Abb. 3.13: Beispiel für ein Forschertagebuch

Literatur

ALLCHIN, DOUGLAS, (1996): Christiaan Eijkman and the cause of Beriberi. In: HAGEN, JOEL / ALLCHIN, DOUGLAS / SINGER, FRED (1996), S. 116–127
GLÄSER-ZIKUDA, MICHAELA (2007a): Lerntagebuch und Portfolio auf dem Prüfstand. Landau
GLÄSER-ZIKUDA, MICHAELA (2007b): Lernprozesse dokumentieren, reflektieren und beurteilen. Lerntagebuch und Portfolio in Bildungsforschung und Bildungspraxis. Bad Heilbrunn
HAGEN, JOEL / ALLCHIN, DOUGLAS / SINGER, FRED (1996): Doing Biology. New York
HAMMANN, MARKUS (2003): Aus Fehlern lernen. Unterricht Biologie 27, Heft 287, S. 31–35
PISA-Konsortium Deutschland (Hrsg.) (2007): PISA 06 – Die Ergebnisse der dritten internationalen Vergleichsstudie. Münster/New York
RUPPERT, WOLFGANG (2012): Welches Interesse haben Schüler an biologischen Themen? In: SPÖRHASE, ULRIKE (Hrsg.): Biologie-Didaktik. Berlin, S. 94–111
SPINATH, BIRGIT (2005): Motivation als Kompetenz: Wie wird Motivation lehr- und lernbar? In: VOLLMEYER, REGINA / BRUNSTEIN, JOACHIM C. (Hrsg.): Motivationspsychologie und ihre Anwendung. Stuttgart, S. 203–219
WILDT, MICHAEL (2005): Mit Lerntagebüchern die Selbstreflexion fördern. Lernchancen 8, Heft 43, S. 54–56

3.10 Präsentieren

CHRISTINE FRICKE UND ULRIKE SPÖRHASE

Was ist das?

Eine Präsentation beinhaltet eine Zusammenstellung von Inhalten und deren mediale Aufbereitung und Darbietung vor einer bestimmten Adressatengruppe. Die Gestaltung einer Präsentation hängt von allgemeinen Rahmenbedingungen wie dem Präsentationsziel, dem Inhalt und den Zuhörern ab. Mögliche Ziele für Präsentationen im Biologieunterricht sind z. B.: Mitschüler über eine Sache zu informieren (z. B. Biodiversität im Regenwald), einen ethischen Standpunkt zu vertreten (z. B. Schwangerschaftsabbruch), einen Leistungsnachweis in Form einer Facharbeit oder eines Leistungsportfolios zu erstellen.

Wozu ist das gut?

Präsentationen ermöglichen den Schülern eine vertiefende Auseinandersetzung mit bestimmten Fragestellungen. Sie fördern das selbstgesteuerte Lernen, indem Fachwissen von jedem Einzelnen verstanden, bewertet, ausgewählt, strukturiert, versprachlicht und schließlich überzeugend und anschaulich audio-visuell dargeboten werden soll. Präsentationen ermöglichen darüber hinaus eine Themenvielfalt, für die sonst kein Raum wäre.

Präsentationen gestatten es auch, die Interessen der Schüler direkt einzubeziehen. Unsere unterrichtspraktischen Erfahrungen weisen darauf hin, dass Schüler der Klassenstufen 5 und 6 gern über die Biologie von Tieren präsentieren. In den Klassen 7 und 8 zählen aus der Sicht der Schüler Präsentationen zu Drogen und Verhütungsmitteln zu den Hits. Im 9. und 10. Jahrgang können Kurzpräsentationen auch gezielt von dem Lehrer bei einzelnen Schülergruppen in Auftrag gegeben werden, um nötige Informationen zur Bearbeitung von Themen im Klassenverband zu ermöglichen. Sie haben dann die Funktion eines Lehrervortrags (s. Teil II, 2.14). Mögliche Themen können hier sein: Vaterschaftsnachweis, Leihmütter, Organtransplantationen, Hautkrankheiten, probiotische Joghurts, isotonische Drinks, Pillen fürs Gedächtnis, Gendoping u. a.

Welches sind die Voraussetzungen?
Als Voraussetzung für die Erstellung von Präsentationen ist es nötig, den Schülern geeignetes Informationsmaterial bereitzustellen. Alternativ können die Schüler die Informationen auch selbst beschaffen, wenn sie dazu in der Lage sind. Zudem ist es wichtig, dass sie mit dem Erschließen von Sachtexten vertraut sind (s. Teil II, 2.11, 2.12). Die Erstellung von Präsentationsmedien kann im Prozess geübt werden.

Wie geht das?
Die Erstellung einer Präsentation folgt häufig der nachstehenden Struktur, unterschiedlich je nach Ziel und Zielgruppe:

1. *Vorbereiten (Lehrer und/oder Schüler)*

- Geeignete Fragestellungen formulieren.
- Zeitrahmen festlegen (Erstellung und Darbietung der Präsentation).
- Präsentationsmedien festlegen (z. B. Originalobjekte, Power-Point-Präsentation, Poster).
- Je nach Klassenstufe erhalten die Schüler angemessene Informationen oder beschaffen sie selbst.
- Beschaffen die Schüler das Material selbst, ist eine Beratung bezüglich der Schlagwörter und viel versprechender Suchorte sinnvoll.

2. *Durchführen (Einzel-, Partner- oder Gruppenarbeit)*

- Informationen sammeln, lesen, hinsichtlich der Fragestellung bewerten und wichtige Aspekte zusammenstellen (Einzel-, Partner- oder Gruppenarbeit mit max. 4 Schülern).
- Wichtige Aspekte so strukturieren, dass ein „roter Faden“ oder eine Geschichte deutlich wird, die von einer Einleitung und einem Schluss umrahmt wird.
- Präsentation erstellen: z. B. Stichwortliste verfassen, Präsentationsmedien erstellen (z. B. Power-Point-Präsentation) und erproben.
- Die Zuhörer (Zielgruppe) bei der Konzeption der Präsentation berücksichtigen.

- Die Präsentation üben.
- Den Vortragsraum ggf. entsprechend herrichten.
- Die Präsentation halten, Vortragstechniken kennen und beherrschen.

3. *Auswerten (Klasse)*
- Rückmeldungen annehmen und auswerten.

Ab der 8. Klassenstufe kann den Schülern eine Checkliste zur Erstellung einer Präsentation an die Hand gegeben werden (s. Abb. 3.14). Es empfiehlt sich, diese mit den Schülern schon bei Einführung in die Präsentationstechnik gemeinsam zu erstellen.

Eine derartige Checkliste erfüllt drei Funktionen: Sie macht den Schülern die Erwartungen und Beurteilungskriterien transparent, sie ist ihnen eine Hilfe bei der Erstellung und Überarbeitung ihrer Präsentation und sie kann als Rückmeldebogen für das Feedback im Auswertungsschritt dienen.

Die Rückmeldung zur Präsentation kann folgende Aspekte umfassen:
- Vorbereitung und Präsentationsrahmen (z. B. Raumgestaltung und Zeiteinhaltung),
- Aufbau und Darstellung (z. B. Einleitung, Hauptteil, Schluss vorhanden? Gliederung überzeugend? Freier Vortrag?),
- Inhalt (z. B. sachliche Fehler, interessante Darstellung, „roter Faden" vorhanden?),
- Anschaulichkeit (z. B. freier Medieneinsatz, Aufbau von Folien, Tafelbild),
- Sprache, Körpersprache, Umgang mit Technik (z. B. freier und flüssiger Vortrag, freundlicher Gesichtsausdruck, Bedienung der technischen Geräte).

Diese Aspekte sind in dem Beobachtungsbogen (Abb. 3.15) zusammengestellt. Der Bogen sollte ebenfalls mit den Schülern erörtert werden, bevor er zum Einsatz kommt.

1. **Ein Thema/eine Fragegestellung formulieren:**
   Hier hilft es, das Thema z. B. mit einer Mindmap einzugrenzen. Überlege auch, welche Aspekte wichtig sind und was deine Zuhörer am Thema interessieren könnte. Formuliere Fragen, die durch deinen Vortrag beantwortet werden sollen.

2. **Informationen recherchieren, sammeln und bearbeiten:**
   Texte mehrmals lesen, wichtige Inhalte erst markieren und dann ggf. herausschreiben, wichtige Informationen sortieren. Schlage unbekannte Begriffe und Fremdwörter nach, damit du sie deinen Zuhörern erklären kannst.

3. **Eine Gliederung der Präsentation erstellen:**
   Sortiere die wichtigen Aspekte nach einem Sinnzusammenhang und prüfe jeden Aspekt, ob und inwiefern er etwas zum Thema beiträgt. Besonders gut wird der Vortrag, wenn sich alle wichtigen Aspekte zu einer Geschichte zusammenfügen. Berate dich hier mit deinem Partner und mit deinem Lehrer.

4. **Überlege und entscheide, wie präsentiert wird:**
   mündlich (z. B. Referat, Vortrag, Rollenspiel ...), schriftlich (schriftliche Ausarbeitung, Portfolio, Lerntagebuch, Plakat, Wandzeitung ...).

5. **Überlege und entscheide, welche Hilfsmittel (Medien) du einsetzt:**
   Folien, Wandzeitungen, Power-Point-Folien, Fotos, Dias, Filme, Realobjekte, Modelle, Demonstrationsversuche oder „Mitmach-Aktionen" (z. B. Aufgaben oder Versuche für alle Adressaten).

6. **Erstelle die Präsentation:**
   Fertige einen Stichwortzettel mit den Präsentationsinhalten an. Formuliere eine Einleitung und einen Schluss. Erstelle alle Präsentationsmedien. Achte darauf, dass du alle Quellen angibst und wörtliche Zitate kennzeichnest. Versuche, deine Gedanken den Zuhörern z. B. durch Bilder, interessante Aussagen, treffende Vergleiche und Mitmachaktionen zu veranschaulichen. Folien, Beamer und Wandtafel können dir helfen.

7. **Überlege, wie du die Aufmerksamkeit der Zuhörer erhalten kannst:**
   Bereite z. B. einen Lückentext oder Test vor, den die Zuhörer nach deinem Vortrag ausfüllen, oder ein Hand-out, auf dem sie sich während des Vortrages Notizen machen.

8. **Übe deine Präsentation:**
   Versuche, möglichst frei zu sprechen. Prüfe, ob du die Präsentationszeit eingehalten und alles genau und anschaulich erzählt hast. Trage die Präsentation vor Freunden vor und bitte sie um Kritik. Richte ggf. den Präsentationsraum für die Präsentation her. Übe auch den Umgang mit den notwendigen technischen Geräten oder bitte einen „Assistenten", dies für dich zu übernehmen.

9. **Trage deine Präsentation vor.**

10. **Nimm die Rückmeldungen zur Präsentation an:**
    Überarbeite die Präsentation ggf. und schreibe auf, was du dir für die nächste Präsentation vornimmst.

Abb. 3.14: Checkliste zur Anfertigung einer Präsentation

Was ist meine Aufgabe als Lehrer?

Der Lehrer ist bei der Erstellung der Präsentation vor allem Lernberater. Es ist hilfreich, wenn er die Gruppen individuell unterstützt. Das kann z. B. geschehen durch Nennung von Schlüsselbegriffen für die Recherche sowie durch geeignetes Informationsmaterial als Hilfe zum Sachthema und zur Methode selbst, Klärung von Fragen und durch Beratung bei der Gliederung des Vortrages. Als Hilfe zur Methode Präsentation kann die Checkliste in Abb. 3.14 dienen. Sie lässt sich auch als Kriterienzusammenstellung für die Rückmeldung nutzen.

Tipps:

- Sammeln Sie gute Präsentationen und zeigen Sie diese Ihren Schülern als Vorbild.
- Für die Rückmeldung zur Präsentation können auch die Mitschüler herangezogen werden. Ein Beobachtungsbogen (s. Abb. 3.15), der direkt im Anschluss an den Vortrag von Schülerpaaren oder -gruppen ausgefüllt wird, gibt dem Vortragenden ein umfassendes Feedback. Zusammen mit der Rückmeldung des Lehrers kann das Feedback auch zur Beurteilung der Leistung genutzt werden kann.
- Je nach Zielsetzung lassen sich die Bereiche (Inhalt, Hilfsmittel, Vortragstechnik) unterschiedlich gewichten. Auch der Stichwortzettel für die Präsentation kann bei der Notengebung benotet werden.

Variante: Ausstellung

Die Präsentation von Ergebnissen aus einer arbeitsteiligen Gruppenarbeit kann gut in Form einer sog. Ausstellung erfolgen. Dabei wird nicht vor der gesamten Klasse im Plenum präsentiert, sondern in Kleingruppen.

Nach der Vorbereitung der Präsentation und der Erstellung eines Plakates werden die einzelnen Stammgruppen aufgelöst und gemischt, sodass in jeder neuen Mischgruppe jeweils ein Vertreter der ursprünglichen Stammgruppen vertreten ist. Diese Mischgruppen wandern nun von Plakat zu Plakat. Derjenige Schüler der Mischgruppe, der an der Erstellung des Plakates (in seiner Stammgruppe) beteiligt war, stellt es nun vor und erklärt es.

Auf diese Weise wird ein hohes Maß an Schüleraktivität erreicht und sichergestellt, dass jeder Schüler das Ergebnis seiner Arbeitsgruppe kennen und einmal vorstellen muss.

Beobachtungsbogen

Vortragende/r: ____________________

Thema: ____________________

Beobachter: ____________________

Inhalt	**Hilfsmittel/Medien**	**Vortragstechnik**
Einstieg ☐ fehlt ☐ uninteressant ☐ macht neugierig	Auswahl der Medien ☐ fehlten ☐ unpassend ☐ gut geeignet	Stimme ☐ zu leise ☐ laut genug
Aufbau ☐ Gliederung unklar ☐ Gliederung deutlich erkennbar	Informationsgehalt der Medien ☐ zu knapp ☐ passend, alles Wichtige ☐ zu viele Informationen	Aussprache ☐ undeutlich gesprochen ☐ leicht genuschelt ☐ deutlich gesprochen
Verständlichkeit/Fachbegriffe ☐ nur teilweise verständlich ☐ gut verständlich	Quellenangaben ☐ fehlen ☐ nicht korrekt angegeben ☐ korrekt angegeben	Sprache ☐ unvollständige Sätze ☐ vollständige Sätze
Prägnanz ☐ viele Einzelheiten ☐ Wichtiges hervorgehoben	Zitate ☐ nicht vorhanden ☐ falsch gekennzeichnet ☐ korrekt gekennzeichnet	Vortrag ☐ zu viel abgelesen ☐ frei gesprochen
Schluss ☐ fehlt/zu plötzlich ☐ als Zusammenfassung ☐ mit Bezug zum Einstieg	Gestaltung der Medien ☐ unübersichtlich ☐ schwer lesbar ☐ übersichtlich, gut lesbar	Publikumskontakt ☐ auf das Papier/Plakat geschaut ☐ nur Lehrer angeschaut ☐ Publikum angeschaut
Länge ☐ zu kurz ☐ passend ☐ zu lang	Einbeziehung der Zuhörer ☐ fehlt ganz ☐ durch Ansprache/Fragen ☐ mit Hand-out/Zusammenfassung/Test	Körperhaltung ☐ verkrampft, unsicher ☐ entspannt

Abb. 3.15: Beobachtungsbogen

3.11 Lernplakat

CHRISTINE FRICKE

Was ist das?

Auf einem Lernplakat werden wichtige Aspekte von Lerninhalten zusammengefasst dargestellt.

Es kann unterschiedliche Qualitäten und Funktionen haben:

- Als persönliche schnelle Merkhilfe für zu Hause wird es mehr oder weniger bewusst gestaltet und kann sogar im Kleinstformat als „Schmierzettel" oder „Post-it" am Spiegel zum Einsatz kommen, z. B. für Vokabeln, Fachbegriffe, Regeln, Formeln.
- Ähnlich wie oben, aber inhaltlich komplexer und bewusster gestaltet, dient die Erstellung eines Lernplakates zur Wiederholung, Zusammenfassung und Darstellung wichtiger Inhalte, z. B. bei der Vorbereitung auf eine Klassenarbeit zu Hause.
- Eine solche Wiederholung kann auch in arbeitsteiliger Gruppenarbeit in der Schule erfolgen, in Form einer Ausstellung (s. Teil II, 3.10) präsentiert werden und zur Erinnerung für alle Schüler im Klassenraum verbleiben.
- Ein Lernplakat in Form eines *Posters* dient meist als Hilfsmittel für eine Präsentation, um wichtige Inhalte und zentrale Aussagen hervorzuheben und zu veranschaulichen. Es ist dann bewusst und mit einer bestimmten Absicht für eine spezielle Adressatengruppe (Mitschüler, Eltern, Öffentlichkeit) gestaltet.
- Im Verlauf des Unterrichts oder während Gruppenarbeiten kann das Lernplakat zur Darstellung von Ideen, Arbeitsergebnissen und/oder -prozessen und als Informationsquelle dienen. Dann wird es als *Wandzeitung* angelegt, die großflächig ist und über einen längeren Zeitraum im Klassenraum verbleibt. Die Wandzeitung lässt sich im Verlauf der Unterrichtsreihe ständig ergänzen und erweitern. Sie kann also als Planungsinstrument dienen oder aber Arbeitsergebnisse dokumentieren.

Wozu ist das gut?

Die Erstellung eines Lernplakates durch Schüler fördert die intensive Auseinandersetzung mit einem Thema: Die Inhalte müssen wirklich verstanden worden sein, auf das Wesentliche reduziert, adressatenbezogen zusammengefasst und interessant dargeboten werden. Das Lernplakat ist damit vor allem eine Verarbeitung, Zusammenfassung und Dokumentation von Fachwissen. Aus der Perspektive des Betrachters dient das Plakat als Informationsquelle sowie als Wiederholung und Übung. Je öfter der Blick darauf fällt, desto besser werden die Inhalte im Gedächtnis gespeichert.

Welches sind die Voraussetzungen?

Bevor ein Plakat oder Poster erstellt werden kann, müssen alle inhaltlichen Aspekte geklärt und eine Auswahl an Daten, Fakten, Texten, Bildern, Grafiken usw. getroffen sein (WAS will ich darstellen?). Die Kenntnis verschiedener Visualisierungstechniken ist dabei hilfreich.

Werden alle Informationen jeweils auf Extrapapier oder -karten geschrieben, können diese problemlos korrigiert oder ausgetauscht werden. Anschließend lassen sie sich auf der Plakatfläche zu einem übersichtlichen Layout anordnen (WIE will ich darstellen?).

Als Material werden Tapetenrollen bzw. großflächiges Papier oder Karton, farbige Zettel, Eddings oder Filzstifte, Klebstoff und Schere benötigt.

Wie geht das?

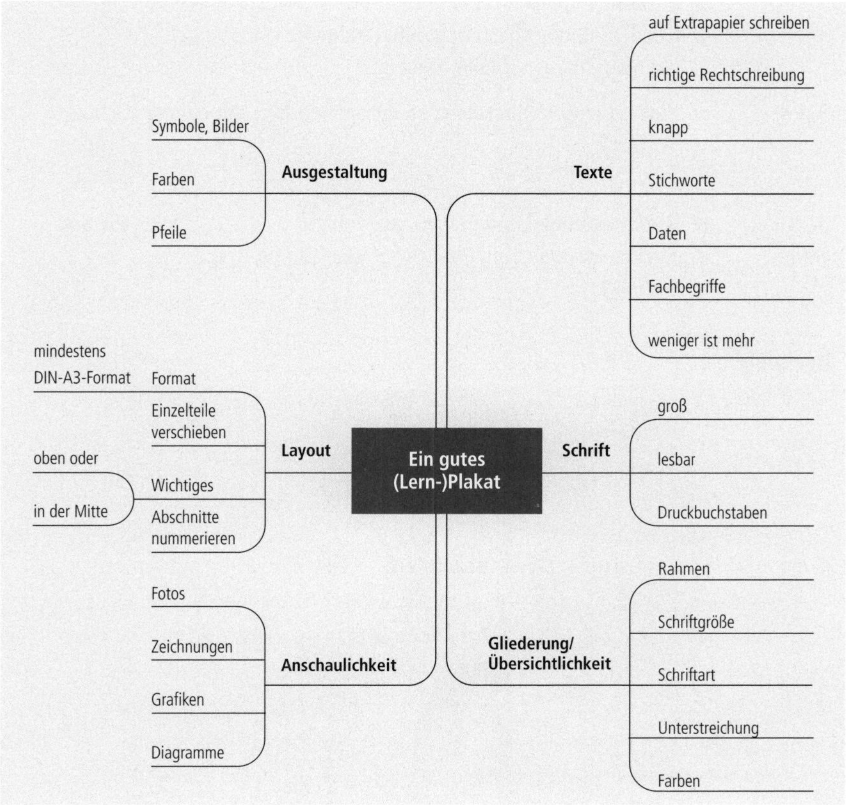

Abb. 3.16: Mindmap zur Erstellung eines Lernplakates

Phase	Inhalt	Wer/ Sozialform
1. Vorbereiten	■ Thema in Absprache mit Schülern festlegen. ■ Kriterien klären. ■ Materialien bereitstellen (Tapetenrolle, Plakatkarton, Papiere, Scheren, Kleber, Stifte) ■ Ggf. Informationsmaterial bereitstellen.	Lehrer/ Klasse
2. Durchführen	■ Informationsmaterial sichten und lesen. ■ Wichtigste Informationen auf Papier stichwortartig zusammenfassen. ■ Geeignete Abbildungen auswählen, ggf. eigene Fotos, Grafiken, Zeichnungen erstellen. ■ Einzelne Papiere auf dem Plakat übersichtlich anordnen. ■ Gliedern und ausgestalten durch Rahmen, Unterstreichungen, Farben, Pfeile, Symbole.	Schüler/ Gruppenarbeit
3. Präsentieren	■ Plakat präsentieren (meist im Zusammenhang mit einem Vortrag).	Schüler/ Gruppenarbeit
4. Auswerten	■ Rückmeldungen und Fragen zum Inhalt. ■ Rückmeldungen zum Plakat (ggf. auch zur Vortragstechnik).	Plenum

Beispiele:

Fotos: Fotolia / vk446 (Rennmäuse)

Abb. 3.17: Lernplakat: Mein Haustier, die Rennmaus (Klasse 5)

Abb. 3.18: Lernplakat: Spirale (Klasse 8)

4 Methoden zur Kommunikationsförderung

4.1 Think – Pair – Share

ULRIKE SPÖRHASE

Was ist das?

Die Bearbeitung einer Aufgabe oder eines Problems erfolgt in folgenden Sequenzen:

- Phase 1 „Think“: Jeder denkt für sich.
- Phase 2 „Pair“: In Partnerarbeit werden die Befunde ausgetauscht.
- Phase 3 „Share“: Die Befunde werden im Plenum vorgestellt.

Wozu ist das gut?

Die Methode ermöglicht in den Phasen 1 und 2 eine hundertprozentige (!) Schüleraktivität. Sie befördert das eigene Nachdenken, die Kommunikation und das Lernen insgesamt, deckt je nach Aufgabenstellung alle Kompetenzbereiche ab und ist dabei noch sehr zeitsparend. Das eigene Nachdenken in der Phase 1 bewirkt, dass sich jeder dem Problem stellen muss und sich nicht so schnell von dem Partner bzw. der Gruppe beeinflussen lässt.

Welches sind die Voraussetzungen?

Die Methode ist für alle Klassenstufen zu empfehlen. Bei der Einführung kann es insbesondere in unruhigen Klassen mit mangelnder Lernkompetenz dazu kommen, dass beim Paargespräch etwas anderes besprochen wird. Dies muss man einfach hinnehmen und Verbindlichkeit bezüglich der Resultate herstellen.

Wie geht das?

Phase	Inhalt	Wer/ Sozialform
1. Vorbereiten	Ein Aufgabe oder Frage stellen, die Erklärungspotenzial beinhaltet.	Lehrer
2. Durchführen: Think	Jeder denkt für sich über die Lösung nach und notiert seine Befunde.	Einzelarbeit
3. Durchführen: Pair	Jeder tauscht sich mit seinem Nachbarn aus und ergänzt seine Aufzeichnungen.	Partnerarbeit
4. Durchführen: Share	Die Paare präsentieren ihre Ergebnisse einer weiteren Gruppe oder der ganzen Klasse.	Gruppen/ Klasse

Beispiel: Die Methode ist überall dort sinnvoll einsetzbar, wo für das Verstehen ein Interpretationsprozess notwendig ist. Sie fördert den produktiven Umgang mit allen Abbildungen (z. B. Originalabbildungen, Schemata, grafischen Darstellungen).

Variationen:

- *Variation 1:* Wenn es sich um eine schwierige Aufgabe für Ihre Lerngruppe handelt (oder gute Vorbilder in diesem Punkt das Lernen befördern können), dann bestreiten Sie als Lehrer nach Absprache mit den Schülern die Share-Phase. Dies bietet sich vor allem bei der Interpretation komplexer Abbildungen an. Nach Ihrer Präsentation gehen die Lernenden ggf. noch einmal in eine 2. Pair-Phase zurück, diskutieren und formulieren ihre Fragen, die anschließend im Plenum (2. Share-Phase) geklärt werden. Zum Schluss präsentieren sie ihre Ergebnisse.
- *Variation 2:* Im Anschluss an die Bearbeitung der gestellten Aufgabe erfolgt eine Bewertung des Lerninhalts der Aufgabe z. B. durch Fragen wie:
  – Was war hieran wichtig? – Was hast du gelernt? – Wo gab es Schwierigkeiten?
  – Welche Unterstützung hättest du dir gewünscht? Dieser Austausch verschafft den Schülern Orientierung im Stoff und hilft, das Neu-Gelernte mit Vorwissen zu verknüpfen. Hierbei ist es wichtig, dass alle individuellen Lernfortschritte ihre Berechtigung haben und honoriert werden.

Bemerkungen:
Diese Methode fokussiert das Unterrichtsgeschehen auf die inhaltliche Ebene und macht für Schüler den Kompetenzzuwachs direkt erfahrbar.

Tipps:

- Führen Sie öfter die oben beschriebene Variation 1 durch. Dann merken die Schüler, wie wichtig es Ihnen ist, dass sie den Inhalt verstehen.
- Bei der Einführung der Methode sollten die Aufgaben nicht zu komplex sein.
- Schaffen Sie Verbindlichkeit für die Think- und Pair-Phase, indem Sie die Ergebnisse nach der Share-Phase verschriftlichen lassen (z. B. als Hausarbeit) und ggf. bewerten.

4.2 Verabredung

CHRISTINE FRICKE

Was ist das?

Während der Verabredung tauschen sich die Schüler mit einem oder mehreren Partnern über eine bestimmte Fragestellung aus, bevor diese im Plenum besprochen wird. Dieser Austausch findet in einem geschützten Raum statt.

Wozu ist das gut?

Jeder Schüler ist gefordert, sich Gedanken zu einer Aufgabe zu machen und danach mit anderen über seine Antwort und/oder Meinung zu sprechen (Kompetenzbereich Kommunikation, hundertprozentige Schüleraktivität).

Dies ermöglicht, alle Gedanken oder Antworten gemeinsam mit dem Partner zu durchdenken, und fördert so eine Auseinandersetzung mit den eigenen Unsicherheiten. Dieses Vorgehen hilft den Schülern, Redeängste und Hemmungen zu überwinden, wenn es um persönliche Ansichten oder z. B. um Themen aus den Bereichen Sexualkunde oder Drogen geht.

Welches sind die Voraussetzungen?

Die Methode ist für alle Jahrgangsstufen geeignet. Einmal eingeübt, ist sie jederzeit schnell einsetzbar.

Wie geht das?

Phase	Inhalt	Wer/ Sozialform
1. Vorbereiten	■ Einen Inhalt (Text, Abbildung, Film, Vortrag) aussuchen. ■ Zu diesem Inhalt drei bis vier Fragen oder Aufgaben formulieren. ■ Kriterien für die Bildung der Partnergruppen festlegen.	Lehrer
2. Vorbereiten	■ Jeder Schüler fertigt sich einen Zettel mit vier imaginären Uhrzeiten an, z. B. 8 Uhr, 10 Uhr, 12 Uhr, 14 Uhr. ■ Nach Ansage des Lehrers sucht sich jeder Schüler für jede Uhrzeit einen Partner (jedes Mal einen anderen!). Er verständigt sich kurz mit ihm und beide tragen den Namen des anderen zu der verabredeten Uhrzeit ein.	Klasse

3. Durchführen	■ Jeder Schüler bearbeitet die Aufgaben zunächst schriftlich in Einzelarbeit. ■ Die Schüler treffen sich zu der angesagten Uhrzeit (z. B. 10 Uhr) mit dem entsprechenden Partner. ■ Die Partner tauschen sich über die Aufgabenstellung aus, machen sich ggf. Notizen bzw. ergänzen ihre vorhandenen Aufzeichnungen. ■ Auf Ansage des Lehrers wechseln sie für einen erneuten Austausch zu ihrer nächsten Verabredung (z. B. 14 Uhr). ■ Ebenso erfolgen weitere Verabredungen.	Einzelarbeit Partnerarbeit mit wechselnden Partnern
4. Auswerten	■ Zur Wiederholung können die Aufgaben noch einmal im Plenum verglichen und besprochen werden. ■ Ggf. Unstimmigkeiten oder offene Fragen klären.	Klasse

Beispiel:

Mein Verabredungszettel

Uhrzeit	Name	Frage
8.00 Uhr	Rebekka	Frage 3
10.00 Uhr	Christian	Frage 1
12.00 Uhr	Anna-Lena	Frage 2

Abb. 4.1: Beispiel für einen Verabredungszettel mit entsprechenden Terminen

Variationen:

Je nach Zielsetzung kann die Methode eingesetzt werden, um …

- zu einem Text oder Film Aufgaben zu lösen oder Fragen zu beantworten (Kompetenzbereich Fachwissen). Die Inhalte sollten nicht zu komplex sein und sich durch drei bis vier Fragen bzw. Antworten wiedergeben lassen.
- eigene Einstellungen bewusst zu machen, eine eigene Meinung zu bilden und zu vertreten (Kompetenzbereich Bewertung).

Auch die Besprechung von Hausaufgaben ist auf diesem Wege gut möglich. Beim Austausch mit den Partnern kann es immer wieder um die gleiche Fragestellung gehen (Wiederholungseffekt) oder aber um unterschiedliche Aufträge zu einem Thema.

Bemerkungen:
Bei ungerader Schülerzahl gibt es in jeder Runde eine Dreiergruppe oder Sie als Lehrer springen ein.

Tipp: Die Bildung der Paargruppen kann …
- auf freiwilliger Basis erfolgen, was z. B. bei persönlichen Themen eine vertrauensvolle Gesprächsatmosphäre schafft,
- nach einem Zufallsprinzip ausgelost werden,
- bestimmten vorgegebenen Kriterien folgen, z. B. Junge/Mädchen; jemand, mit dem du heute noch nicht gesprochen hast; jemand, der aus einer anderen Grundschule kommt, usw.

Diese Phase sollte unter einem gewissen Zeitdruck erfolgen, damit sich die Schüler nicht immer nur mit ihren „Lieblingsfreunden" verabreden.

Die Reihenfolge bei der Durchführung der Verabredungen muss nicht chronologisch sein. Man kann auch vier Termine vereinbaren lassen, aber nur drei davon stattfinden lassen.

4.3 Gruppenpuzzle

PHILIPP SCHMIEMANN

Was ist das?

Das Gruppenpuzzle ist eine kooperative Lernform, bei der sich die Schüler in arbeitsteiligen Gruppen verschiedene Themen aneignen. Diese Themen vermitteln sie in neu zusammengesetzten Gruppen ihren Mitschülern. Das Gruppenpuzzle wird auch als Jigsaw (engl. jigsaw: Puzzle; ARONSON 1978) oder Stammgruppen-Experten-Methode bezeichnet.

Wozu ist das gut?

Die Methode ist besonders für den Erwerb von Fachwissen in Einführungsphasen geeignet, da sich die Lernenden nicht nur Wissen selbst erarbeiten, sondern dieses auch anderen vermitteln (RENKL 2010). Damit übernehmen die Schüler für ihr Thema die Rolle von Experten und für die übrigen Themen die Rolle von Lernenden (Lernen durch Lehren).

Bereits durch die Struktur des Gruppenpuzzles werden wesentliche Basiselemente und Bestimmungsstücke des kooperativen Lernens umgesetzt (WEIDNER 2016). Auf diese Weise können vielfältige soziale Kompetenzen gefördert werden. Unter anderem lernen die Schüler, Verantwortung für das eigene Lernen und das Lernen anderer zu übernehmen (KONRAD/TRAUB 2012). Durch den Informationsaustausch in den Gruppen und die Notwendigkeit einer adressatengerechten Vermittlung des erworbenen Wissens werden zudem Anlässe für den Erwerb und Ausbau wichtiger Kompetenzen im Kompetenzbereich Kommunikation geschaffen.

Das bei Gruppenarbeiten häufig auftretende Problem, dass die Gruppenarbeit nur durch einige wenige Mitglieder getragen wird, während sich andere zurückziehen und nicht beteiligen, lässt sich mit dem Gruppenpuzzle durch die positive gegenseitige Abhängigkeit vermeiden.

Welches sind die Voraussetzungen?

Im Vorfeld sollten verbindliche Kommunikations- und Verhaltensregeln für Gruppenarbeitsphasen vereinbart werden.

Die einzelnen Themen des Gesamtthemas sollten nicht aufeinander aufbauen, d. h. unabhängig voneinander bearbeitet werden können.

Wie geht das?

Der Lehrer sollte schon bei der Planung der Unterrichtseinheit überlegen, welche Inhalte mit dieser Methode erarbeitet werden sollen, und das Material für die Gruppen zusammenstellen.

Während des Gruppenpuzzles wechseln sich die folgenden Schritte mit unterschiedlichen Gruppenzusammensetzungen (Stamm- und Expertengruppen) ab:

- Schritt 1: individuelle Einarbeitung in das Thema (Stammgruppen)
  Die Schüler setzen sich in ihren Stammgruppen zusammen. Jedes Mitglied der Stammgruppe erhält Informationsmaterial zu einem anderen Thema (Themen A bis E, s. Abb. 4.2), in das sich die Schüler individuell einarbeiten.

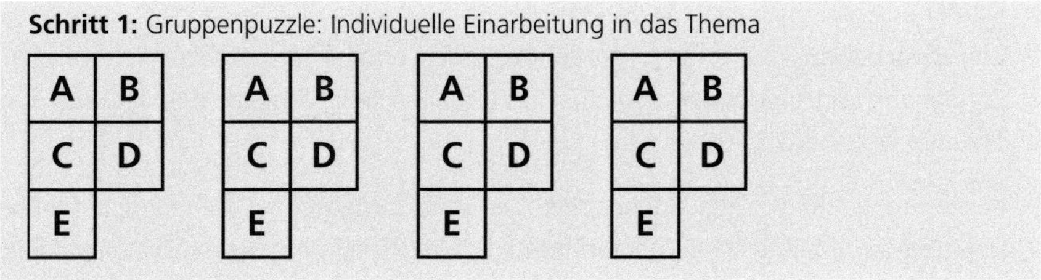

Abb. 4.2: Gruppenpuzzle Schritt 1 (Stammgruppen)

- Schritt 2: themengleicher Informationsaustausch (Expertengruppen)
  Für die Expertengruppen werden die Gruppen neu zusammengesetzt. Dabei sitzen die jeweiligen Experten für ein Thema zusammen (s. Abb. 4.3). Sie tauschen sich gemeinsam über ihr Thema aus, klären so Verständnisschwierigkeiten und schließen gegenseitig Wissenslücken. Außerdem überlegen sie, wie sich ihr Thema gut vermitteln lässt. Am Ende dieses Schrittes müssen alle Experten ihr Thema so gut beherrschen, dass sie es ihren Mitschülern in den Stammgruppen erklären können.

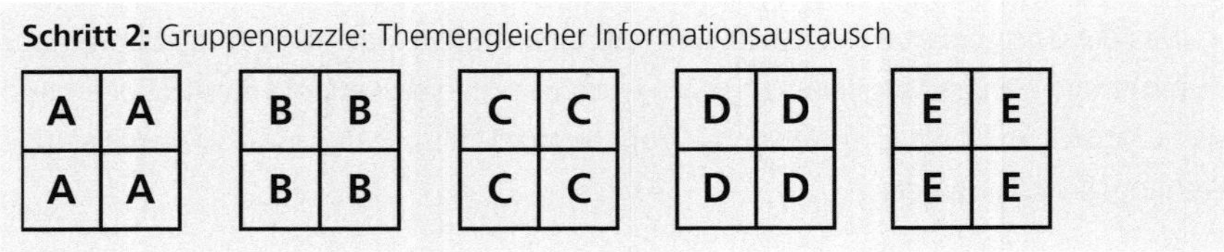

Abb. 4.3: Gruppenpuzzle Schritt 2 (Expertengruppen)

- Schritt 3: Vermittlung (Stammgruppen)
  In den Stammgruppen geben die Experten ihr Expertenwissen reihum an die übrigen Gruppenmitglieder weiter und beantworten Fragen. Am Ende dieses Schrittes sollten alle Schüler einen guten Überblick über alle einzelnen Themen haben.

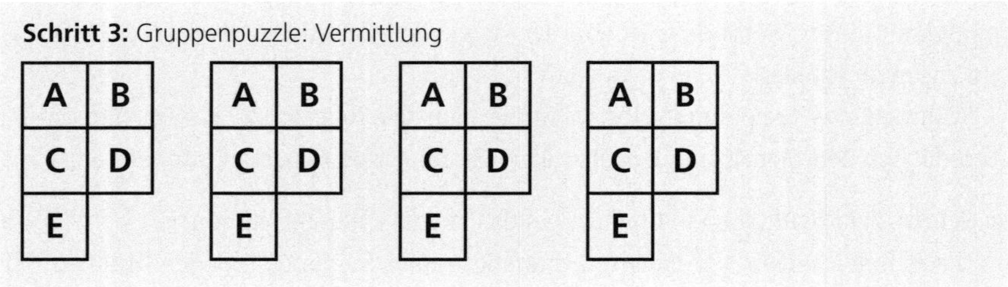

Abb. 4.4: Gruppenpuzzle Schritt 3 (Stammgruppen)

- Schritt 4: Absicherung (Expertengruppen)
  Zur Absicherung setzen sich die Schüler noch einmal in den Expertengruppen zusammen und bearbeiten gemeinsam Aufgaben oder Fragen, die sich auf alle Themen beziehen (s. Abb. 4.5).

  In diesem Schritt werden Ungenauigkeiten und Unklarheiten, die möglicherweise in einzelnen Stammgruppen während der Vermittlung aufgetreten sind, im Team korrigiert bzw. kompensiert. Zudem erhalten die Schüler selbst eine direkte Rückmeldung über den Erfolg des gemeinsamen Lehr-Lern-Prozesses.

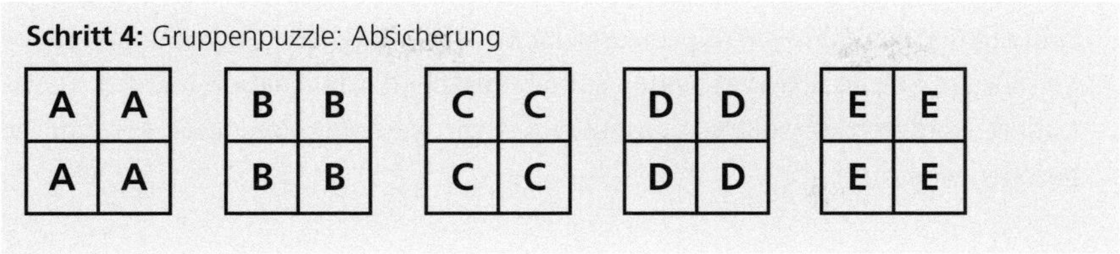

Abb. 4.5: Gruppenpuzzle Schritt 4 (Expertengruppen)

- Schritt 5: Evaluation des Gruppenprozesses (Plenum)
  Zum Abschluss des Gruppenpuzzles bewerten und reflektieren die Schüler ihren gemeinsamen Lernprozess und können so Konsequenzen für spätere kooperative Lernprozesse ziehen. Eine inhaltliche Besprechung der Themen erfolgt im Allgemeinen nicht.

Beispiel: Das Gruppenpuzzle kann für eine Vielzahl von Themen verwendet werden, die sich in kleinere Teile zerlegen lassen und nicht voneinander abhängig sind, z. B. Nahrungsbestandteile, Sinnesorgane, Wirbeltiergruppen, Extremstandorte (SCHROETER 2015), Organe des menschlichen Körpers usw.

Tipps:

- Es ist darauf zu achten, dass auch leistungsschwache Schüler gegenüber leistungsstarken Schülern die Expertenrolle einnehmen können.
- Die Dauer eines Gruppenpuzzles hängt von den Erfahrungen der Lernenden mit der Methode und dem Umfang der zu bearbeiteten Materialien ab. Für den erstmaligen Einsatz empfehlen sich kurze Informationen, sodass das Gruppenpuzzle innerhalb einer Unterrichtsstunde abgeschlossen und evaluiert werden kann.
- Um soziale Kompetenzen und kooperatives Lernen bewusst zu fördern, kann jedem Gruppenmitglied eine zusätzliche Aufgabe übertragen werden, z. B. Zeit beachten, für Einhaltung der Kommunikationsregeln sorgen usw.
- Aus Zeitgründen kann der erste Schritt (Stammgruppen) auch entfallen (LEERHOFF u. a. 2005). Die Experten arbeiten sich dann direkt gemeinsam in ihr Thema ein.
- Alternativ zur Zusammensetzung nach Sympathie kann die Zuordnung der Schüler zu den Stamm- und Expertengruppen auch per Los erfolgen, wenn keine bestimmte Zusammensetzung gewünscht ist (z. B. leistungsheterogene Expertengruppen).

- Statt einer eigenverantwortlichen Erarbeitung und Vermittlung von Themen können in den verschiedenen Schritten auch konkrete Arbeitsaufträge bearbeitet werden.
- Die positive gegenseitige Abhängigkeit kann zu Schwierigkeiten führen, wenn einzelne Experten ihr Thema nur unzureichend an die Mitglieder ihrer Stammgruppe vermitteln. Solche Schwierigkeiten sollten erst bei der Evaluation (Schritt 5) diskutiert werden. Ggf. sollten Konsequenzen für weitere kooperative Lernphasen gezogen werden.

Literatur

Aronson, Elliot (1978): The Jigsaw classroom. Beverly Hills, CA

Konrad, Klaus / Traub, Silke (2012): Kooperatives Lernen. Theorie und Praxis in Schule, Hochschule und Erwachsenenbildung. Baltmannsweiler

Leerhoff, Gabriele / Kienast, Stephan / Markic, Silvija (2005): Das abgesicherte Gruppenpuzzle. Unterricht Chemie 16, Heft 88/89, S. 28–33

Renkl, Alexander (2010): Lernen durch Lehren. In: Rost, Detlef H. (Hrsg.): Handwörterbuch Pädagogische Psychologie. Weinheim, S. 416–420

Schroeter, Burkhard (2015): Leben am Extremstandort. Unterricht Biologie 39, Heft 407, S. 31–36

Weidner, Margit (2016): Kooperatives Lernen im Unterricht. Seelze

4.4 Lernen an Stationen

Ulrike Spörhase

Was ist das?

Lernen an Stationen (synomym mit Stationenlernen, Lernzirkel, Stationenbetrieb) ist eine Form des offenen Unterrichts, bei der Schüler unterschiedliche Lernangebote, die an verschiedenen Stationen angeboten werden, nacheinander bearbeiten (Beuren/Dahm 2000, Skiba/Spieler 2008). Die Lernenden nehmen dabei eine aktive und verantwortungsvolle Rolle für ihren Lernprozess ein. Sie erarbeiten selbstständig und zeitgleich verschiedene Teilaspekte eines Themas. Der Lehrer konstruiert und organisiert die Lernprozesse. Ihm kommt während des Unterrichts die Rolle des Beobachters, Experten, Ratgebers und Unterstützers zu. So berät er Schüler bei ihrem Vorgehen und hilft, auftretende Lernschwierigkeiten durch gezielte Interventionen zu überwinden.

Es werden geschlossene und offene Lernzirkel unterschieden. Bei geschlossenen Lernzirkeln stehen die einzelnen Lernstationen in einem sachlogischen Zusammenhang und die Bearbeitung erfolgt in einer bestimmten Reihenfolge. Bei offenen Lernzirkeln sind die Stationen thematisch verbunden, können jedoch unabhängig voneinander bearbeitet werden. Stationen offener Lernzirkel können bei Gruppenpuzzles eingesetzt werden (synonym mit Expertenmethode, Jig-Saw; s. Teil II, 4.3).

Bei jeder Einheit bieten sich Pflichtstationen als Fundamentum und Wahlstationen als Additivum an. So wird man der Heterogenität in den Klassen gerecht und macht die für alle Schüler verbindlichen Kompetenzen und Inhalte transparent.

Wozu ist das gut?

Lernprozesse laufen individualisiert ab und zeichnen sich deshalb durch eine Vielfalt aus. Lernen an Stationen ist eine handlungsorientierte Methode, die der Vielfalt des Lernens durch Sinnlichkeit sowie Erlebnis- und Erfahrungsnähe gerecht werden kann. Die didaktische Konstruktion von Lernstationen kann verschiedene Lerntypen, verschiedene Zugänge, verschiedene Lerntempi und unterschiedliches Vorwissen berücksichtigen. Die Schüler können bei der Stationsarbeit interessengeleitet arbeiten, ihren Lernweg selbst bestimmen und ihre Lernergebnisse selbst kontrollieren. Dabei kann arbeitsteiliges und arbeitsgleiches Vorgehen eingeübt werden.

Die Methode *Lernen an Stationen* fordert von den Schülern ein, selbst Verantwortung für ihren Lernprozess zu übernehmen. Ein qualitatives Feedback und eine systemische Benotung des Lernerfolgs können die Schüler dabei motivierend unterstützen.

Der Einsatz des Stationenlernens ist im Unterricht vielfältig. Stationenlernen lässt sich bei der Einführung in Themen, der Erarbeitung und Wiederholung von Basiswissen und der Vertiefung von Wissen einsetzen. Da typischerweise einzelne Stationen ein Thema aus verschiedenen Perspektiven anvisieren, eignet es sich im besonderem Maße für das fächerübergreifende Arbeiten, wenn die Perspektive verschiedener Fächer zum Tragen kommen soll.

Als Sozialformen kommen vor allem Partner- und Gruppenarbeit zum Einsatz. Dementsprechend werden auch Teamarbeit, Kommunikation und soziales Verhalten geschult.

Welches sind die Voraussetzungen?

Zunächst muss sich das zu unterrichtende Thema für das Stationenlernen eignen. Die hierfür nötigen Materialien müssen verfügbar sein oder können beschafft werden. Zudem sollten alle Schüler zeitgleich arbeiten können. Stationenlernen ist in allen Klassenstufen möglich. Die Schüler sollten jedoch schrittweise an diese offene Arbeitsform herangeführt werden. Je nach Thema und Klassenstufe kann es sinnvoll sein, Stationen doppelt anzubieten. Aufgrund der Begrenzung der Inhalte erleichtert dies im Klassenverband die Reflexion über die zu erreichenden Lehrziele und der individuellen Lernprozesse.

Wie geht das?

Phase	Inhalt	Wer/ Sozialform
1. Vorbereiten	■ Eignung des Themas für das Stationenlernen prüfen (im Rahmen von Einführung, Erarbeitung, Vertiefung oder Wiederholung). ■ Lernarrangements mit konkreten Arbeitsaufträgen für die Stationen konstruieren. ■ Pflicht- und Wahlstationen planen. ■ Anzahl der Stationen festlegen (abhängig von Teilnehmerzahl, Empfehlung: 4 bis 6 Schüler pro Station). ■ Material bereitstellen (Lernstationen als feste Plätze im Raum, Arbeitsplätze für Lerner). Arbeitsaufträge formulieren. ■ Zeitlichen Ablauf des Stationenlernen planen, ggf. Laufzettel entwerfen. ■ Möglichkeiten der Selbstkontrolle der Schüler planen. ■ Ggf. Hilfesystem für Lernende bereitstellen.	Lehrer
2. Durchführen: Auf die Stationsarbeit vorbereiten	■ Ggf. in die Methode einführen. ■ Transparenz über Lernprozess, Ziele und zeitlichen Ablauf herstellen. ■ Handlungsziele und Regeln vereinbaren. ■ Über Beratungsangebote und Hilfen informieren.	Lehrer/ Klasse
3. Durchführen: An den Stationen arbeiten	■ Selbstgesteuerte Arbeit an den Stationen, ca. 20 Min. pro Station. ■ Dokumentieren der Ergebnisse, z. B. Dokumentationsmappe, Portfolio, Präsentation. ■ Auf die Einhaltung der Regeln achten.	Partner-/ Gruppenarbeit Schüler/ Lehrer
4. Ergebnisse sichern und bewerten	■ Arbeitsergebnisse sichern, vorstellen (z. B. Dokumentationsmappe, Portfolio, Präsentation) und bewerten.	Gruppen/ Klasse

Beispiel: Das Stationenlernen blickt in der Biologie auf eine lange Tradition zurück. Ausgearbeitete Unterrichtsmodelle liegen zu vielfältigen Themen des Biologieunterrichts vor (z. B. SKIBA/SPIELER 2008, BÜHLER/GRAF 2005, 2008, GRAF

2006, 2008, Gropengiesser/Meyhöfer 2000, Bauer 1999). Daher wird hier auf ein Beispiel verzichtet.

Bemerkungen:
Der mit dem Stationenlernen verbundene hohe Material- und Vorbereitungsaufwand kann als Nachteil für den Lehrer gewertet werden.

Literatur

Bauer, Roland (1999): Atmung beim Menschen. 5.–6. Schuljahr; Kopiervorlagen und Materialien. Berlin

Beuren, Anke / Dahm, Martina (2000): Lernen an Stationen. In: Unterricht Biologie 259, S. 4–9

Bühler, Tanja / Graf, Erwin (2005): Blut, Kreislauf, Herz. Lernen an Stationen im Biologieunterricht. Auer

Bühler, Tanja / Graf, Erwin (2008): Sinnesorgan Auge. Lernen an Stationen im Biologieunterricht. Auer

Graf, Erwin (2006): Amphibien. Lernen an Stationen im Biologieunterricht der Sekundarstufe I. Auer

Graf, Erwin (2008): Unsere Haut. Lernen an Stationen im Biologieunterricht. Auer

Gropengiesser, Ilka / Meyhöfer, Anne (Hrsg.) (2000): Lernen an Stationen. Seelze. CD zu Unterricht Biologie, Heft 259

Gropengiesser, Ilka / Meyhöfer, Anne (Hrsg.) (2000): Lernen an Stationen. Unterricht Biologie, Heft 259. Seelze

Ruppert, Wolfgang (2002): Handlungsorientierung im Biologieunterricht. UB 26, Heft 273, S. 4–10

Skiba, Frauke / Spieler, Marco (Hrsg.) (2008): Lernen an Stationen: Tier & Mensch. Unterricht Biologie Heft 337/338. Seelze

Skiba, Frauke / Spieler, Marco (Hrsg.) (2008): Lernen an Stationen: Tier und Mensch. CD zu Unterricht Biologie 337/338. Seelze

4.5 Fishbowl

Holger Weitzel

Was ist das?
Fishbowl ist eine Organisationsform für Diskussionen in größeren Gruppen. Die Schüler bilden dabei einen Innen- und einen Außenkreis. Drei bis vier Schüler in einer Innengruppe (s. Abb. 4.6) diskutieren ein Thema, Schüler aus dem Außenkreis können in den Innenkreis wechseln und ihren Standpunkt in die Diskussion einbringen. Im Außenkreis darf nur beobachtet, aber nicht mitdiskutiert werden (Peterssen 1999). Ziel ist es, am Ende eine Entscheidung bezüglich der zugrunde liegenden Frage zu erzielen.

Wozu ist das gut?
Die Methode schult die Fähigkeit, in einer Diskussion eine eigene Position zu beziehen und diese vor dem Hintergrund anderer Positionen zu reflektieren. Die dazu

erforderlichen Gesprächstechniken können erlernt und angewendet werden. Jeder Lerner kann sich – anders als etwa in der Podiumsdiskussion – unmittelbar in den Diskussionsprozess einbringen. Die Methode zeigt, dass und wie innerhalb einer Gruppe ein Thema gleichberechtigt und ohne Leitung des Lehrers zielführend besprochen werden kann.

Wie geht das?

Phase	Inhalt	Wer/ Sozialform
1. Vorbereiten	■ Ein Thema auswählen. Geeignet sind alle Themen, zu denen kontroverse Standpunkte existieren (s. u.). ■ Ggf. Verteilung und Vorbereitung von Rollen – wichtige Phase! (s. Teil II, 2.14 Rollenspiel)	Lehrer
2. Durchführen	■ Personen für den Innenkreis auswählen. ■ Ggf. Gesprächsregeln erläutern, Diskussionsdauer festlegen (max. 30 Min.). ■ Ggf. Aufgaben an den Beobachterkreis verteilen (Ergebnisse bewerten oder Gesprächsverlauf analysieren). ■ Beide Stuhlkreise aufbauen. ■ Innenkreis erhält einen leeren Stuhl, der von Beobachtern besetzt werden kann, wenn sie in die Diskussion eingreifen möchten. ■ Diskussion des gewählten Themas.	Lehrer Klasse
3. Auswerten	■ Diskussionsverlauf auf Grundlage der Aufgaben des Außenkreises besprechen. ■ Ggf. Diskussionsergebnisse in schriftlicher Form festhalten.	Klasse/ Einzelarbeit

Beispiel: Bei der offenen Form des Fishbowls bleibt im Innenkreis ein Platz leer. Aus dem Außenkreis können Schüler den freien Platz einnehmen und ihre Position in die Diskussion einbringen.

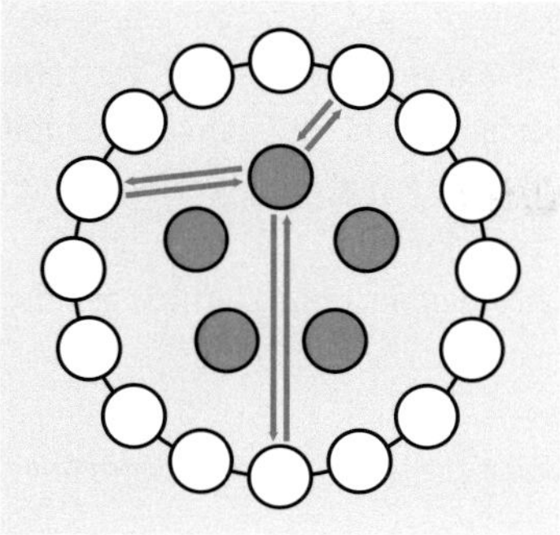

Abb. 4.6: Offene Form des Fishbowl

Variationen:

- Geschlossene Form: Der leere Stuhl wird weggelassen. Der Außenkreis dient ausschließlich der Beobachtung. Diese Form ist dann sinnvoll, wenn der Fishbowl genutzt wird, um mehrmals das gleiche Thema mit unterschiedlichen Gesprächspartnern zu diskutieren. Eine Auseinandersetzung mit den einzelnen Diskussionsverläufen kann im Anschluss erfolgen.
- Doppelung: Hinter jedem Lerner im Innenkreis steht eine zweite Person, die dessen Argumentation unterstützt. Das ist gerade am Anfang oder zur Unterstützung ruhiger oder noch argumentationsunsicherer Lerner hilfreich.
- Rollenprofile hinterfragen: Im Anschluss an die Diskussionsrunde können Schüler aus dem Außenkreis die Diskussionsteilnehmer nach den Gründen für ihre Argumentation befragen. Auf diese Weise gewinnen sie Einblick in den Charakter der gewählten Rolle.
- Argumentationsstrategien thematisieren: Nach der Diskussion geben Schüler aus dem Außenkreis Rückmeldungen zu den Gesprächsstrategien der Teilnehmer des Innenkreises. Dabei können Verbesserungsvorschläge festgehalten werden. Für die Analyse der Argumentationsstrategien ist es hilfreich, während der Diskussion einen Auswertungsbogen zu bearbeiten.

Beispielthemen:

- Gute Gesundheit ist eine Sache des Zufalls.
  Rollenprofile[1]: Sportler, Ernährungsberater, Jugendlicher, gesunder (unsportlicher) Erwachsener usw.
- Wir wollen unseren Schulhof umgestalten.

[1] Die angegebenen Rollenprofile stellen Möglichkeiten dar, die im konkreten Fall varriiert werden können.

Rollenprofile: Schüler mit Wünschen nach Bewegungs- und Ruheräumen, Biologielehrer mit Wunsch nach Schulgarten und großflächiger Entsiegelung, Vertreter der Stadt/Gemeinde (als Hauptgeldgeber), Hausmeister und Reinigungsfirma mit dem Wunsch nach leichter Reinigung des Gebäudes, Eltern als Eigenleister

- Kreationismus – eine Alternative zur Evolutionstheorie?
  Rollenprofile: Vertreter der Kirchen (bspw. auch Religionslehrer), Anhänger des Kreationismus, Biologe, Statistiker
- Ich bin 15 und schwanger – Was soll ich tun?
  Rollenprofile: schwangere Jugendliche, Eltern, Vater des Ungeborenen, Mediziner, Vertreter der Kirchen.

Tipps: Die Methode lässt sich mit Methoden zum Erarbeiten (Befragungen, Recherchen, Rollenspielen) und Methoden zur Kommunikationsförderung (Gruppenpuzzle, Gesprächsrunde) kombinieren.

Literatur

Roth, C. (2006). Fishbowl. Außerschulische Bildung, 37, Heft 4, S. 482–484

4.6 Galeriegang

Christine Fricke

Was ist das?

Bei einem Galeriegang werden unterschiedliche Impulse zu einer Thematik (z. B. Gentechnik, Pubertät) auf jeweils einem Plakat dargeboten. In Kleingruppen durchschreiten die Schüler die gesamte „Plakat-Galerie", diskutieren über den jeweiligen Impuls und kommentieren ihn. Wieder am Ausgangspunkt angekommen, fasst jede Gruppe die Kommentare auf dem Plakat zusammen und stellt sie im Plenum vor. Somit ist jeder Schüler aktiv beteiligt, denkt über alle Impulse nach und spricht darüber.

Wozu ist das gut?

Die Methode eignet sich besonders gut als Einstieg in eine neue Unterrichtsreihe, denn ...

- ein komplexes Thema wird in unterschiedliche Aspekte aufgefächert und für die Schüler transparent und überschaubar gemacht,
- die unterschiedlichen Impulse eröffnen verschiedene Zugänge und Perspektiven zum Thema, die sich für die Weiterarbeit nutzen lassen,
- die Schüler aktivieren ihr Vorwissen zum Thema und/oder machen sich Meinungen und Einstellungen bewusst,

- der Lehrer erhält einen Überblick über den Kenntnisstand oder das Meinungsbild der gesamten Lerngruppe und kann den Unterricht danach ausrichten.

Diese Methode bietet den Schülern einen geschützten Raum, um ihre eigene Meinung zu äußern, ohne dies vor der gesamten Klasse tun zu müssen.

Während des Austausches an den einzelnen Plakaten werden auch kommunikative Kompetenzen gefördert (z. B. Beachtung von Gesprächsregeln, Argumentieren, Respektieren anderer Meinungen).

Je nach Art der Impulse werden Kompetenzen der Bereiche Fachwissen oder Bewertung angesprochen. Geeignet sind z. B. sachliche Aussagen oder Fragen zum Thema, provokante Thesen oder auch Bilder und Karikaturen.

Welches sind die Voraussetzungen?

Die Methode ist geeignet für Schüler ab Klasse 7, die schon mit einfachen kooperativen Lernformen vertraut sind. Die auf den Plakaten dargebotenen Impulse sollten ...

- verschiedene Aspekte der gesamten Thematik abdecken,
- so offen oder gar provokant formuliert sein, dass sie das Interesse wecken und Anlass zur Diskussion geben und nicht einfach nur mit Ja oder Nein beantwortet werden können.

Wie geht das?

Phase	Inhalt	Wer/ Sozialform
1. Vorbereiten	■ Eine komplexe Thematik in Teilaspekte gliedern und jeweils einen geeigneten Impuls formulieren. ■ Jeden Impuls auf ein Plakat (DIN A2) fixieren, die Plakate im Raum/im Flur aushängen. ■ Gruppengröße und -zusammensetzung durchdenken. ■ Stoppuhr und akustisches Signal bereithalten.	Lehrer
2. Regeln klären	Wichtige Aspekte sind hier: ■ Der Wechsel von Plakat zu Plakat erfolgt auf ein Signal des Lehrers hin. ■ Alle Gruppenmitglieder sollen zu Wort kommen. ■ Innerhalb der vorgegebenen Zeit muss sich jede Gruppe auf eine gemeinsame Stellungnahme einigen und diese auf dem Plakat notieren.	Lehrer/ Klasse

	■ Die Kommentare sollen in ganzen Sätzen formuliert sein und begründet werden (nicht nur „dito"). ■ Die Gruppen nehmen Rücksicht auf die anderen Gruppen (z. B. bezüglich der Lautstärke). ■ Jedes Gruppenmitglied muss in der Lage sein, das Ergebnis am Ende vorzustellen.	
3. Durchführen	■ Kurze Vorstellung der Plakate mit ihren Impulsen. ■ Jede Kleingruppe ordnet sich willkürlich einem Plakat zu. ■ Auf ein akustisches Signal hin hat jede Gruppe 2 oder 3 Minuten Zeit, sich über den Impuls auf dem Plakat auszutauschen. ■ Ziel ist es, sich auf ein gemeinsames Statement, einen Gedanken, eine Bildunterschrift zu einigen und diese auf dem Plakat zu notieren. ■ Nach Ablauf der Zeit wird auf ein akustisches Signal hin im Uhrzeigersinn zum nächsten Plakat gewechselt. ■ Die Gruppe betrachtet den Impuls und die dazu bereits notierten Stellungnahmen, diskutiert darüber, formuliert und notiert ein eigenes Statement. ■ Weitere Wechsel erfolgen ebenso, bis jede Gruppe wieder an ihrem Ausgangsplakat angelangt ist.	Lehrer
4. Auswerten 1	■ Die Impulse und alle dazu notierten Kommentare werden von der entsprechenden Gruppe gelesen und zusammengefasst (mit eigenen Worten die Essenz formulieren und ggf. auch notieren).	Kleingruppen
5. Auswerten 2	Nacheinander stellt jeweils ein (ausgelostes) Gruppenmitglied den Impuls zum Thema und die Stellungnahmen aller Kleingruppen zusammenfassend vor. Die eigene Kleingruppe kann ggf. ergänzen, die Klasse hat Gelegenheit zum Nachfragen. Überstimmte Gruppenmitglieder haben die Möglichkeit, ihren (abweichenden) Standpunkt zu äußern.	Plenum

Beispiel 1: Sexualkunde, Klasse 6, Galeriegang zum Thema „Pubertät":

- Pubertät – ich bin gespannt darauf.
- Die Mädchen werden zickig.
- Die Jungs reden nur „perverses Zeugs".

- Ich habe in letzter Zeit oft Zoff mit meinen Eltern.
- Mein Körper verändert sich.
- Ich interessiere mich auf einmal für Jungen/für Mädchen.
- Manchmal habe ich „Schmetterlinge im Bauch".
- Muss das sein? Ich kriege Pickel!

Beispiel 2: Sexualkunde, Klasse 6, Galeriegang zum Thema „Freundschaft":

- „Meine beste Freundin"/„Mein bester Freund" ist …/hat …/macht …
- Kann man auch mehrere „beste Freundinnen"/„beste Freunde" haben?
- Jemand, der …, ist KEIN guter Freund.
- Können Tiere, Kuscheltiere, … auch Freunde sein?
- Können Erwachsene, Eltern, Verwandte, … auch gute Freunde sein?
- Wann braucht man Freunde ganz besonders?

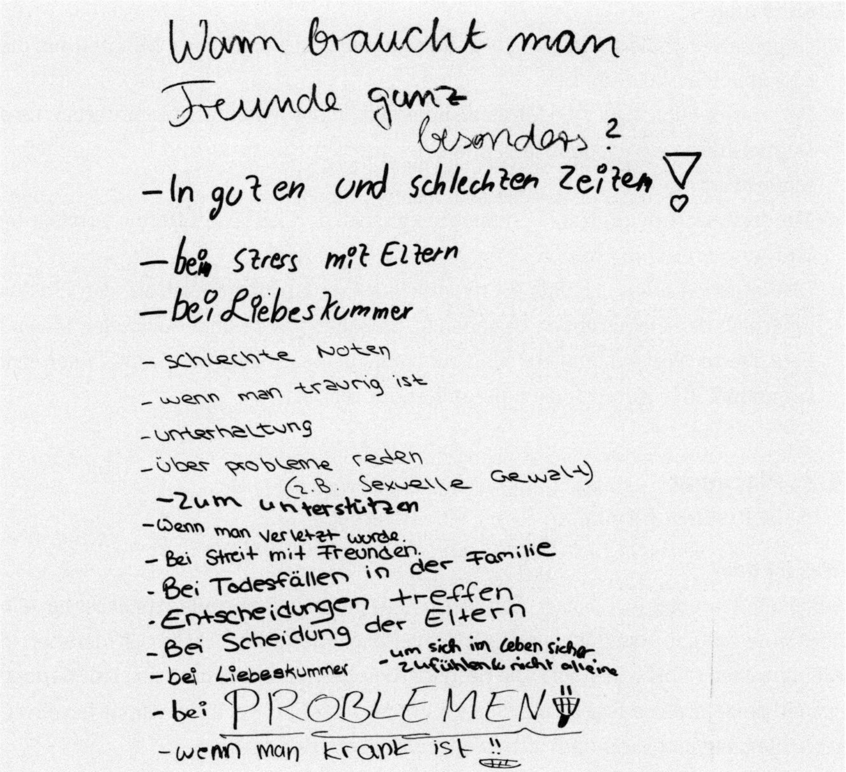

Abb. 4.7: Plakat aus einem Galeriegang zum Thema Freundschaft (Klasse 6)

Weiterarbeit:
In den folgenden Unterrichtsstunden können einzelne Aspekte aufgegriffen und vertiefend bearbeitet werden. Die Plakate sollten im Raum hängenbleiben. Im Verlauf und besonders am Ende der Unterrichtseinheit können diese ersten Stellungnahmen erneut herangezogen werden, um den Erkenntnisgewinn und/oder Meinungsänderungen festzustellen.

Variationen:
Bei der Erarbeitung einer Thematik oder auch zur Wiederholung vor Klassenarbeiten können konkrete Aufgabenstellungen von der jeweils ersten Gruppe gelöst und auf dem Plakat präsentiert werden. Die nachfolgenden Gruppen versehen diese Lösung mit alternativen Ergebnissen und Verbesserungsvorschlägen oder auch mit weiteren Ideen und Anmerkungen.

Bemerkungen:
- Ungeübten Schülergruppen fällt es schwer, die Zeit von 2 bis 3 Minuten für die Diskussion auszuschöpfen.
- Bei straffer Führung ist die Methode innerhalb von 45 Minuten durchführbar. Eine Doppelstunde wäre jedoch im Sinne einer guten Auswertung und Reflexion wünschenswert.
- Mit der Anzahl der Plakate/Gruppen steigt auch der Zeitbedarf für die Vorstellung und Auswertung in Phase 5.
- Die Reflexion sollte sich über die inhaltlichen Aspekte hinaus auch auf den Prozess innerhalb der Kleingruppen beziehen (z. B. Haben wir einander ausreden lassen? Sind alle zu Wort gekommen? Sind wir beim Thema geblieben?). Somit lassen sich kommunikative Kompetenzen besonders gut fördern.

4.7 Placemat

CHRISTINE FRICKE

Was ist das?
Bei einem Placemat (= Tischset, Platzdeckchen) denkt jeder Schüler zunächst einzeln über eine Aufgabenstellung nach. Anschließend erfolgt ein Austausch darüber in Kleingruppen (4 bis 6 Schüler). Die Besonderheit besteht darin, dass sich jede Gruppe auf ein gemeinsames Ergebnis einigen muss und die Einzelbeiträge damit bewertet, gewichtet, hierarchisiert oder auch begründet verworfen werden.

Wozu ist das gut?

Diese Methode vereint zwei Intentionen, nämlich fachliche Aspekte zu bearbeiten und gleichzeitig kommunikative Fähigkeiten zu fördern. Sie eignet sich z. B.:

- zum Sammeln von Fragen oder Vorwissen zu einer Thematik (z. B. Was wisst ihr über Fische, die DNA, Gentechnik, wie sich Tiere anpassen?),
- zur Erhebung der Vorstellungen von komplexen Begriffen/Vorgängen (z. B. Wie stellt ihr euch die Speicherung des Erbmaterials im Zellkern/die Ausprägung des Merkmals schwarze Haare bei einem Menschen vor?),
- zur Erarbeitung von konkreten Aufgaben (z. B. Welche Stationen muss das Abwasser in einer Kläranlage durchlaufen? Erstelle eine Arbeitsanleitung für die Anfertigung eines mikroskopischen Präparates von Algenzellen.),
- zur Meinungsbildung der Schüler (z. B. Was hältst du vom Gesetz zum Schutz der Nichtraucher?),
- zur Förderung der Argumentationsfähigkeit (z. B. Sammle Pro- und Kontra-Argumente zum Thema Schwangerschaftsabbruch.).

Besonders gut geeignet ist die Methode, wenn es um Meinungen oder kontroverse Themen geht. Dann wird die Diskussion auf diese Weise in Bahnen gelenkt, strukturiert und führt innerhalb eines festgelegten Zeitrahmens zu einem Ergebnis.

Bei diesem Vorgehen sind alle Schüler gefordert, sich zunächst in Einzelarbeit aktiv mit einer Thematik auseinanderzusetzen und sich im nächsten Schritt mitzuteilen. Jeder kommt zu Wort und muss seine Gedanken versprachlichen und wiederholen.

Die anschließende Einigung der Kleingruppe auf ein gemeinsames Ergebnis beinhaltet eine Vertiefung der Inhalte. Diese Phase ist zudem auch ein hervorragendes Kommunikationstraining. Die Schüler lernen dabei z. B.,

- geduldig zuzuhören,
- andere Meinungen zu respektieren,
- Argumente und Begründungen vorzutragen,
- Aussagen kritisch zu überprüfen,
- Inhalte zu strukturieren,
- Einwände sachlich zu formulieren,
- sich auf ein Ergebnis zu einigen,
- überstimmt zu werden und eigene Beiträge u. U. zurückzustellen.

Welches sind die Voraussetzungen?

Die Schüler sollten schon mit einfachen kooperativen Lernformen vertraut sein.

Wie geht das?

Phase	Inhalt	Wer/ Sozialform
1. Vorbereiten	Aufgabe formulieren. ■ Anzahl und Größe der Gruppen festlegen. ■ Pro Gruppe ein Placemat (Platzdeckchen) vorbereiten (mind. DIN A2). ■ Für geeignete Sitzordnung sorgen (Tische für 4–6 Schüler, je nach gewünschter Gruppengröße). ■ Stoppuhr und akustisches Signal bereithalten.	Lehrer
2.1 Erarbeiten	Aufgabe stellen und bearbeiten lassen. ■ Jeder Schüler macht sich Notizen zur Aufgabenstellung auf „sein" Feld des Placemats. ■ Es wird dabei weder gesprochen noch abgeguckt.	Einzelarbeit
2.2 Austauschen	Vorstellen der Einzelergebnisse: Jeder stellt reihum seinen Beitrag vor. Rückfragen sind erlaubt, jedoch keine Bewertungen oder Diskussionen.	Kleingruppe
2.3 Einigen	Die Schüler diskutieren die Beiträge, einigen sich auf ein gemeinsames Ergebnis und notieren es im mittleren Feld des Placemats.	Kleingruppe
2.4 Vorstellen	Jede Kleingruppe stellt ihr Gruppenergebnis kurz im Plenum vor.	Klasse
3. Auswerten	Wenn alle Plakate an der Wand hängen, lässt sich schnell ein gemeinsames Ergebnis der ganzen Klasse ermitteln.	Klasse

Beispiel:

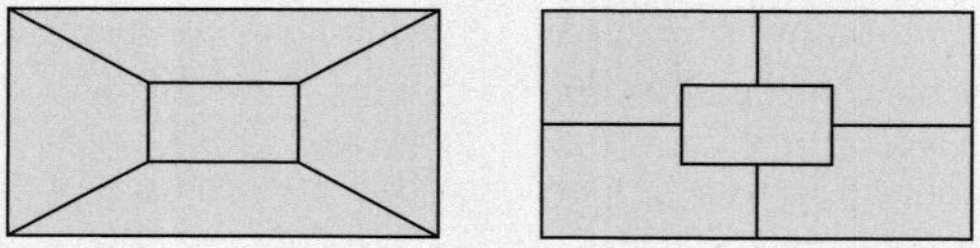

Abb. 4.8: Placemats für 4 Personen

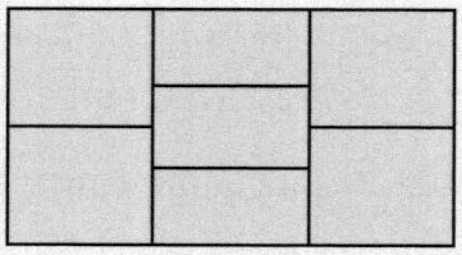

Abb. 4.9: Placemat für 6 Personen

Variationen:

Nach dem ersten Sammeln von individuellen Beiträgen in Phase 2 wird das Placemat (als Zwischenschritt) im Uhrzeigersinn gedreht. Jeder Schüler kann nun die Notizen seines Vorgängers lesen, ergänzen und kommentieren. Es wird so lange gedreht, bis jeder Schüler jedes Feld sehen und bearbeiten konnte. Erst danach erfolgt die Diskussion in der ganzen Gruppe.

Je nach Thematik und Zielsetzung kann der Arbeitsauftrag für die Kleingruppen z. B. darin bestehen, fünf Vorschläge zu ... zu machen, die drei wichtigsten Aspekte herauszustellen, einen Merksatz zu formulieren, eine Arbeitsanleitung zu erstellen, jeweils drei Pro- und drei Kontra-Argumente zu formulieren.

Bemerkungen:

- Je nach Schülerzahl in der Klasse ist zu entscheiden, wie viele Schüler pro Kleingruppe an einem Placemat arbeiten. Denn je kleiner die Gruppen sind, desto größer ist die Anzahl der Gruppen. Somit muss mehr Zeit für die Vorstellung der Ergebnisse in Phase 5 eingeplant werden.
- Die Auswertung sollte sich auf das inhaltliche Ergebnis beziehen, kann aber auch den Prozess innerhalb der Kleingruppe reflektieren, um die kommunikativen Kompetenzen zu fördern.
- Die Methode ist innerhalb von 45 Minuten durchführbar. Eine Doppelstunde erlaubt jedoch eine ausführlichere Reflexion.

Tipps: Bei jüngeren Schülern, ungeübten Lerngruppen oder kontroversen Themen, kann für die Durchführungsphase in jeder Kleingruppe ein Gesprächsleiter eingesetzt werden, der dafür sorgt, dass ...

- in Phase 2.2 alle zu Wort kommen,
- wertende Kommentare in Phase 2.2 unterbleiben,
- die Gesprächsregeln besonders in Phase 2.3 eingehalten werden,
- innerhalb der vorgegebenen Zeit ein gemeinsames Ergebnis erreicht wird (Phase 2.3). Der Gesprächsleiter sollte nach einem Zufallsprinzip ausgelost werden (z. B. der Älteste, derjenige, der als nächster Geburtstag hat ...). Somit kann jeder Schüler einmal diese Rolle übernehmen und einüben.

Für die Vorstellung des Gruppenergebnisses im Plenum sollte ein Präsentator nach einem Zufallsprinzip bestimmt werden. Damit wird sichergestellt, dass sich alle Schüler aktiv beteiligen, da jeder das Ergebnis kennen und wiedergeben können muss.

4.8 Mit der Zielmat bewerten

ANKE MEISERT

Was ist das?

Die **Zielmat** ist ein Strukturierungsinstrument für (bio-)ethische Bewertungsprozesse. Sie kombiniert eine innere Zielscheibe mit einer äußeren Placemat-Struktur (Abb. 4.10), um die Schritte des Sammelns, Begründens und Gewichtens von Argumenten strukturiert und visuell zugänglich zu verknüpfen. Durch Rotieren der Zielmat können Lernende ihre jeweils individuellen Überlegungen zu einzelnen Argumenten sukzessive eintragen. Dies fördert eine detailreiche Sammlung von Bewertungsüberlegungen, regt in Gruppen einen entsprechenden Austausch an und bietet damit eine fruchtbare Grundlage für gruppenbasierte Aushandlungsprozesse.

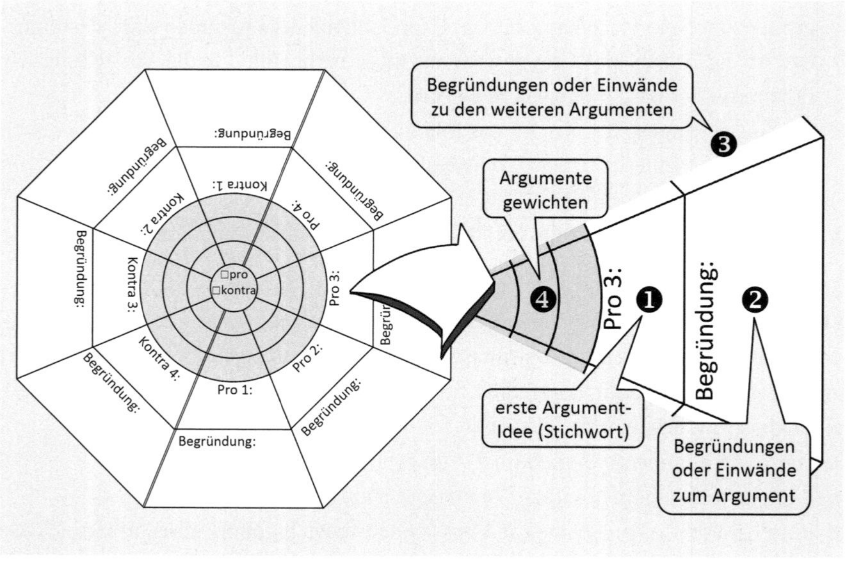

Abb. 4.10: Zielmat (A) mit einem äußeren Ring (weiße Felder) zum Sammeln und Begründen von Argumenten und einer inneren Zielscheibe (graue Felder) für deren Gewichtung sowie ein vergrößertes Zielmat-Segment (B) mit Charakterisierung der zu dokumentierenden Bewertungsschritte 1–4.

Wozu ist das gut?

Bioethische Bewertungsprozesse sind in der Regel dadurch gekennzeichnet, dass vielfältige Informationen berücksichtigt und reflektiert werden müssen, um zu adäquaten Bewertungsergebnissen zu kommen. Dies trifft z. B. auf die meisten medizin- oder tierethischen Kontexte zu, die häufig durch divergierende Interessen (z. B. Heilung von Patienten, Forschungsinteressen, theologische Grundsätze u. ä.) und vielfältige fachliche Zusammenhänge (biologische Grundlagen, medizinische Methoden, Folgenabschätzungen u.v.m.) gekennzeichnet sind. Ein gelingender Umgang mit Komplexität ist daher als generelle Aufgabenschwierigkeit von Bewertungsprozessen einzustufen und stellt entsprechend ein zentrales Qualitätskriterium didaktischer Konzepte zur Bewertungskompetenz dar. Concept-Maps (EGGERT u. a. 2017), Bewertungstabellen (BÖGEHOLZ 2006) oder Strukturdiagramme (SCHINDLER 2005) sind daher häufige Darstellungsformate in Unterrichtsvorschlägen. Da der Umgang mit Komplexität zugleich eine wichtige Voraussetzung für die realweltliche Anwendungsfähigkeit von Bewertungskompetenz darstellt, bietet eine didaktische Reduktion der zu bewertenden Kontexte keine Lösung für diese didaktische Herausforderung.

Eine weitere Herausforderung liegt in der Vielschrittigkeit von Bewertungsprozessen. Sechs, sieben oder mehr Teilschritte sehen die meisten Konzepte des Bewertens vor (BÖGEHOLZ u. a. 2004), sodass in der Umsetzung deren Verknüpfung leicht verloren geht. Dies bedeutet für Lernende einen Transparenzverlust. Es hat aber vor allem Folgen für die Argumentationsqualität, da die Begründetheit von Entscheidungen durch vorangegangene (faktische oder normative) Analysen ein wesentliches Qualitätsmerkmal des Bewertens darstellt. Dies lässt sich am Beispiel des didaktischen Konzepts zum Sammeln, Prüfen und Gewichten von Argumenten mit nachfolgender Entscheidungsfindung (BÖTTCHER u. a. 2016) konkretisieren: Das finale Entscheiden baut hier konkret auf die Schritte des Prüfens und Gewichtens von Argumenten auf. Erst nach einer Analyse der Argumente bzgl. rechtfertigender Begründungen oder einschränkender Einwände kann dessen Bedeutung und somit Gewichtung eingeschätzt werden. Die in einer Gruppe ausgehandelten Gewichtungsergebnisse für alle Argumente bilden dann ein zugängliches Plateau, um eine abschließende Entscheidung diskutieren zu können. Eine Vernetzung zwischen den Bewertungsschritten bildet somit eine wichtige Voraussetzung für die Begründungsqualität von Bewertungsentscheidungen.

Diese beschriebenen Aufgabenschwierigkeiten zum Umgang mit Komplexität und zur Vernetzung der Teilschritte versucht die Zielmat durch Strukturierung und Visualisierung aufzufangen: Gesammelte Argumente werden in ringförmig angeordnete Felder eingetragen und hierbei als erste Strukturierung in eine Pro- und Kontra-Seite aufgeteilt (Abb. 4.10, weiße Felder). Durch das Ergänzen entsprechender Begründungen (oder Einwände) im jeweils angrenzenden Feld werden die Argumente tiefergehend reflektiert und damit bezüglich ihrer Überzeugungskraft geprüft. Auf dieser Grundlage erfolgt schließlich eine Gewichtung jedes Arguments (MEISERT 2012) im wiederum jeweils angrenzenden Zielscheiben-Segment (Abb. 4.10, graue Felder). So werden alle als relevant eingestuften Bewertungsaspekte des Begründens und Gewichtens pro Argument zusammengetragen und münden in eine Gewichtungsentscheidung. Über die strukturierte Zusammenführung in eine Darstellungsform wird somit eine transparente Vernetzung der Teilschritte unterstützt.

Obwohl die Zielmat auch für die Strukturierung eines individuellen Bewertungsprozesses geeignet ist, entfaltet sie ihr Potenzial aber vor allem für Bewertungsprozesse in Gruppen. Erst dieser Austausch in Gruppen bietet durch die Auseinandersetzung mit kontroversen Positionen authentische Argumentationsanlässe (KUHN/UDELL 2004, MERCIER u. a. 2017). SADLER betont entsprechend in einem Review zur Förderung von Bewertungskompetenz die Bedeutung von „personal connections between students and the issues discussed [...] and [...] the importance of attending to contradictory opinions (SADLER 2004, S. 523). LUTHER-KIRNER (2007) fordert hierzu aus einer bildungskritischen Perspektive heraus, dass über das individuelle Bewerten hinaus gruppenbasierte Konsensbildungsprozesse initiiert werden sollten. Diese Konsensbildungsprozesse können durch die Zielmat unterstützt werden, da es ein sukzessives Zusammentragen der jeweils individuellen Überlegungen zu jedem Argument ermöglicht. Durch Rotieren werden die Ideen der anderen wahrgenommen und durch eigene Überlegungen ergänzt. Somit werden Auseinandersetzungen mit den konkreten Begründungen und Einwänden der anderen Gruppenmitglieder initiiert und für den gewichtungsbezogenen Aushandlungsprozess pro Argument und die finale Entscheidung verfügbar gemacht.

Mit der Zielmat wird auch ein klares Konzept zur Förderung der Argumentationskompetenz verfolgt, da nicht formale Strukturen des Argumentierens vorgegeben werden, sondern eine Aktivierung der informellen Argumentationsfähigkeiten der Lernenden erfolgt (MERCIER u. a. 2017). Diese Aktivitäten münden dann in Aushandlungsprozesse, in denen die Lernenden die Überzeugungskraft ihrer eigenen Argumentation und die der anderen erfahren können.

Welches sind die Voraussetzungen?

Erstens müssen begleitend zur Zielmat passende Informationen und gegebenenfalls Möglichkeiten zur tieferen Recherche zur Verfügung stehen, um die Schritte des Sammelns und Überprüfens von Argumenten adäquat realisieren zu können. Zweitens erfordern die intendierten Aushandlungsprozesse zur Fundierung und Gewichtung der Argumente eine recht hohe Teamfähigkeit der Lernenden.

Wie geht das?

Der Zielmat geht die Erschließung eines Bewertungsproblems voraus, indem z.B. ein Fallbeispiel sowie entsprechende Handlungsoptionen erarbeitet werden. Zur Verdeutlichung des Konfliktpotenzials sowie zur Vorentlastung der Argumentsammlung können sich dann auch bereits erste fachliche Klärungen oder das Erschließen kontroverser Statements anschließen. Konkrete Arbeitsaufträge zum Arbeiten mit der Zielmat werden im Folgenden vorgestellt und weiterführend erläutert.

1. Schritt: Sammelt Pro- und Kontra-Argumente und notiert alle relevanten Argumente stichwortartig in den Pro- und Kontra-Feldern der Zielmat.
Die Sammlung von Argumenten kann frei erfolgen oder durch Materialien (zusätzlich) angeregt werden. Der Übergang von der Sammlung zu deren Übertragung in die Zielmat geht meist mit einer ersten Selektion einher, indem nur als relevant eingestufte Argumente übernommen werden. Die Anzahl der Felder der Zielmat kann leicht variiert bzw. angepasst werden.

2. Schritt: Sammelt für euch wichtige Fragen, die sich aus den Argumenten ergeben. Analysiert zu deren Klärung entsprechende Fakten, Stellungnahmen o.ä.
Dieser Schritt ist von zentraler Bedeutung für den Bewertungsprozess, da hier dessen Klärungsbreite und -tiefe zumindest vorläufig festgelegt wird. Je nach Kontext ist zu entscheiden, inwieweit die Lernenden relevante Klärungsaspekte selbst identifizieren können und welche Aspekte gezielt angeboten werden sollten. Dieser Schritt kann zu einem späteren Zeitpunkt (z.B. nach Schritt 3) nochmals durchlaufen werden, um Fragen klären zu können, die sich erst im Austausch mit den anderen ergeben haben.

3. Schritt: Notiert zu einem der Argumente eure Überlegungen, *die die Wichtigkeit des Arguments unterstreichen oder einschränken (z.B. Folgen, moralische Grundsätze, Einwände o.ä.). Durch Drehen der Zielmat kann dann jeder zu jedem Argument entsprechende Ergänzungen vornehmen.*
Dieser Schritt sichert eine hohe Partizipation der Gruppenmitglieder und nutzt den Placemat-Ansatz, um ein gegenseitiges Wahrnehmen und Ergänzen zu initiieren. Hierbei kann die Anzahl der Argumente höher sein als die der Gruppenmitglieder; die Anzahl der Drehungen wird durch die Anzahl der Argumente bestimmt.

4. Schritt: Diskutiert in der Gruppe zu jedem Argument, wie wichtig es euch erscheint! Lest hierzu als Erstes die gesammelten Begründungen zu dem Argument vor. Einigt euch schließlich auf ein entsprechendes Kreuz in der zentralen Zielscheibe.
Hier findet auf der Ebene der Argumente eine gemeinsame Gewichtungsentscheidung statt, die die individuellen Überlegungen zu jedem Argument berücksichtigt und

hierdurch differenzierte Aushandlungsprozesse initiiert. Dieser Schritt erfordert eine gute Teamfähigkeit.

5. Schritt: Entscheidet euch gemeinsam für die Pro- oder Kontra-Position oder stellt nachvollziehbar dar, warum ihr euch nicht entscheiden könnt.
Hierdurch wird eine abschließende Konsensbildung gefordert, die von der Gruppe als eigene Prozessgestaltung auf der Grundlage der vorangegangenen Schritte selbst strukturiert wird.

6. Schritt: Vergleicht die Gewichtungsergebnisse verschiedener Gruppen und diskutiert Unterschiede und Gemeinsamkeiten.
Dieser Vergleich kann medial durch Übertragen der inneren Zielscheibenergebnisse auf OHP-Folien und eine entsprechende Overlay-Präsentation bzw. durch eine Präsentation am Whiteboard zugänglich gemacht werden. Durch die Varianz der Gruppenergebnisse wird eine Metareflexion zur Meinungsvielfalt und potenziell ein Aushandlungsprozess auf einer höheren Gruppenebene initiiert.

Literatur

Bögeholz, Susanne (2006): Explizites Bewerten und Urteilen. In: Praxis der Naturwissenschaften – Biologie, 55, S. 17–24

Bögeholz, Susanne / Hössle, Corinna / Langlet, Jürgen / Sander, Elke / Schlüter, Kirsten (2004): Bewerten – Urteilen – Entscheiden im biologischen Kontext: Modelle in der Biologiedidaktik. Zeitschrift für Didaktik der Naturwissenschaften, 10, S. 88–114

Böttcher, Florian / Hackmann, Andre / Meisert, Anke (2016): Argumente entwickeln, prüfen und gewichten – Bewertungskompetenz im Biologieunterricht kontextübergreifend fördern. In: MNU, 69, S. 150–157

Eggert, Sabina / Nitsch, Anne / Boone, William J. / Nückles, Matthias / Bögeholz, Susanne (2017): Supporting Students' Learning and Socioscientific Reasoning About Climate Change—the Effect of Computer-Based Concept Mapping Scaffolds. In: Research in Science Education, 47, S. 137–159

Kuhn, Deanna / Udell, Wadiya (2003): The Development of Argument Skills. In: Child Development, 74, S. 1245–1260

Luther-Kirner, Beate (2009): Ethik im Biologieunterricht. Eine Kritik didaktischer Konzeptionen. In: Manz, Ulrike / Schmid, Bruno (Hrsg.): Bioethik in der Schule. Münster, S. 39–52

Meisert, Anke (2012): Bewerten. In: Spörhase, Ulrike (Hrsg.) Biologiedidaktik. Berlin, S. 225–240

Mercier, Hugo / Boudry, Maarten / Paglieri, Fabio / Trouche, Emmanuel (2017): Natural-Born Arguers: Teaching How to Make the Best of Our Reasoning Abilities. In: Educational Psychologist, 52 (1), S. 1–16

Sadler, Troy D. (2004): Informal reasoning regarding socioscientific issues: A critical review of research. In: Journal of Research in Science Teaching, 41, S. 513–536

Schindler, Joachim (2005): Syndromansatz. Münster

4.9 Argumentieren

ANKE MEISERT UND FLORIAN BÖTTCHER

Was ist das?

Argumentieren ist eine nahezu allgegenwärtige Aktivität naturwissenschaftlicher Erkenntnisgewinnung. Naturwissenschaftler argumentieren bezüglich der Relevanz von Fragestellungen, der Plausibilität von Hypothesen, der Funktionalität von Versuchsansätzen, der Evidenz von Daten für die Gültigkeit eines Erklärungsansatzes und zu vielen weiteren Anlässen. Innerhalb dieser Vielfalt lässt sich Argumentieren im Kern als Prozess beschreiben, bei dem begründende Aussagen mit Bezug zu einer spezifischen Sichtweise entwickelt und ggfs. formuliert werden (ERDURAN/JIMÉNEZ-ALEIXANDRE 2007). Eine besondere Bedeutung kommt in den Naturwissenschaften denjenigen Argumenten zu, die zu einer spezifischen Erklärung bzw. Beschreibung (= Theorieebene) entsprechend begründende Bezüge zu Beobachtungen bzw. Messdaten (= Phänomen-/Datenebene) herstellen. Hierdurch leisten Argumente eine Verknüpfung zwischen den zwei Ebenen, die naturwissenschaftliche Erkenntnisgewinnung ermöglichen (KÖHLER/MEISERT 2012). Als Strukturierungshilfe für das Formulieren von Argumenten hat LAWSON (2009) entsprechend das sogenannte „if-then-therefore-Schema" vorgeschlagen, das die oben beschriebene Verknüpfung zwischen empirischem Befund („wenn ..., dann ...") und theoretischer Erklärung („daher ...") vorsieht. Auch das komplexere Argumentationsschema nach TOULMIN, auf das sich verschiedene naturwissenschaftsdidaktische Konzeptionen beziehen (vgl. MITTELSTEN-SCHEID 2010), umfasst die Elemente „Behauptung" und „Daten" und somit die Verknüpfung von Daten- und Theorie-Ebene.

Wozu ist das gut?

Das Potenzial des Argumentierens für das Lernen in den Naturwissenschaften ist vielfältig und kann mit Bezug zu den Dimensionen ‚learning science', ‚doing science' und ‚learning about science' (Hodson 1992) in drei Ebenen verortet werden:

1. Auf der Inhaltsebene wird durch Argumentationen die Bedeutung einzelner Fakten oder Aussagen deutlich, da sie in Begründungszusammenhänge gestellt werden. Hierdurch steigt der Vernetzungsgrad des Wissens und damit das Wissensniveau.
2. Argumentieren ist im oben beschriebenen Sinne selbst eine zentrale naturwissenschaftliche Kompetenz, die zur Teilhabe an Aushandlungsprozessen naturwissenschaftlicher Erkenntnisgewinnung befähigt.
3. Die Notwendigkeit und Art des Argumentierens in den Naturwissenschaften verdeutlicht sowohl dessen Aushandlungscharakter als auch die Art der Begründun-

gen, die den Kern naturwissenschaftlichen Denkens (z.B. Theorie-Daten-Verknüpfung) ausmachen. Somit hat sowohl die Aktivität des Argumentierens selbst als auch ein Wissen über Strategien des Argumentierens ein hohes Potenzial zur Förderung eines adäquaten Wissenschaftsverständnisses.

Welches sind die Voraussetzungen?

Argumentieren führt verschiedene Elemente naturwissenschaftlicher Erkenntnisgewinnung zusammen, sodass vielfältige Voraussetzungen erfüllt sein müssen. Zunächst muss im Sinne einer Zieltransparenz den Lernenden zugänglich sein, worin das Ziel des Argumentierens (z. B. Beurteilung einer Hypothese oder einer experimentellen Strategie) besteht. Darüber hinaus müssen die fachlichen Grundlagen (z. B. zu den relevanten Hypothesen und Daten) bei den Schülern verfügbar sein, um entsprechend plausible Verknüpfungen vornehmen zu können (vgl. VON AUFSCHNAITER u. a. 2008). Zudem müssen Lernende über grundlegende Fähigkeiten (z. B. Identifikation relevanter Daten, Verknüpfen von Daten mit Hypothesen, u. v. m.) zur Umsetzung des Argumentationsprozesses verfügen. Zur gezielten Förderung dieser Fähigkeiten existieren diverse Ansätze (z. B. modellbasiertes Argumentieren, vgl. GIERE 2001, BÖTTCHER/MEISERT 2011; Argumentieren nach dem Toulmin-Schema, vgl. OSBORNE u. a. 2004; Argumentieren nach dem „if-then, therefore"-Schema, vgl. LAWSON 2009), denen unterschiedliche Vorstellungen zur Struktur naturwissenschaftlicher Argumente zugrunde liegen. Ein Wissen über derartige Argumentationsstrukturen wird als Metastrategiewissen (KUHN/PEARSALL 1998) bezeichnet.

Neben diesen Voraussetzungen auf der Seite der Lernenden bedarf es im Unterricht eines aktivierenden Argumentationsanlasses. Hierzu sind insbesondere Situationen geeignet, in denen alternative Lösungsmöglichkeiten zur Auswahl stehen (z. B. unterschiedliche Hypothesen). Durch alternative Lösungsansätze entsteht ein besonderer Argumentationsbedarf, wenn entsprechende Auswahlentscheidungen gefällt werden müssen. Dies ist beispielsweise dann der Fall, wenn aus einer Vielzahl von Hypothesen eine zur weiteren Überprüfung ausgewählt werden muss. Auch die Frage nach der (vorläufigen) Gültigkeit oder Nicht-Gültigkeit einer Hypothese angesichts erhobener Daten stellt eine solche Entscheidungssituation dar. Eine hohe Motivation entsteht zudem, wenn Lernende ihre selbst entwickelten Hypothesen, Modelle oder Überprüfungsansätze gegenüber alternativen Lösungen ihrer Mitschüler verteidigen müssen, da dann der Argumentationsprozess „zur eigenen Sache" wird. Hieran wird zudem deutlich, dass Argumentationen sowohl individuell als auch dialogisch inszeniert werden können. Insbesondere der dialogischen, also sozial eingebetteten Variante wird ein besonders hohes Lernpotenzial (MERCIER u. a. 2017) zugeschrieben, da es durch die soziale Aushandlung zur Explikation individueller Begründungszusammenhänge und deren Weiterentwicklung kommt: *„Social argumentation is a powerful vehicle for developing the higher order thinking that we call internal argumentation. In other words, social dialogue offers a way to externalise internal thinking strategies embedded in argumentation"* (JIMÉNEZ-ALEIXANDRE/ERDURAN 2007, S. 12).

Eine weitere Voraussetzung gelingender Lernumgebungen zum Argumentieren liegt darin, ob zu sprachbasierten Aussagen argumentiert wird oder zu Modellen. Da viele Erkenntnisse in den Biowissenschaften aus Modellvorstellungen (vgl. Teil II, Kap. 2.8) bestehen, ist diese Repräsentationsform häufig als Argumentationsbezug geeigneter als sprachbasierte Aussagen (PASSMORE u. a. 2014, BÖTTCHER/MEISERT 2015).

Wie geht das?

Wie bereits ausgeführt, bieten naturwissenschaftliche Erkenntnisprozesse vielfältige Anlässe zum Argumentieren. Da die Argumente zu diesen Anlässen sehr unterschiedlichen Charakter haben, sollen an zwei typischen Unterrichtsschritten (Hypothesenbildung und Auswertung) Möglichkeiten zu Initiierung intensiver Argumentationen exemplarisch konkretisiert werden.

A Argumentieren in der Hypothesenbildungsphase

Hypothesen sind Aussagen mit einem noch nicht abschließend geklärten Gültigkeitsstatus und offerieren daher an sich ein hohes Argumentationspotenzial (LAWSON 2009). Der typische Ablauf einer Hypothesenbildung bringt jedoch häufig wenig vertiefende Argumentationen hervor, da sich die Hypothesen der Lernenden meist noch sehr allgemein auf grundsätzlich alternative Erklärungsansätze beziehen. Werden z. B. zu dem Phänomen der Kohlenstoffdioxidbegasung in Gewächshäusern die alternativen Erklärungsansätze formuliert, dass sich dies entweder positiv auf die Fotosynthese (und damit auf das Wachstum) der Pflanzen auswirkt oder der Bekämpfung von Schädlingen dient, stehen diese jeweils für sich, sodass kein weiterführender Diskussionsbedarf entsteht. Ein höheres Diskussions- bzw. Argumentationspotenzial entsteht hingegen, wenn bzgl. eines Hypothesenansatzes entsprechende Vorhersagen (hier z. B. zur Kohlenstoffdioxidabhängigkeit der Fotosynthese, siehe Abb. 4.11) konkretisiert werden (vgl. P-O-E-Schema, Kap. 2.5).

Materialbeispiel

Versuch: In einem Klimaschrank können Pflanzen unter kontrollierten Bedingungen gehalten werden. In einem Versuch zur CO_2-Abhängigkeit der Fotosyntheserate werden dort die Faktoren Licht, Temperatur und Wasserverfügbarkeit konstant gehalten, der Kohlenstoffdioxidgehalt jedoch kontinuierlich erhöht. Über die Sauerstoffabgabe der Pflanzen wird die Fotosyntheserate gemessen.

Aufgaben:

1. Zeichnet in das unten stehende Diagramm den von euch vermuteten Verlauf der Fotosyntheserate bei steigendem Kohlenstoffdioxidgehalt ein! Beachtet hierbei die Markierungen zum Kohlenstoffdioxidgehalt, die dem Kohlenstoffdioxidgehalt in einem Gewächshaus mit und ohne Kohlenstoffdioxidbegasung entsprechen.
2. Begründet nun den von euch gewählten Datenverlauf. Unterteilt hierzu (sofern möglich) das Diagramm in Abschnitte und notiert zu den Abschnitten jeweils eigene Begründungen, die ihr stichwortartig in dem grauen Feld oberhalb des Diagramms notiert.
3. Übertragt abschließend den Graphenverlauf (ohne Begründungen) auf die beiliegende OHP-Folie.

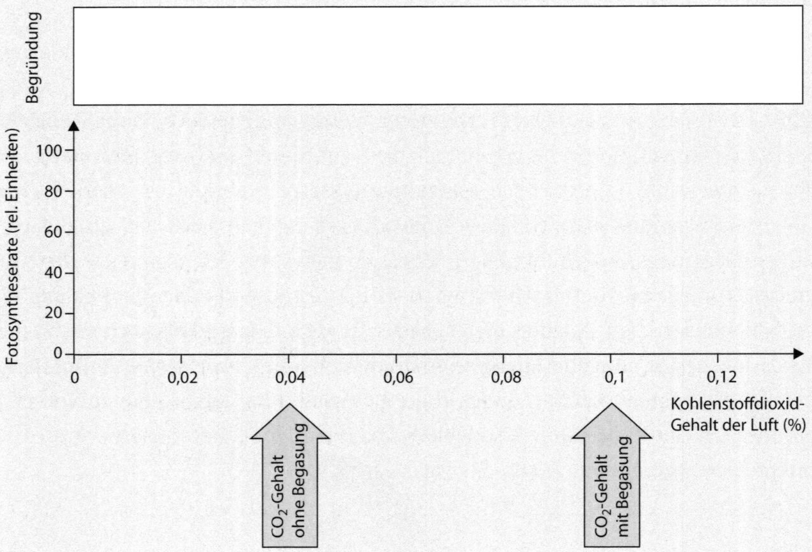

Abb. 4.11: Aufgabenstellung und entsprechendes Material zur Erstellung einer begründeten Vorhersage bzgl. der Kohlenstoffdioxidabhängigkeit der Fotosynthese

Eine häufig sinnvolle Vorentlastung für einen argumentativen Austausch im Plenum besteht darin, die jeweils entwickelten Vorhersagen bereits vor der Plenumsphase begründen zu lassen (Abb. 4.11 zeigt ein potenzielles Arbeitsmaterial). Hierzu können die Graphen idealerweise in Abschnitte eingeteilt werden, um abschnittsbezogene Begründungen vorzunehmen, sodass eine differenziert begründete Vorhersage vorliegt. Argumentationsanlässe ergeben sich hierbei in der Regel dazu, ob die Fotosyntheserate bereits bei einem sehr geringen Kohlenstoffdioxidgehalt beginnt, ob ein kontinuierlicher oder stufenartiger Anstieg vorliegt oder ob es zu einer Sättigung kommt.

B Argumentieren in der Auswertungsphase

Eine lernförderliche Erhöhung argumentativer Aktivitäten einer Auswertungsphase kann durch ähnliche Strategien erreicht werden wie in der Hypothesenbildungsphase:

1. phasierte Abfolge kleingruppenbasierter Überlegungen und nachfolgender Plenumsdiskussion, um das Diskussionspotenzial kontroverser Erklärungsansätze zu nutzen und Begründungen vorentlastend entwickeln zu lassen;
2. konkrete Bezugspunkte für die Begründungen herstellen (z. B. durch Einteilung eines Graphen in Abschnitte).

Für eine Auswertungsphase gilt darüber hinaus, eine möglichst konkrete Verknüpfung zwischen den auszuwertenden Daten und den entsprechenden Deutungen herzustellen, um diesen oben beschriebenen Kern naturwissenschaftlichen Argumentierens möglichst differenziert anzulegen. Hierbei hilft ebenfalls eine Unterteilung der auszuwertenden Daten, um diese abschnittsweise zu beschreiben. Diesen Teilbeschreibungen können dann konkrete Deutungen zugeordnet werden, sodass die Lernenden genauer differenzieren müssen, welche Deutungen durch welche Teildaten fundiert werden. Als zusätzliches Instrument zur Zusammenfassung dieser Verknüpfungen kann das „wenn …, dann …, daher …"-Schema genutzt werden. Da diese Auswertungsschritte mehr Detail- und Formulierungsarbeit erfordern, ist es häufig sinnvoll, den ersten Schritt in Partnerarbeit und nicht direkt in Gruppen umzusetzen. Eine aktivierende Inszenierungsform besteht zudem darin, die Ergebnispräsentationen in Form eines „Forscher-Kongresses" umzusetzen, bei der die „Forscher-Teams" ihre Ergebnisse in Form von Plakaten präsentieren und dann diskutieren. Diese Umsetzungsform erhöht erstens die soziale Einbettung bzw. Situiertheit der argumentativen Aktivitäten und sichert zweitens detailliert die mediale Verfügbarkeit der jeweiligen Deutungsansätze.

Bemerkungen

Insbesondere im Anschluss an argumentationsintensive Lernschritte ist es sinnvoll, die impliziten Erfahrungen zum Argumentieren in ein explizites Metastrategiewissen zu überführen, indem die Funktion und Struktur der Argumente reflektiert und charakterisiert werden.

Argumentieren spielt nicht nur im Zuge naturwissenschaftlicher Erkenntnisprozesse eine große Rolle, sondern ist für alle Vorgänge, bei denen es um die Generierung und Überprüfung von Begründungen geht, von Bedeutung. Intensive Argumentationsanlässe sind zudem mit der Bearbeitung ethischer bzw. bioethischer Fragestellungen verbunden (vgl. Teil II, 4.8, 5.3 und 5.4).

Literatur

Erduran, Sibel / Jiménez-Aleixandre, Maria Pilar (Eds.) (2007): Argumentation in Science Education. Berlin

Böttcher, Florian / Meisert, Anke (2011): Argumentation in Science Education: a model-based framework. In: Science & Education 20, S. 103–140

Böttcher, Florian / Meisert, Anke (2015): Modellbasiertes naturwissenschaftliches Argumentieren im Biologieunterricht. In: Budke, Alexandra / Kuckuck, Miriam / Meyer, Michael / Schäbitz, Frank / Schlüter, Kirsten / Weiss, Günther (Hrsg.): Fachlich argumentieren lernen. Didaktische Forschungen zur Argumentation in den Unterrichtsfächern. Münster/New York, S. 248–269

Giere, R. (2001): A new framework for teaching scientific reasoning. In: Argumentation, 15, S. 21–33

Hodson, Derek (1992): In search of a meaningful relationship: an exploration of some issues relating to integration in science and science education. In: International Journal of Science Education, 14, Heft 5, S. 541–562

Jiménez-Aleixandre, Maria Pilar / Erduran, Sibel (2007): Argumentation in Science Education: An Overview. In: Erduran, Sibel / Jiménez-Aleixandre, Maria Pilar (Eds.) (2007): Argumentation in Science Education. Berlin, S. 3–27

Köhler, Karlheinz / Meisert, Anke (2012): Welche Erkenntnismethoden sind für den Biologieunterricht relevant? In: Spörhase, Ulrike (Hrsg.) Biologiedidaktik. Berlin, S. 130–151

Kuhn, Deanna / Pearsall, Susan (1998): Relations between metastrategic knowledge and strategic performance. In: Cognitive Development, 13 (2), S. 227–247

Lawson, Anton E. (2009): Basic Inferences of Scientific Reasoning, Argumentation, and Discovery. In: Science Education 93(2), S. 336–364

Mercier, Hugo / Boudry, Maarten / Paglieri, Fabio / Trouche, Emmanuel (2017): Natural-Born Arguers: Teaching How to Make the Best of Our Reasoning Abilities. In: Educational Psychologist, 52, Heft 1, S. 1–16

Mittelsten Scheid, Nikola (2010): Argumentation aus metakognitiver Perspektive 2: Die nichtmoralische und die moralische Argumentation. In: Der MNU 63(3), S. 138–143

Osborne, Jonathan / Erduran, Sibel / Simon Shirley (2004): Enhancing the quality of argumentation in school science. In: Journal of Research in Science Teaching, 41(10), S. 994–1020

Passmore, Cynthia / Gouvea, Julia S. / Giere, Ronald (2014): Models in Science and in Learning Science: Focusing Scientific Practice on Sense-making. In: Matthews, Michael R. (Hrsg.): International Handbook of Research in History, Philosophy and Science Teaching. Dordrecht, S. 1171–1202

von Aufschnaiter, Claudia / Erduran, Sibel / Osborne, Jonathan / Simon Shirley (2008): Arguing to learn and learning to argue: Case studies of how students' argumentation relates to their scientific knowledge. In: Journal of Research in Science Teaching, 45(1), S. 101–131

5 Methoden zur Förderung der Aufgabenkultur

5.1 Aufgaben mit diagnostischem Potenzial

TOBIAS A. JOOS UND ULRIKE SPÖRHASE

Was ist das?

Als „didaktische Alleskönner" leisten Aufgaben nicht nur die Anwendung und Vertiefung von neu erlerntem Wissen, sondern entfalten unter bestimmten Voraussetzungen auch diagnostisches Potenzial (LEISEN 2011). Hier ermöglichen Aufgaben mit gestuften Hilfen einerseits effektive Übungsphasen und anderseits Gelegenheit, Erkenntnisse über Kompetenzstände und Lernfortschritte zu gewinnen (STÄUDEL u. a. 2007).

Wozu ist das gut?

Aufgaben nehmen im alltäglichen Biologieunterricht in sämtlichen Unterrichtsphasen eine zentrale Rolle ein und können dabei Lehr-Lernprozesse initiieren und strukturieren. Vielfach gefordert wird der vermehrte Einsatz von komplexen und anwendungsbezogenen Lernaufgaben zur Wiederholung und Festigung von Wissen und Können (JATZWAUK u. a. 2008). Aus diagnostischer Perspektive kann der Einsatz von diesen Aufgaben genutzt werden, um Fortschritte und Schwierigkeiten im Kompetenzerwerb von Schülern sichtbar zu machen.

Aufgaben mit gestuften Hilfen eignen sich für Zwecke der Diagnose und Förderung besonders, da sie einerseits komplexe, kognitiv aktivierende Problemstellungen authentischer Alltagssituationen aufgreifen können und anderseits Unterstützungsmaterialien bereitstellen, welche Schüler bei der Lösung helfen. Da beim Lösen der Aufgaben mehrere kognitive Operationen auszuführen sind, deckt die Aufgabenbearbeitung durch die Schüler Lernschwierigkeiten sowie fachliche Lücken auf und gibt Hinweise bezüglich der Anwendbarkeit und Flexibilität des gelernten Wissens.

Das Anfertigen von „Diagnoseaufgaben" einschließlich des Erkennens der zur Lösung notwendigen kognitiven Operationen und das Antizipieren von Schwierigkeiten, die während der Bearbeitung auftreten können, fördert zudem die diagnostische Kompetenz der Lehrkraft. Werden die Schüler bei der Aufgabenbearbeitung gezielt beobachtet und deren Lösungswege analysiert, so können fachspezifische Lehr-Lern-Situationen reflektiert werden, um Aussagen zum Kompetenzerwerb zu treffen (VON AUFSCHNAITER u. a. 2015, FRIEDRICH u. a. 2016). Das Nachdenken über die Segmentierung benötigter Inhalte und die Anzahl und Reihenfolge notwendiger kognitiver Operationen zur Aufgabenlösung unterstützt Lehrkräfte dabei, die Lernprozesse ihrer Schüler zu antizipieren und anschließend angemessene Lernumgebungen (z. B. Aufgabensets) mit gestuften Hilfen zu entwickeln.

Welches sind die Voraussetzungen?

Aufgaben mit gestuften Hilfen können in jeder Klassenstufe eingesetzt werden. Ausgangspunkt ist eine anwendungsbezogene Aufgaben- oder Problemstellung, die zwar für alle Lerner der Klasse angeboten wird, sich aber am oberen Leistungsniveau orientiert. Es werden lernstrategische und inhaltliche Hilfen zur Verfügung gestellt. Das Durchdenken und schrittweise Lösen der komplexen Aufgaben sowie der Gebrauch der Unterstützungsangebote erfordert ausreichend Zeit und ein selbstständiges Arbeiten der Lerner (Stäudel u. a. 2007). Deshalb sind eine schrittweise Einführung und ein angeleiteter Einsatz der Aufgaben sinnvoll. Durch die Bereitstellung von Unterstützung liegt der Fokus auf dem Üben und Anwenden von Gelerntem abseits von Leistungssituationen (Leisen 2011).

Wie geht das?

Wichtige Kriterien für die Auswahl und/oder Entwicklung von Aufgaben zeigt Abb. 5.1. Vor dem Einsatz im Unterricht müssen die für die Lösung notwendigen kognitiven Operationen identifiziert und Unterstützungsmaterial entwickelt werden. Anhand dieser kognitiven Operationen werden mögliche Lösungsschwierigkeiten antizipiert. Die Aufgaben werden dann im Unterricht eingesetzt und deren Bearbeitung durch die Lerner wird aus der diagnostischen Perspektive analysiert und reflektiert. Anschließend werden geeignete Fördermaßnahmen abgeleitet und weiterführende Lehr-Lernsequenzen konstruiert.

Aufgabenkontext	■ Stellt der Aufgabenkontext eine authentische (Alltags-)Situation für Schüler dar? ■ Handelt es sich um einen gesellschaftlich relevanten Bildungsinhalt? ■ Behandeln die Aufgabeninhalte zentrale Teilaspekte eines fachrelevanten Themengebiets (Fachrelevanz)?
Aufgabenstellung	■ Ist die Aufgabenstellung verständlich und die verwendete Sprache der Zielgruppe angepasst? ■ Wurde ein entsprechender Operator verwendet, sodass die Aufgabe auf die Anwendung von Wissen abzielt?
Lehrziel	Setzt die Aufgabe festgesetzte Lehrziele um?

Kognitive Aktivierung	Kommt kognitive Aktivierung z. B. durch ■ Reorganisation von (Vor-)Wissen, ■ Komplexität (zwei oder mehr Wissenselemente, Regeln oder Gesetze werden zur Verknüpfung benötigt), ■ Problemorientierung (eigentliche Aufgabenstellung, d.h. der „Kern des Problems" muss aus dem Kontext herausgearbeitet werden), ■ Einbezug unterschiedlicher Kompetenzen (z. B. Visualisieren, kausales Verknüpfen und Schlussfolgern, Rekonstruktion von Fakten) zustande? (Vereinfacht verstehen wir Kompetenzen in Anlehnung an WEINERT (2014) als ein Zusammenspiel von Wissen, Können und Wollen.)
	Ist zur Aufgabenlösung eine ausführliche Antwort, die mehrere Teillösungsschritte einbezieht, nötig?

Abb. 5.1: Kriterien zur Gestaltung von anspruchsvollen Lernaufgaben (entwickelt nach BLÖMEKE u. a. 2006, STÄUDEL u. a. 2007 / 2008, JATZWAUK u. a. 2008)

Beispiel:

Eine Anwendungsaufgabe zum Thema Herz-Kreislauf-System für die 8. oder 9. Jahrgangsstufe zeigt Abb. 5.2. Die Aufgabe fokussiert auf den Antrieb des Kreislaufs durch das Herz. Fällt dieses infolge eines akuten Herzinfarkts aus, so kann die Pumptätigkeit des Hohlmuskels mechanisch über die äußere Herzdruckmassage durch Ersthelfer übernommen werden. Die eigentliche Aufgabenstellung *(„Kern des Problems")* muss aus dem Kontext erschlossen werden: Inwiefern wirken die Maßnahmen der Reanimation auf den Kreislauf ein, sodass „Leben gerettet" werden kann? Die zur Lösung notwendigen kognitiven Operationen sind in Abb. 5.3 dargestellt.

Foto: Fotolia / thomaslerchphoto

Nach dem Statistischen Bundesamt gehört der Herzinfarkt zu den lebensbedrohlichsten Erkrankungen in Deutschland. Es handelt sich dabei um ein akutes Krankheitsbild, das in schlimmster Ausprägung zum Herz-Kreislauf-Stillstand führen kann. Ersthelfern steht mit der Herz-Lungen-Wiederbelebung (auch „Reanimation" genannt) eine wirkungsvolle Maßnahme zur Verfügung, um Betroffenen mit Herzstillstand zu helfen und deren Leben zu retten.
Aufgabe: Stelle dar, wie eine Reanimation Leben retten kann. Gehe dabei detailliert auf Auswirkungen auf das Herz-Kreislauf-System ein.

Abb. 5.2: Aufgabe „Reanimation rettet Leben"

Bei der Aufgabe konnten sechs zur Lösung notwendige kognitive Operationen identifiziert und die damit verbundenen möglichen Schwierigkeiten antizipiert werden (Abb. 5.3). Zu diesen müssen nun Hilfen konstruiert werden. Bei der Konstruktion der Hilfen sollten empirische Befunde zu Lernervorstellungen berücksichtigt werden (z. B. RIEMEIER u. a. 2010). Mögliche Hilfen zur Bearbeitung der oben genannten Aufgabe sind in Abb. 5.4 dargestellt. Die Hilfe A ist eine lernstrategische Hilfe zum Verständnis der Aufgabenstellung und zur weiteren Strukturierung der Bearbeitung der Aufgabe. Die Hilfen B und C sind inhaltliche Hilfen. B bezieht sich auf Schritt 3 und 4 der kognitiven Operationen, C auf die Schritte 4 und 5 (vgl. Abb. 5.3/5.4).

1 Die Aufgabe lesen und *verstehen*:
Die Reanimation wird bei Herz-Kreislauf-Stillständen angewendet, um Betroffenen zu helfen. Die Reanimation setzt sich aus den Maßnahmen der Herzdruckmassage und der Beatmung zusammen. Wie können diese Maßnahmen „Leben retten" und was passiert hier genau?

2. Gelerntes Wissen *erinnern:*
Das Herz treibt als Pumpe den Kreislauf voran. Blut aus den Venen wird in die Vorkammern „eingesogen" und anschließend durch den kontraktionsbedingten Druckanstieg über die Arterien wieder in den Körper- und Lungenkreislauf „gepresst". Durch den gekammerten Aufbau ist dabei nur eine Fließrichtung möglich. Blut versorgt den Körper mit lebenswichtigen Nährstoffen und ermöglicht den Gasaustausch in den Lungen. Das Gefäßsystem gewährleistet mithilfe von Arterien und Venen eine gezielte Verteilung des Blutes im Körper. Kleinste Gefäße, die Kapillaren, ermöglichen die Versorgung jeder einzelnen Zelle.

Relevante Informationen auf die Situation *anwenden:*

3 Durch die Folgen eines Herzinfarkts ist es zu einem Kreislauf-Stillstand gekommen: Herzschlag und Atmung haben ausgesetzt und die Zellen des Körpers werden nicht mehr mit Sauerstoff versorgt. Die Pumptätigkeit, die sonst das Herz als Hohlmuskel selbstständig übernimmt, muss nun mechanisch von außen durch Druckmassagen übernommen werden: Sie lassen das im Herzmuskel vorhandene Blut in den Kreislauf pressen; vollständige Entlastungen zwischen den Druckmassagen sorgen dafür, dass sich der Herzmuskel wieder mit Blut aus den Venen füllen kann.

4 Führt man diese Druckmassagen mehrfach hintereinander aus, so kann man einen „Minimalkreislauf" herstellen. Ersthelfer versuchen also, durch die Kompressionen einen Blutdruck im Gefäßsystem aufzubauen um somit den Blutkreislauf „von außen" aufrecht zu erhalten.

5 Durch die Druckmassagen kommen sowohl Körper- als auch Lungenkreislauf allmählich in Gang. Beatmungen sorgen nun dafür, dass die Lunge mit frischem Sauerstoff befüllt werden kann und dieser dem Körper zur Verfügung steht.

6. Alle benötigten Informationen zusammentragen und eine Antwort formulieren:
„Bei einem Kreislaufstillstand können Ersthelfer Betroffenen mit der Herz-Lungen-Wiederbelebung helfen. Diese setzt sich aus den beiden Maßnahmen der Herzdruckmassage und der Beatmung zusammen. Bei der Druckmassage wird Blut, welches sich gerade im Herzmuskel befindet, in den Kreislauf gepresst, während die anschließende Entlastung dafür sorgt, dass neues Blut aus den Venen ins Herz ‚eingesaugt' werden kann.
Wird durch die Herzdruckmassagen mehrmals hintereinander Blut in Körper- und Lungenkreislauf gepresst, entsteht allmählich wieder ein Blutdruck. Dieser wird benötigt, um die Zellen im Körper über das Gefäßsystem mit Sauerstoff und Nährstoffen zu versorgen. Durch die Beatmungen gelangt frischer Sauerstoff in die Lungen und steht nach dem Gasaustausch dem Kreislauf zur Verfügung.
Ersthelfer können also Leben retten, indem sie durch die Maßnahmen der Reanimation den Kreislauf von Betroffenen bis zum Eintreffen des Notarztes aufrechterhalten."

Abb. 5.3: Zusammenstellung der zur Lösung notwendigen kognitiven Operationen

A Arbeite mit deinem Sitznachbar zusammen. Erklärt euch gegenseitig, wie ihr die Aufgabenstellung verstanden habt und was ihr tun sollt.

B

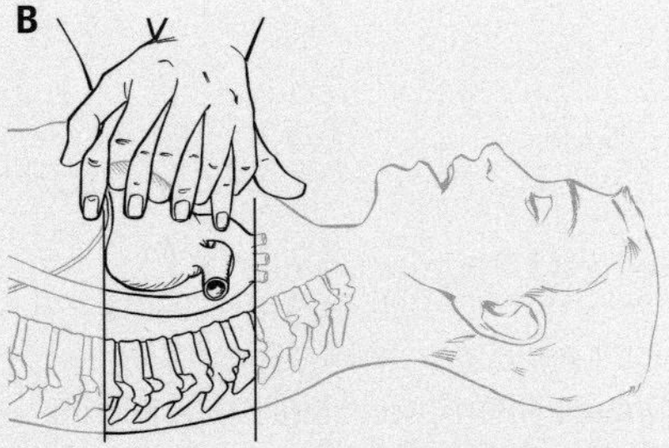

Herzstillstand – das Herz schlägt nicht mehr. Was bewirkt die Herzdruckmassage?

C

30-mal drücken und 2-mal beatmen, das sind die Maßnahmen, die Ersthelfer in Kombination durchführen sollten, um …

Warum kommt es auf diese Kombination an?

Zeichnung: Steffen Jähde, Sundhagen

Abb. 5.4: Beispiele für lernstrategische (A) und inhaltliche Hilfen (B & C)

Tipp:

Auf der Homepage von L. Stäudel finden Sie Beispielaufgaben zum Download sowie weiterführende Hinweise.

Literatur

VON AUFSCHNAITER, CLAUDIA / CAPPELL, JANINE / DÜBBELDE, GABI / ENNEMOSER, MARCO / MAYER, JÜRGEN / STIENSMEIER-PELSTER, JOACHIM / STRÄSSER, RUDOLF / WOLGAST, ANETT (2015): Diagnostische Kompetenz. Theoretische Überlegungen zu einem zentralen Konstrukt der Lehrerbildung. Zeitschrift für Pädagogik, 61, Heft 5, S. 738–758

BLÖMEKE, SIGRID / RISSE, JANA / MÜLLER, CHRISTIANE / EICHLER, DANA / SCHULZ, WOLFGANG (2006): Analyse der Qualität von Aufgaben aus didaktischer und fachlicher Sicht. Ein allgemeines Modell und seine exemplarische Umsetzung im Unterrichtsfach Mathematik. Unterrichtswissenschaft, 34, Heft 4, S. 330–357

FRIEDRICH, ILKA / FELLER, WOLFGANG / JOOS, TOBIAS A. / SPÖRHASE, ULRIKE (2016): Diagnosekompetenz erwerben. Lernaufgaben analysieren und konzipieren. Unterricht Biologie, 40, Heft 417, S. 8–14

JATZWAUK, PAUL / RUMANN, STEFAN / SANDMANN, ANGELA (2008): Der Einfluss des Aufgabeneinsatzes im Biologieunterricht auf die Lernleistung der Schüler – Ergebnisse einer Videostudie. ZfDN, 14, S. 263–283

LEISEN, JOSEF (2011): Kompetenzen diagnostizieren und fördern. Anforderungen an und Konzeption von Aufgaben zum Diagnostizieren und Fördern. Naturwissenschaften im Unterricht. Physik, 22, Heft 123/124, S. 75–81

RIEMEIER, TANJA / JANKOWSKI, MARCEL / KERSTEN, BETTINA / PACH, SABRINA / RABE, ISABEL / SUNDERMEIER, STEFAN / GROPENGIESSER, HARALD (2010): Wo das Blut fließt. Schülervorstellungen zu Blut, Herz und Kreislauf beim Menschen. ZfDN, 16, S. 77–93

STÄUDEL, LUTZ / FRANKE-BRAUN, GUDRUN / SCHMIDT-WEIGAND, FLORIAN (2007): Komplexität erhalten – auch in heterogenen Lerngruppen: Aufgaben mit gestuften Lernhilfen. CHEMKON, 14, Heft 3, S. 115–122

STÄUDEL, LUTZ (2008): Aufgaben mit gestuften Hilfen für den Biologie-Unterricht: Aufgabensammlung mit Lernhilfen in unterschiedlichen Schwierigkeitsgraden (1. Aufl.). Seelze

WEINERT, FRANZ E. (2014): Leistungsmessungen in Schulen (3. Aufl.). Weinheim, Basel

5.2 Lernen aus Fehlern

PHILIPP SCHMIEMANN

Was ist das?

Typische Schülerfehler werden konstruktiv für den Lernprozess genutzt.

Wozu ist das gut?

Durch die Auseinandersetzung mit den eigenen Fehlern und den Fehlern anderer können Anlässe für ein intensives Lernen geschaffen werden (vgl. z. B. HAMMANN 2003; SPÖRHASE 2012). Schüler haben die Möglichkeit, sogenanntes negatives Wissen, d. h. Wissen, wie etwas nicht ist, aufzubauen (vgl. OSER u. a. 1999). Dieses Abgrenzungswissen kann als Ausgangspunkt für den Aufbau korrekter Wissensstrukturen genutzt werden.

Welches sind die Voraussetzungen?

Für eine gezielte Auseinandersetzung mit Fehlern müssen typische Fehler aus dem Unterricht bekannt sein. Sie dienen zunächst als Ansatzpunkte für die Beschäftigung mit fremden Fehlern, bevor eigene Fehler analysiert werden. Da der Umgang mit Fehlern im Allgemeinen stark emotional belastet ist, muss eine Atmosphäre einer wertschätzenden Fehlerkultur hergestellt werden (vgl. GULDIMANN/ZUTAVERN 1999). Dafür ist es besonders wichtig, eine klare Trennung von Lernsituationen, in denen Fehler gemacht werden dürfen, und Leistungssituationen vorzunehmen.

Wie geht das?

Phase	Inhalt	Wer/ Sozialform
1. Vorbereiten	Schwachstellen antizipieren: ■ Bekannte Fehler werden zusammengetragen und entsprechende Aufgaben konstruiert.	Lehrer
2. Durchführen	Aufgaben bearbeiten: ■ Schüler bearbeiten einige vom Lehrer vorbereitete Aufgaben (s. o.), bei denen erfahrungsgemäß häufig bestimmte Fehler auftreten.	Einzelarbeit
	Fremde Fehler finden: ■ Schüler erhalten vorbereitete Beispiele von Schülerantworten auf diese oder ähnliche Aufgaben. Diese enthalten typische Fehler, die von den Schülern gefunden werden sollen (Beispiel Abb. 5.4).	Einzelarbeit
	Austausch über gefundene fremde Fehler: ■ Partner tauschen sich über die aufgedeckten Fehler aus und ergänzen ihre Funde wechselseitig.	Partnerarbeit
	Eigene Fehler finden: ■ Gemeinsam suchen die Partner die eigenen Fehler in den anfangs bearbeiteten Aufgaben.	Partnerarbeit
3. Auswerten	Fehler publik machen: ■ Die gefundenen Fehler werden gesammelt. Gemeinsam und mithilfe des Lehrers wird eine Liste der Fehler und der richtigen Lösungen erstellt.	Klasse
	Sich den eigenen Lernweg bewusst machen: ■ Jeder Schüler formuliert für sich seinen Kompetenzzuwachs.	Einzelarbeit

Beispiel: Abb. 5.5 zeigt ein Arbeitsblatt zum Finden fremder Fehler, die für die Fotosynthese typisch sind (vgl. HASLAM/TREAGUST 1987).

ARBEITSBLATT

Beschreibe die Fotosynthese.
Nenne dabei die Ausgangsstoffe und die Produkte.
In den folgenden Aussagen haben Schüler die Fotosynthese beschrieben.

Lies dir die Aussagen genau durch und entscheide, ob sie richtig oder falsch sind. Begründe deine Entscheidungen.

- Bei der Fotosynthese wird aus Kohlendioxid Zucker hergestellt.
  Fehler:
  Wasser, Sauerstoff und Lichtenergie fehlen.
  Richtig ist:
  Bei der Fotosynthese werden aus Kohlendioxid und Wasser unter Einwirkung von Lichtenergie Zucker und Sauerstoff hergestellt.
- In der Fotosynthese stellen die Pflanzen Chlorophyll her.
  Fehler:
  Chlorophyll wird nicht während der Fotosynthese hergestellt.
  Richtig ist:
  Chlorophyll ermöglicht die Fotosynthese nur.
- Bei der Fotosynthese wandeln Pflanzen Zucker in Energie um.
  Fehler:
  Bei der Fotosynthese wird Zucker nicht in Energie umgewandelt.
  Richtig:
  Bei der Fotosynthese wird mithilfe von Lichtenergie u. a. Glucose, ein Zucker, hergestellt.

Abb. 5.5: Beispiel für ein Arbeitsblatt zum Finden fremder Fehler (mit Antworten)

Weiterarbeit:

Wenn die Schüler über eine Sensibilität für das Lernen aus Fehlern verfügen und eine positive Fehlerkultur etabliert ist, können Schülerfehler auch spontan berücksichtigt werden. Zum Beispiel kann bei falschen Schüleräußerungen im Unterrichtsgespräch nach den Ursachen geforscht werden (vgl. HAMMERER 2001). Dabei ist es hilfreich, sich die zugrunde liegenden Gedankengänge erklären zu lassen. Dazu werden alle Überlegungen und Gedankengänge laut ausgesprochen. Dieses erfordert von allen Beteiligten Feingefühl, da hierbei persönliche Fehler publik gemacht werden.

Variationen:
Die Suche nach den eigenen Fehlern kann auch in Einzelarbeit durchgeführt werden. Diese Variante empfiehlt sich eher, wenn zu befürchten ist, dass die Partner nicht konstruktiv zusammenarbeiten können. Allerdings eröffnet der Austausch mit einem Partner zusätzliche Perspektiven und unterstützt den Aufbau einer öffentlichen Fehlerkultur.

Bemerkungen:
Die Suche nach fremden Fehlern wirkt meist sehr motivierend auf die Schüler. Beim Wechsel in eine Partnerarbeitsphase ist unbedingt darauf zu achten, dass diese Begeisterung nicht zu Herabsetzungen oder übermäßiger Kritik der Klassenkameraden führt.

Partner- oder Kleingruppenarbeit verringert im Gegensatz zum Klassengespräch die Wahrscheinlichkeit von Blamage und Peinlichkeit, da Schüler gegenüber Klassenkameraden Fehler eher zugeben als gegenüber dem Lehrer (vgl. GULDIMANN/ZUTAVERN 1999). Anfangs empfiehlt sich eine Zusammenarbeit mit Mitschülern, zu denen ein positives Verhältnis besteht.

Tipp: Es empfiehlt sich, charakteristische Fehler zu sammeln und in späteren Jahren zu verwenden. Auch Schülervorstellungen können als Ansatzpunkte für ein Lernen aus Fehlern genutzt werden (vgl. HAMMANN/ASSHOFF 2012, KATTMANN 2015).

Was ist meine Aufgabe als Lehrer?
Beim Lernen aus Fehlern fungiert der Lehrer als Lernberater. Er signalisiert den Schülern, dass Fehler etwas Positives sein können. Er gibt Hinweise, wie die Fehler selbst aufgedeckt und analysiert werden können, und nutzt Fehler, um Lernprozesse anzuregen. Außerdem zeigt er Möglichkeiten auf, wie sich die Lernenden gegenseitig weiterhelfen können.

Die zweite wichtige Aufgabe des Lehrers ist es, eine wertschätzende und konstruktive Atmosphäre herzustellen, in der Fehler positiv genutzt werden können (s. o.). Der Lehrer sollte dabei mit gutem Beispiel vorangehen und offensiv mit seinen eigenen Fehlern umgehen.

Literatur

GULDIMANN, TITUS / ZUTAVERN, MICHAEL (1999): „Das passiert uns nicht noch einmal!". Schüler lernen gemeinsam den bewussten Umgang mit Fehlern. In: ALTHOF, WOLFGANG (Hrsg.): Fehlerwelten. Vom Fehlermachen und Lernen aus Fehlern. Opladen, S. 233–258

HAMMANN, MARCUS (2003): Aus Fehlern lernen. In: Unterricht Biologie 27, Heft 287, S. 31–35

HAMMANN, MARCUS / ASSHOFF, ROMAN (2012): Schülervorstellungen im Biologieunterricht. Seelze

HAMMERER, FRANZ (2001): Der Fehler – eine pädagogische Schlüsselsituation und Herausforderung. In: Erziehung und Unterricht, S. 37–51

HASLAM, FILOCHA / TREAGUST, DAVID F. (1987): Diagnosing secondary students' misconceptions of photosynthesis and respiration in plants using a two-tier multiple choice instrument. In: Journal of Biological Education 21, Heft 3, S. 203–211

KATTMANN, ULRICH (2015): Schüler besser verstehen. Alltagsvorstellungen im Biologieunterricht. Hallbergmoos

OSER, FRITZ / HASCHER, TINA / SPYCHIGER, MARIA (1999): Lernen aus Fehlern. Zur Psychologie des negativen Wissens. In: ALTHOF, WOLFGANG (Hrsg.): Fehlerwelten. Vom Fehlermachen und Lernen aus Fehlern. Opladen, S. 11–42

SPÖRHASE, ULRIKE (2012): Wie lässt sich Unterrichtserfolg ermitteln? In: SPÖRHASE, ULRIKE (Hrsg.): Biologie-Didaktik. Praxishandbuch für die Sek. I und II. Berlin, S.273–299

5.3 Ethisches Bewerten im Biologieunterricht

KATJA FEIGENSPAN UND CORINNA HÖSSLE

Was ist das?

Ethisch relevante und kontrovers diskutierte Sachverhalte aus den Bereichen Biotechnik, Tierhaltung oder Biomedizin werden unter Anleitung kritisch reflektiert und fundiert beurteilt (vgl. EGGERT/HÖSSLE 2006).

Wozu ist das gut?

Die Methode bietet einen strukturierten Zugang zur Erschließung und Bearbeitung bioethischer Dilemmata. Die Schüler lernen in einem Step- by-Step-Prozess, wie man ein solches Dilemma reflektiert beurteilt, und werden dazu angeleitet, unter Berücksichtigung aller zu beachtenden Aspekte ein eigenständiges, gut begründetes Urteil zu formulieren (Abb. 5.6). Die Methode fördert gezielt die Bewertungskompetenz und die Kommunikationskompetenz. Beim ersten Einsatz ist sie zwar recht zeitaufwändig, erspart dann jedoch bei der Konfrontation mit weiteren Dilemmata langwierige Anleitungen zur Herangehensweise an das jeweilige bioethische Problemfeld.

Welches sind die Voraussetzungen?

Prinzipiell ist die Methode modifiziert in allen Klassenstufen einsetzbar. In den unteren Klassenstufen sollte auf die kognitiv sehr anspruchsvollen Teilelemente von Bewertungskompetenz verzichtet und eine vereinfachte Definition einzelner Begrifflichkeiten benutzt werden (s. Variationen).

Wie geht das?

Phase	Inhalt	Wer/ Sozialform
1. Vorbereiten	Ein geeignetes bioethisches Dilemma sowie Hintergrundinformationen zur angesprochenen Thematik heraussuchen. Die Tabelle „Teilelemente/Reflexionsaufgaben" mehrfach kopieren, entlang der waagerechten Zeilen in Einzelelemente zerschneiden.	Lehrkraft
2. Durchführen	Jeder Schüler zieht verdeckt ein Teilelement. Die Gruppen bilden sich. Pro Gruppe muss jedes Teilelement einmal vorhanden sein. Die Gruppe tauscht sich über Teilelemente und Reflexionsaufgaben aus. Leiter jeder Teildiskussion ist die Person, die das betreffende Teilelement gezogen hat.	Klasse/ Gruppenarbeit
3. Auswerten	Einige Gruppen tragen ihre Ergebnisse vor, die anderen ergänzen.	Klasse/ Gruppenarbeit

Beispiel: Die Methode ist überall dort sinnvoll einsetzbar, wo sich Anknüpfungspunkte für eine ethische Reflexion im Biologieunterricht ergeben.

Als Beispiele für ältere Jahrgänge bieten sich z. B. die kontrovers diskutierten Themen wie pränatale Diagnostik, Präimplantationsdiagnostik, embryonale Stammzellforschung, Sterbehilfe und Grüne Gentechnik an. Beispielhafte Themenfelder für jüngere Jahrgänge wären z. B. Haus- und Nutztierhaltung oder Organspende.

Variationen:

Variation 1:

Wenn die Lerngruppe noch unsicher im Umgang mit den Teilelementen ist, sollten z. B. das Element Argumentieren weggelassen und schwierige Begrifflichkeiten ersetzt werden (z. B. „Normen" durch „Verhaltensvorschriften" oder „Werte" durch „Was ist wichtig?").

Variation 2:

Die Methode lässt sich auch in Partnerarbeit umsetzen, wobei im Zweierdiskurs alle Teilelemente bearbeitet werden.

Teilelemente	Reflexionsaufgaben
Wahrnehmen und Bewusstmachen moralisch-ethischer Relevanz	Worin liegt das (moralisch relevante) Problem in dem Dilemma? Warum haben die jeweiligen Hauptprotagonisten Schwierigkeiten, sich zu entscheiden?
Wahrnehmen und Bewusstmachen der Quellen der eigenen Einstellung	Welche Komponenten und Einflüsse spielen bei der Ausbildung verschiedener Meinungen eine Rolle? Wonach entscheidet sich, wer recht hat? Wie sehen Beispiele für Institutionen und deren Positionen in dem beschriebenen Dilemma aus?
Beurteilen	Was ist an beschreibenden (deskriptiven) Informationen über den Sachverhalt bekannt? Welche (normativen) Gründe sprechen für, welche gegen eine jede mögliche Handlung? Welche Werte und Normen sind in diesem Sachverhalt inwiefern angesprochen?
Folgenreflexion	Welche Folgen hätte jede mögliche Handlung für alle Betroffenen? Welche universalen Folgen für die Gesellschaft sind vorstellbar, wenn viele so handeln würden?
Perspektivenwechsel	Wer ist inwiefern von einer jeden möglichen Handlung betroffen? Wie fühlen sich die Betroffenen?
Argumentieren	Wie sehen Pro- und Kontra-Argumente im Sinne einer formalen ethischen Argumentation (praktischer Syllogismus) aus? Wie sähe in diesem thematischen Zusammenhang ein Sein-Sollen-Fehlschluss aus?
Ethisches Basiswissen	Was sind zentrale Schlüsselbegriffe in dem Dilemma und was bedeuten sie? (Beispiele: Moral, Norm, Wert, Menschenwürde, Glück, Verantwortung). Was wäre im Hinblick auf das Dilemma eine konsequenzialistische (folgenorientierte) und was wäre eine deontologische (werte-/prinzipienorientierte) Argumentation?
Urteilen	Wie sieht euer persönlich begründetes Urteil in diesem Sachverhalt aus?

Abb. 5.6: Elemente und Aufgaben zur ethischen Bewertung

Tipps:

- Bei der Einführung der Methode sind eine ausführliche Reflexion über Begrifflichkeiten (z. B. Moral, Wert) und eine Einarbeitung in zentrale ethische Positionen (Deontologie, Konsequenzialismus) sowie den praktischen Syllogismus notwendig.
- Es kann eine feste Reihenfolge in der Bearbeitung der Teilelemente vorgegeben werden. Alternativ kann man die Aushandlung auch den Schülern überlassen.
- Üben Sie die Reflexion der Teilelemente regelmäßig mit den Schülern ein.

Was ist meine Aufgabe als Lehrkraft?

Unerlässlich ist für eine naturwissenschaftliche Lehrkraft eine fundierte Einarbeitung in moralisch-ethische Begründungsstrategien, in Bewertungskompetenz und in die Grundlagen der Bioethik. Bei einer solchen Vorbereitung hilft die Lektüre elementarer Literatur (z. B. Bögeholz u. a. 2004; Pieper 2007; Prüfer/Stollorz 2003; Reitschert/Hössle 2007; Reitschert 2009, 2012). Die zentrale Aufgabe der Lehrkraft besteht darin, zu einer vertieften, reflektierten ethischen Auseinandersetzung anzuleiten. Als stimulierende Haltung bietet es sich an, gegenüber den Schülern die Position des „advocatus diaboli" einzunehmen, d. h. jedes vorgebrachte Argument mit einem Gegenargument zu entkräften. Zum einen bleibt man damit bezüglich der eigenen Verortung intransparent. Zum anderen fordert man die Schüler heraus, ihre Argumentationen zu überdenken und zu verbessern.

Literatur

Bögeholz, Susanne / Hössle, Corinna / Langlet, Jürgen / Sander, Elke / Schlüter, Kirsten (2004): Bewerten – Urteilen – Entscheiden im biologischen Kontext: Modelle in der Biologiedidaktik. In: Zeitschrift für Didaktik der Naturwissenschaften 10, S. 89–115

Eggert, Sabina / Hössle, Corinna (2006): Bewertungskompetenz im Biologieunterricht. Praxis der Naturwissenschaften – Biologie in der Schule 55, Heft 1, S. 1–10

Hössle, Corinna / Alfs, Neele (2016): Doping, Gentechnik, Zirkustiere. Bioethik im Unterricht. Köln

Pieper, Annemarie (2007): Einführung in die Ethik. 6. überarbeitete und erweiterte Auflage. Tübingen und Basel

Prüfer, Thomas / Stollorz, Volker (2003): Bioethik, Hamburg

Reitschert, Katja (2009): Ethisches Bewerten im Biologieunterricht. Eine qualitative Untersuchung zur Strukturierung und Ausdifferenzierung von Bewertungskompetenz in bioethischen Sachverhalten bei Schülern der Sekundarstufe I. Hamburg

Reitschert, katja (2012): Ethisches 1 x 1 für naturwissenschaftliche Lehrkräfte. MNU 65, Heft 3, S. 160–167

Reitschert, Katja / Hössle, Corinna (2007): Wie Schüler ethisch bewerten – Eine qualitative Untersuchung zur Strukturierung und Ausdifferenzierung von Bewertungskompetenz in bioethischen Sachverhalten bei Schülern der Sek. I. In: Zeitschrift für Didaktik der Naturwissenschaften 13, S. 125–143.

5.4 Aufgaben zur Förderung der Bewertungskompetenz

SABINA EGGERT, INKEN BARFOD-WERNER UND SUSANNE BÖGEHOLZ

Was ist das?

Bewertungskompetenz beschreibt die Fähigkeit, Problem- und Entscheidungssituationen angewandter Naturwissenschaften zu bearbeiten, z. B. die der zukunftsfähigen und nachhaltigen Entwicklung unserer Erde. Dabei müssen verschiedene Entscheidungsmöglichkeiten bzw. Handlungsoptionen bewertet, d. h. systematisch miteinander verglichen werden, um zu einer begründeten Entscheidung zu gelangen.

Wozu ist das gut?

Viele Probleme angewandter Naturwissenschaften lassen sich nicht mehr nur auf der Basis naturwissenschaftlichen Wissens lösen, sondern müssen unter Berücksichtigung vielfältiger gesellschaftlicher Implikationen betrachtet werden.

Typischerweise weisen derartige Probleme keine einzige richtige, sondern mehrere gleichwertige Lösungen auf und sind naturwissenschaftlich sowie gesellschaftlich komplex (BÖGEHOLZ/BARKMANN 2005). Methoden zur Förderung systematischen Bewertens und Entscheidens sollen Schüler bei der Bearbeitung dieser komplexen Probleme unterstützen.

Welches sind die Voraussetzungen?

Bewertungsaufgaben können generell in jeder Klassenstufe eingesetzt werden, sollten jedoch in ihrer Komplexität und Thematik angepasst sein. Bei der Bearbeitung von Bewertungsaufgaben wird immer ein gewisses Maß an Fachwissen vorausgesetzt. Ohne fachliche Grundlage können keine begründeten Entscheidungen in Fragen angewandter Naturwissenschaften getroffen werden.

Das Maß an Vorwissen hängt dabei von der Komplexität der Bewertungsaufgabe ab. Außerdem sind nicht alle naturwissenschaftlichen Themen für eine Bewertung geeignet. Es bieten sich Themen zur nachhaltigen Entwicklung an. Im Kern geht es bei diesen Themen, die oftmals Problem- und Entscheidungssituationen repräsentieren, um die Entwicklung ökologisch und ökonomisch tragfähiger sowie sozial gerechter Lösungen und um das Bestreben, die Grundbedürfnisse jetziger und zukünftiger Generationen zu sichern.

Bei der Auswahl und Aufbereitung geeigneter Situationen ist vor allem die Lehrkraft gefragt.

Wie geht das?

Phase	Inhalt	Wer/Sozialform/Methode
1. Problemsituation auswählen und aufbereiten	Berücksichtigung folgender Aspekte: ■ Das Problem berührt ein Thema angewandter Naturwissenschaften (z. B. Umwelt- und Naturschutz, Nachhaltige Entwicklung, Globales Lernen). ■ Das Problem beinhaltet biologische bzw. ökologische, wirtschaftliche und soziale Aspekte. Zwischen diesen Bereichen besteht Konfliktpotenzial. ■ Es gibt nicht eine einzige, sondern mehrere Handlungsoptionen. ■ Handlungsoptionen weisen Vor- und Nachteile auf.	Lehrer
2. Problemsituation präsentieren und beschreiben	■ Lehrkraft präsentiert die Problemsituation mit verschiedenen Handlungsoptionen. ■ Schüler beschreiben die Problemsituation mit eigenen Worten und benennen relevante Bewertungskriterien.	Lehrer/ Plenum
3. Informationen suchen und verarbeiten	■ Schüler suchen und verarbeiten kriteriengeleitet relevante Informationen, um Handlungsoptionen prüfen zu können. ■ Dabei werden Informationen zu ökologischen, ökonomischen und sozialen Aspekten recherchiert. ■ Am Ende dieser Phase stehen allen Schülern die Informationen zu allen Handlungsoptionen zur Verfügung.	arbeitsteilige Gruppenarbeit oder Gruppenpuzzle

4. Bewerten und Entscheiden	Die verschiedenen Handlungsoptionen werden unter Berücksichtigung der erarbeiteten Informationen kriteriengeleitet miteinander verglichen. Dabei werden … ▪ Bewertungskriterien benannt und nach Wichtigkeit geordnet. ▪ ungeeignete Handlungsoptionen ausgeschlossen. ▪ geeignete Handlungsoptionen anhand der Kriterien miteinander verglichen. ▪ eine Entscheidung für eine Handlungsoption bzw. eine Kombination mehrerer Optionen getroffen.	Einzel- oder Gruppenarbeit
5. Reflektieren	Präsentieren der getroffenen Entscheidung sowie des Entscheidungsprozesses. Wichtige Aspekte für die Reflexion sind: ▪ Unterschiede in den Entscheidungen und in der Vorgehensweise diskutieren. ▪ Eventuelle Fehler in der Verarbeitung der Informationen oder im Entscheidungsprozess diskutieren.	Plenum

Beispiel:

1. Problemsituation präsentieren und beschreiben

Foto: Sabina Eggert

Abb. 5.7: Mühlenbach in der Gemeinde Kleinbeck

Der Mühlenbach in der Gemeinde Kleinbeck befindet sich in einem schlechten ökologischen Zustand. Besonders bei der Strukturgüte besteht Handlungsbedarf. Freizeit- und Erholungsmöglichkeiten sind kaum vorhanden. Die Gemeinde möchte den Bach verändern und damit attraktiver gestalten. Folgende Handlungsoptionen sind denkbar:

A: Mäandrierung des Flusslaufes

B: Anlegen eines Wasserspielplatzes

C: Anlegen von Hobbyforellenteichen

D: … (Weitere Möglichkeiten, die von den Schülern selbst entwickelt werden.)

2. Informationen suchen und verarbeiten

Möglichkeiten / Kriterien	Mäandrierung	Wasserspielplatz	Forellenteiche	…
Strukturgüte				
Gewässergüte				
Kosten				
Freizeit- und Erholungsnutzen				
…				

Zusammenstellung der Informationen anhand der Kriterien für alle Handlungsoptionen.

3. Bewerten und Entscheiden

- Bewertungskriterien gewichten
- Handlungsoptionen anhand der Bewertungskriterien auf der Basis der gesammelten Informationen vergleichen
- Treffen einer Entscheidung

4. Reflektieren

- Für welche Handlungsoptionen habt ihr euch entschieden? Begründet eure Entscheidung.
- Welche Bewertungskriterien waren euch sehr wichtig, welche waren euch weniger wichtig?
- Wie habt ihr die Handlungsoptionen miteinander verglichen?
- Wodurch kommen unterschiedliche Entscheidungen zustande?

- Welche Aspekte findet ihr an eurer Vorgehensweise gut, welche würdet ihr ändern?
- (ausführliche Darstellung in: EGGERT u. a. 2008)

Tipp: In der Bewertungs- und Entscheidungsphase lassen sich verschiedene Unterstützungsmaßnahmen einsetzen. Zum einen kann das Gewichten der Bewertungskriterien sowie das anschließende Vergleichen von Handlungsoptionen durch eine Bewertungstabelle unterstützt werden (vgl. EGGERT u. a. 2008). In anderen Problem- und Entscheidungssituationen, die z. B. durch ein hohes Maß an Unsicherheit charakterisiert sind, ist eine verbal-argumentative Vorgehensweise geeigneter.

Variationen:

Variation 1: In dem Beispiel „Mühlenbach" sind die Handlungsoptionen vorgegeben. Es ist aber genauso gut möglich, die Entscheidungsmöglichkeiten von den Schülern selbst entwickeln zu lassen (vgl. auch BÖGEHOLZ 2006). Diese Vorgehensweise ist vor allem für ältere Schüler geeignet (vgl. auch (EGGERT u. a. 2012). Auch die Aufgabe „Mühlenbach" lässt sich dahingehend erweitern.

Variation 2: In dem Beispiel „Mühlenbach" sind drei gleichwertige Handlungsoptionen gegeben. Schüler müssen hierbei alle Möglichkeiten in der Bewertungs- und Entscheidungsphase miteinander vergleichen. Es gibt jedoch auch die Möglichkeit, eine oder mehrere Handlungsoptionen vorzugeben, die von den Schülern ausgeschlossen werden müssen, da sie beispielsweise zentrale ökologische Aspekte bei der Lösung eines Problems nicht erfüllen (vgl. auch Bewertungsaufgabe „Forellenzucht" in LÜCKEN/SCHROETER 2008). In diesem Fall ist ein zweischrittiges Verfahren am besten: 1. Ausschließen ungeeigneter Handlungsoptionen und 2. Vergleichen der übriggebliebenen Optionen.

Literatur

BÖGEHOLZ, SUSANNE / BARKMANN, JAN (2005): Rational choice and beyond: Handlungsorientierende Kompetenzen für den Umgang mit faktischer und ethischer Komplexität. In: RAINER KLEE / ANGELA SANDMANN / HELMUT VOGT (Hrsg.), Lehr- und Lernforschung in der Biologiedidaktik, Bd. 2. Innsbruck, S. 211–224

BÖGEHOLZ, SUSANNE (2006): Explizit Bewerten und Urteilen – Beispielkontext Streuobstwiese. Praxis der Naturwissenschaften – Biologie in der Schule 55, Heft 1, S. 17–24

EGGERT, SABINA / BARFOD-WERNER, INKEN / BÖGEHOLZ, SUSANNE (2008): Entscheidungen treffen – wie man vorgehen kann. Unterricht Biologie 32, Heft 336, S. 13–18

EGGERT, SABINA / OSTERMEYER, FRAUKE / BÖGEHOLZ, SUSANNE (2012): Rein pflanzlich, aber auch schädlich? Unterricht Biologie 36, Heft 377/8, S. 43–50

LÜCKEN, MARKUS / SCHRÖTER, BURKHARD (Hrsg.) (2008): Aufgaben. bik biologie im kontext. Veröffentlicht als CD. Kiel

5.5 Aufgaben zur Erkenntnisgewinnung

Burkhard Schroeter

Was ist das?

Aufgaben zur Förderung der Schüler im Kompetenzbereich Erkenntnisgewinnung lassen sich schwerpunktmäßig unter kriteriengeleitetes Beobachten und Vergleichen, hypothesengeleitetes Experimentieren sowie Modellbildung zusammenfassen (KMK 2005). Die Förderung der Kompetenzen der Schüler beschränkt sich jedoch nicht auf das reine Anwenden von naturwissenschaftlichen Arbeitstechniken. Vielmehr geht es um das Verständnis und um das eigenständige Verfolgen des naturwissenschaftlichen Erkenntnisweges mit seinen zentralen Aspekten wie der Formulierung einer Hypothese, der Planung und Durchführung eines Experiments, das geeignet ist, die Hypothese zu verifizieren oder zu widerlegen, sowie der anschließenden Deutung der Beobachtungen (s. auch Teil II, 2.2; veröffentlichte Aufgaben zum Kompetenzbereich Erkenntnisgewinnung finden sich bei Lücken/Schroeter 2008).

Wozu ist das gut?

Aufgaben, die dem Aufbau von Kompetenzen im Bereich der Erkenntnisgewinnung (KMK 2005) dienen, können zum einen Lernaufgaben sein, anhand derer Schüler diese Kompetenzen (weiter-)entwickeln. Zum anderen können es Aufgaben sein, die die Lehrkraft bei der Diagnose und Rückmeldung des jeweiligen Kompetenzstandes des individuellen Lernenden unterstützen. Entsprechend diesen Funktionen sind die jeweiligen Aufgaben unterschiedlich ausgestaltet.

Welches sind die Voraussetzungen?

Aufgaben zur Förderung der Kompetenzen im Bereich Erkenntnisgewinnung können in allen Klassenstufen eingesetzt werden. Bereits in der Primarstufe können Schüler lernen, Hypothesen anhand einfacher Experimente zu überprüfen. Komplexere Aufgaben erfordern jedoch häufig ein größeres Maß an praktisch-experimentellen Fähigkeiten, die unter Berücksichtigung von Sicherheitsaspekten erst in höheren Klassenstufen eingesetzt werden können.

Die praktische Übung von experimentellen Fertigkeiten der Schüler ist also eine wichtige Voraussetzung für viele Aufgaben im Kompetenzbereich Erkenntnisgewinnung. Soll die Beherrschung bereits erlernter Kompetenzen überprüft oder rückgemeldet werden, müssen diese im vorangegangenen Unterricht gezielt gefördert worden sein.

Wie geht das?

Soll eine neue Aufgabe entwickelt werden, stellt sich zuerst die Frage, welche Kompetenz(en) oder Teilkompetenz(en) gezielt gefördert werden soll(en). Als Nächstes muss festgelegt werden, welcher Inhalt zur Entwicklung der ausgewählten Kompetenz geeignet ist. Bestimmte Lehrplanthemen eigenen sich besser, den Kompetenzbereich Erkenntnisgewinnung zu trainieren, da einfache Experimente möglich sind, die ohne einen hohen apparatetechnischen Aufwand entwickelt und durchgeführt werden können. Dazu gehören z. B. Themen aus der Ökologie, Fotosynthese und Atmung wie auch der Ernährung. Aufgaben haben ihren Schwerpunkt meist in einem Kompetenzbereich. Daneben werden jedoch häufig auch Teilkompetenzen aus anderen Kompetenzbereichen gefördert. Beim Experimentieren sind dies z. B. die Förderung von Kommunikationskompetenz (aufgrund der Sozialformen Partner- oder Gruppenarbeit). Werden Experimente als Mittel zur Erkenntnisgewinnung im Unterricht eingesetzt, kann nach dem POE-Schema (prediction – observation – explanation) vorgegangen werden (WHITE/GUNSTONE 1992; Teil II, 2.5).

Diese Vorgehensweise zur Aufgabenentwicklung im Kompetenzbereich Erkenntnisgewinnung soll an folgendem Beispiel verdeutlicht werden.

Beispiel:

Forscherfrage:

- Was passiert bei der Umwandlung von Schlagsahne zu Butter?
- Welche Kompetenzen werden mit dieser Aufgabe gefördert?

Kompetenz Erkenntnisgewinnung	Die Schüler … ■ führen Untersuchungen mit geeigneten qualifizierenden oder quantifizierenden Verfahren durch. (E5) ■ planen einfache Experimente, führen die Experimente durch und/oder werten sie aus. (E 6) ■ wenden Schritte aus dem experimentellen Weg der Erkenntnisgewinnung an. (E 7) ■ analysieren Wechselwirkungen mithilfe von Modellen. (E 9)
Kompetenz Kommunikation	Die Schüler kommunizieren und argumentieren in verschiedenen Sozialformen. (K 1)

Anmerkung:

Die Abkürzungen E5 usw. beziehen sich auf die Teilkompetenzen der Kompetenzbereiche Erkenntnisgewinnung (E) und Kommunikation (K) (KMK 2005).

Bei der Behandlung des Themas „Gesunde Ernährung" sind die Nährstoffe und ihre physikalisch-chemischen Eigenschaften von besonderer Bedeutung. Hier sind im Unterricht Schnittmengen zwischen Biologie- und Chemieunterricht offensichtlich. Die experimentelle Untersuchung der Eigenschaften der Nährstoffe bietet sich so auch als fächerübergreifender Unterricht an.

Milch, Sahne/Schlagsahne und Butter sind bekannte und alltägliche Nahrungsmittel. Schülern ist jedoch in der Regel nicht bewusst, dass Sahne aus Milch gewonnen wird und dass man Butter durch Schlagen von Sahne erzeugen kann.

ARBEITSAUFTRAG

Formuliert eine Hypothese darüber, was bei der Umwandlung von Schlagsahne zu Butter passiert.

Entwickelt dann einen experimentellen Nachweis dieser Hypothese.
Dabei stehen euch folgende Materialien zur Verfügung:

- Milch
- Sahne, geschlagene Sahne
- selbst hergestellte Butter
- gekaufte Butter
- die Farbstoffe Methylenblau und Sudanrot
- Bechergläser, Glasstäbe und Spatel

Abb. 5.8: Tafelbild zum Arbeitsauftrag

Unterrichtsphase	Material und Medien	Möglicher Unterrichtsverlauf	POE (prediction – observation – explanation)
Einführung	Milchprodukte	L. zeigt diverse Milchprodukte, S. nennen anhand der Packungsbeschriftungen wesentliche Bestandteile.	
Problematisierung	Fotos	L. problematisiert die Zusammensetzung von Milch, Butter und Sahne und die Herstellung von Butter aus Kuhmilch. Hier kann auch eine mikroskopische Untersuchung von Milch durchgeführt werden.	

Erarbeitung 1	diverse Materialien und Chemikalien	L. fordert S. auf, Butter aus Sahne selbst herzustellen, und hält eine Ablaufskizze des Versuchs nach Schülervorschlägen an der Tafel fest. S. führen Versuch durch und nehmen entsprechende Proben.	Triff eine Vorhersage, begründe sie und plane ein Experiment: Predict 1 (Abb. 5.8)
Auswertung 1	OHP/ Folie	S. beschreiben ihre Beobachtungen. Benennen die S. bei der Butter einen flüssigen Zusatz, wird dieser als Buttermilch identifiziert.	Beschreibe deine Beobachtung: Observe 1
Erarbeitung 2		L. fragt: „Was ist passiert?" L. gibt kurze Erläuterung zu Sudanrot und Methylenblau. L. gibt Sudanrot und Methylenblau zu den Stoffen Wasser, Alkohol, Speiseöl, Benzin und rührt um. S. beschreiben ihre Beobachtung und formulieren, dass Methylenblau sich gut in polaren Stoffen löst und Sudanrot sich vor allem in unpolaren Stoffen und in Alkohol löst, aber nicht in Wasser. S. formulieren in den Tischgruppen Hypothesen und entwickeln selbstständig einen Farbtest.	Vergleiche deine Beobachtung mit der Vorhersage: Explain 1 Triff eine Vorhersage, begründe sie und plane ein Experiment: Predict 2
Auswertung 2 und Sicherung	Tafel	S. benennen Hypothesen und beschreiben ihre Vorgehensweise. S. diskutieren, warum die selbst hergestellte Butter teilweise blau u. teilweise rot gefärbt ist. S. erläutern, dass sich das Mengenverhältnis Fett zu Wasser verändert haben muss.	Beschreibe deine Beobachtung: Observe 2 Vergleiche deine Beobachtung mit der Vorhersage: Explain 2 (Abb. 5.9)

		L. führt die Begriffe „Öl-in-Wasser-", „Wasser-in-Öl-Emulsion" und „Emulsionsumkehr" ein. Die S. benennen weitere Lebensmittel, die Emulsionen aus Fett und Wasser darstellen, z. B.Majonäse.	

Herstellung von Butter aus Sahne

Sahne → Probe entnehmen und beschriften
↓
Schlagsahne → Probe entnehmen und beschriften
↓
Butter → Probe entnehmen und beschriften

*„Öl-in-Wasser" – Emulsion**	*„Wasser-in-Öl" – Emulsion*
Milch	
Sahne	
Schlagsahne —Emulsionsumkehr→	Butter

Beim Schlagen von Sahne zu Butter findet eine Emulsionsumkehr statt.

***Emulsion:** Feinste Verteilung zweier Flüssigkeiten ineinander, die normalerweise nicht mischbar sind.

Abb. 5.9: Ergebnis-Tafelbild

Literatur

Lücken, Markus / Schroeter, Burkhard (Hrsg.) (2008): Aufgaben. bik biologie im kontext. Veröffentlicht als CD, Kiel

KMK (Hrsg.) (2005): Bildungsstandards im Fach Biologie für den Mittleren Schulabschluss. Beschluss vom 16.12.2004. München, Neuwied

White, Richard / Gunstone, Richard (1992): Probing Understanding. London

Autorinnen und Autoren

INKEN BARFOD-WERNER ist Lehrerin an der Goetheschule in Einbeck, Ausbilderin am Studienseminar in Göttingen und Fachberaterin für Biologie, Landeschulbehörde Braunschweig.

PROF. DR. SUSANNE BÖGEHOLZ leitet die Abt. Didaktik der Biologie an der Georg-August-Universität Göttingen.

RONJA BROSZEHL ist wissenschaftliche Mitarbeiterin und Doktorandin am Institut für Biologiedidaktik an der Universität zu Köln.

DR. FLORIAN BÖTTCHER ist Lehrer am Artland-Gymnasium Quakenbrück.

KARSTEN DAMERAU ist Akademischer Rat in der Arbeitsgruppe Zoologie und Didaktik der Biologie an der Bergischen Universität Wuppertal.

JONAS DIETER ist Lehrbeauftragter für Biologie am GWHRS Seminar Rottweil und Lehrer an der Realschule Trossingen.

DR. SABINA EGGERT ist wissenschaftliche Mitarbeiterin in der Abt. Didaktik der Biologie und Koordinatorin des Schlözer Programms Lehrerbildung an der Georg-August-Universität Göttingen.

JANINE FEICKE ist wissenschaftliche Mitarbeiterin am Institut für Biologie und Ihre Didaktik der PH Freiburg und im Bereich Gesundheitspädagogik tätig.

DR. KATJA FEIGENSPAN (geb. Reitschert) leitet als Akademische Rätin die Abteilung Didaktik der Biologie an der Friedrich-Alexander-Universität Erlangen-Nürnberg.

DR. WOLFGANG FELLER ist Lehrer an einer Realschule in Bonn.

CHRISTINE FRICKE ist Lehrerin an der Realschule Enger und pädagogische Mitarbeiterin im Bildungsbüro des Kreises Herford (Kompetenzbereich MINT).

LAURA FERREIRA GONZÁLEZ ist Sonderschullehrerin im Hochschuldienst am Institut für Biologiedidaktik der Universität zu Köln.

NADINE GROSSMANN ist wissenschaftliche Mitarbeiterin und Doktorandin in der Abteilung Biologiedidaktik (Humanbiologie und Zoologie) sowie der Qualitätsoffensive Lehrerbildung (BiProfessional) der Universität Bielefeld.

J-PROF. DR. JÖRG GROSSSCHEDL leitet die Arbeitsgruppe Zoologie am Institut für Biologiedidaktik an der Universität zu Köln.

PROF. DR. MARCUS HAMMANN ist geschäftsführender Direktor des Zentrums für Didaktik der Biologie der Westfälischen Wilhelms-Universität Münster.

PROF. DR. UTE HARMS ist Direktorin am Leibniz-Institut für die Pädagogik der Naturwissenschaften und Mathematik (IPN) in Kiel und Professorin für Didaktik der Biologie an der Christian-Albrechts-Universität zu Kiel.

PROF. DR. CORINNA HÖSSLE leitet die Abt. Didaktik der Biologie am Institut für Biologie und Umweltwissenschaften an der Carl von Ossietzky Universität Oldenburg.

TOBIAS JOOS ist Doktorand im Graduiertenkolleg Curious an der PH Freiburg.

DR. KATRIN KEMNITZER (geb. Bätz) war wissenschaftliche Mitarbeiterin in der Abteilung Biologiedidaktik (Humanbiologie/Zoologie) der Universität Bielefeld und ist nun Lehrerin in Coburg.

DR. ANGELA KROMBASS ist Diplombiologin und arbeitet im Staatlichen Schuldienst als Lehrerin für Biologie und Chemie an der Theresia-Gerhardinger-Realschule in Weichs.

Hans-Dieter Lichtner ist Fachleiter Biologie am Studienseminar Stadthagen und Lehrer am Ratsgymnasium Stadthagen.

Prof. Dr. Jürgen Mayer ist Professor für Didaktik der Biologie an der Universität Kassel und war langjähriges Mitglied der Nationalen Expertengruppe Naturwissenschaften der PISA-Studie.

Prof. Dr. Anke Meisert ist Professorin für Biologiedidaktik an der Universität Hildesheim und Fachleiterin für Biologie am Studienseminar Hildesheim.

Prof. Dr. Magdalena Michalak ist Inhaberin des Lehrstuhls Didaktik des Deutschen als Zweitsprache an der Friedrich-Alexander-Universität Erlangen-Nürnberg.

Julia Mülhausen ist Diplom-Biologin sowie Lehrerin für Biologie und Erdkunde an einer Sekundarschule in Eitorf, Nordrhein-Westfalen.

Prof. Dr. Claudia Nerdel ist Inhaberin der Professur für Fachdidaktik Life Sciences an der Technischen Universität München und verantwortlich für die Forschung in der Biologie- und Chemiedidaktik sowie die gymnasiale und berufliche Lehrerbildung in diesen Disziplinen.

Dr. Martin Otteni ist akademischer Mitarbeiter an der PH Freiburg.

Prof. Dr. Norbert Pütz ist Biologie-/Chemielehrer sowie habilitierter Botaniker und arbeitet als Universitätsprofessor für Biologie (Schwerpunkt Botanik) und ihre Didaktik an der Universität Vechta.

Wolfgang Ruppert ist Lehrer im Ruhestand und Herausgeber der Zeitschrift „Unterricht Biologie“.

Prof. Dr. Kirsten Schlüter ist Professorin am Institut für Biologiedidaktik an der Universität zu Köln und geschäftsführende Direktorin desselben.

Prof. Dr. Philipp Schmiemann ist Professor für Didaktik der Biologie an der Universität Duisburg-Essen.

PD Dr. Burkhard Schroeter ist Geschäftsführer der Internationalen Biologie Olympiade (IBO) Deutschland sowie der European Union Science Olympiad (EUSO) Deutschland am Leibniz-Institut für die Pädagogik der Naturwissenschaften und Mathematik (IPN) an der Christian-Albrechts-Universität Kiel.

Prof. Dr. Ulrike Spörhase ist Professorin für Biologie und ihre Didaktik an der PH Freiburg.

Ingmar Stelzig ist Fachleiter für Biologie am Studienseminar für Grund-, Haupt-, Real- und Förderschulen in Rüsselsheim.

Prof. Dr. Annette Upmeier zu Belzen leitet die Arbeitsgruppe Fachdidaktik und Lehr-Lernforschung Biologie an der Humboldt-Universität zu Berlin.

Prof. Dr. Detlef Urhahne ist Professor für Pädagogische Psychologie an der Philosophischen Fakultät der Universität Passau.

Prof. Dr. Holger Weitzel ist Professor für Biologiedidaktik mit den Schwerpunkten fachdidaktische Lehr-Lernforschung und Lernen in informellen Settings an der PH Weingarten.

Prof. Dr. Matthias Wilde leitet die Abteilung Biologiedidaktik (Humanbiologie und Zoologie) an der Universität Bielefeld.

Prof. Dr. Jörg Zabel ist Leiter der Arbeitsgruppe Biologiedidaktik an der Universität Leipzig.

Simone Zürcher ist wissenschaftliche Mitarbeiterin an der PH Freiburg.